CHAULMOOGRAÖL

GESCHICHTE · HERKUNFT
ZUSAMMENSETZUNG · PHARMAKOLOGIE
CHEMOTHERAPIE

VON

PROFESSOR DR. HANS SCHLOSSBERGER
ABTEILUNGSDIREKTOR IM INSTITUT ROBERT KOCH
BERLIN

MIT EINER ABBILDUNG

BERLIN
VERLAG VON JULIUS SPRINGER
1938

ISBN-13: 978-3-642-90358-8   e-ISBN-13: 978-3-642-92215-2

DOI: 10.1007/978-3-642-92215-2

SONDERAUSGABE
DES GLEICHNAMIGEN BEITRAGES IN
HEFFTER, HANDBUCH DER PHARMAKOLOGIE
ERGÄNZUNGSWERK, BAND 5.

Vorwort.

Bei der erheblichen Zunahme, welche die therapeutische Anwendung des Chaulmoograöls und anderer ihm nahestehender Pflanzenfette sowie der daraus hergestellten Präparate in den beiden letzten Jahrzehnten bei Lepra gefunden, und in Anbetracht des damit zusammenhängenden außerordentlichen Umfangs, den das einschlägige Schrifttum heute erreicht hat, schien eine zusammenfassende kritische Besprechung der in der Weltliteratur zerstreuten Veröffentlichungen über die genannten vegetabilischen Produkte im Interesse der weiteren Forschung auf diesem Teilgebiet der Chemotherapie geboten. Dies um so mehr, als im Hinblick auf die nahe Verwandtschaft der Erreger, die bei Lepra gewonnenen und noch zu gewinnenden Erkenntnisse auch für eine ätiologische Behandlung der Tuberkulose trotz bisher im ganzen wenig befriedigender Resultate doch noch vielleicht gewisse Anhaltspunkte abgeben können. Jedenfalls handelt es sich bei den als Träger der Heilwirkung dieser Öle anzusehenden ungesättigten Fettsäuren um interessante, eigenartige Substanzen, deren weiteres experimentelles und klinisches Studium aussichtsreich erscheinen muß.

In der vorliegenden Abhandlung, welche ursprünglich im Rahmen des Handbuchs der experimentellen Pharmakologie erschienen ist, habe ich mich bemüht, alle für den Experimentator wichtigen Angaben anzuführen und ihm dadurch das Nachlesen der vielfach nur schwer zugänglichen Originalarbeiten möglichst zu ersparen. Im Interesse der Übersichtlichkeit habe ich dabei vielfach von der Tabellenform Gebrauch gemacht. Ich hoffe damit allen denjenigen, die sich mit chemischen, pharmakologischen oder chemotherapeutischen Untersuchungen über das Chaulmoograöls und die anderen Flacourtiaceenöle beschäftigen wollen, die erforderliche Vorarbeit einigermaßen zu erleichtern. Außerdem soll die zusammenfassende Darstellung aber auch dem Kliniker über die für die Anwendung des Chaulmoograöls und seiner Derivate wissenswerten theoretischen Grundlagen Auskunft geben.

Außer den auf Seite 1 (Fußnote) genannten Herren möchte ich allen denjenigen, die durch Zusendung von Sonderabdrücken ihrer Veröffentlichungen meine Arbeit förderten, auch hier für ihre wertvolle Hilfe bestens danken. Mein besonderer Dank gilt dann schließlich noch dem Herausgeber des Handbuchs der experimentellen Pharmakologie, Herrn Prof. Dr. HEUBNER, und der Verlagsbuchhandlung Julius Springer dafür, daß sie die Veranstaltung der vorliegenden Sonderausgabe meines Handbuchbeitrags ermöglicht haben.

Berlin, Anfang November 1937.

H. SCHLOSSBERGER.

Inhaltsverzeichnis.

Einleitung.

Von den unzähligen Substanzen, denen im Laufe der Jahrhunderte eine Heilwirkung bei der Lepra nachgesagt wurde, haben bei kritischer Nachprüfung nur ganz wenige eine tatsächliche therapeutische Wirksamkeit bei der genannten Erkrankung erkennen lassen. Die vielen Irrungen in dieser Hinsicht sind in erster Linie darauf zurückzuführen, daß die Lepra auch ohne alle medikamentöse oder sonstige Maßnahmen in ihrem Verlauf häufig spontane Remissionen von kürzerer oder längerer Dauer aufweist, die bei zufällig vorausgegangener Anwendung irgendwelcher Arzneien naturgemäß nur allzu leicht als therapeutischer Erfolg gebucht werden. Zum Teil wird es sich bei den angeblichen Heilungen in Wirklichkeit überhaupt nicht um Lepra gehandelt haben. Unter den wenigen chemischen Präparaten, denen aber auf Grund unseres heutigen Wissens auch bei kritischer Beurteilung eine tatsächliche Heilwirkung auf den leprösen Krankheitsprozeß nicht aberkannt werden kann, stehen weitaus an erster Stelle die aus den Samen verschiedener Angehöriger der Pflanzenfamilie der Flacourtiaceen gewonnenen Öle, vor allem das Chaulmoograöl und gewisse aus diesen Fetten hergestellte Zubereitungen, deren wirksame Bestandteile allem Anschein nach in charakteristischen ungesättigten Fettsäuren zu erblicken sind, wie sie in der Natur sonst nirgends gefunden werden. Bei der Bedeutung, welche den genannten vegetabilischen Fetten und ihren aktiven Komponenten heutzutage bei den in allen mit Lepra verseuchten Ländern großenteils auf breitester Basis durchgeführten Bekämpfungsmaßnahmen zukommt, ist es berechtigt und notwendig, daß das Chaulmoograöl und die ihm hinsichtlich ihrer Zusammensetzung nahestehenden Öle anderer Flacourtiaceenarten in einem besonderen Abschnitt des Handbuchs der experimentellen Pharmakologie zusammenfassend behandelt werden[1].

I. Geschichte.

Ähnlich wie es sich bei der Chinarinde wahrscheinlich um ein den Ureinwohnern von Peru, den Inkas, schon seit urdenklichen Zeiten bekanntes Volksmittel gegen Malaria handelt, ist die Kenntnis von der Heilkraft gewisser tropischer Pflanzen und besonders der aus ihren Samen gewonnenen Öle beim Aussatz sicherlich schon jahrhundertelang bei zahlreichen Völkerschaften verbreitet. Ebenso wie über die Auffindung der Heilwirkung der peruanischen Rinde beim Wechselfieber, existiert

---

[1] Bei der Auffindung der chinesischen und japanischen Literatur waren mir die Herren Prof. Dr. Bau Kien-Tsing von der Universität in Peiping und Priv.-Doz. Dr. Yoshio Aoki von der Medizinischen Fakultät in Nagasaki, bei der Bearbeitung des botanischen Teils Herr Dr. phil. nat. habil. H. Sleumer am Botanischen Museum in Berlin in liebenswürdiger Weise behilflich. Ich möchte nicht versäumen, den genannten Herren auch an dieser Stelle für ihre Unterstützung meinen verbindlichsten Dank auszusprechen.

auch über die Entdeckung der therapeutischen Eigenschaften dieser bei der Behandlung der Lepra in neuester Zeit in größtem Umfange verwendeten vegetabilischen Fette eine Reihe alter Volkserzählungen, deren Richtigkeit sich heutzutage naturgemäß nur noch schwer nachprüfen lassen wird. Vor allem gilt dies von dem Öl des sagenumwobenen Kalawbaumes (Taraktogenos kurzii King), dem Chaulmoograöl und den aus den Samen einiger anderer in Indien vorkommender Flacourtiaceen (Hydnocarpusarten) gewonnenen Ölen, die in der Hindumedizin wohl schon seit mehr als 1000 Jahren gegen Lepra und auch andere mit Hauterscheinungen einhergehende Erkrankungen innerlich und äußerlich angewandt werden (Waring[1], Flückiger und Hanbury[2], Dymock[3], Watt[4], Desprez[5], H. Jumelle[6], Sarraga[7], Fischl und Schlossberger[8], Chopra[9], Wayson[10], W. C. Joseph[11] u. a.).

Die älteste Nachricht von der heilenden Wirkung der Früchte des Kalawbaums beim Aussatz findet sich, worauf Rémusat[12], Rock[13], Hehir[14], Perrot[15] u. a. hinweisen, in der als *„Mahā-win-vatthu"* bezeichneten Geschichte der Buddhas und ihrer Rahandas, einem in birmanischer Sprache geschriebenen Werk, das eine Paraphrase des etwa zu Beginn des 6. Jahrhunderts n. Chr. von Mahānāma in der Palisprache abgefaßten „Mahāvamsa" darstellt (vgl. Geiger[16]). Nach einer in diesem Buche mitgeteilten Hindulegende, die vor Buddhas Lebzeiten spielt, zog sich der an Lepra erkrankte König Rama von Benares ins Dschungel zurück und nährte sich von Kräutern und Wurzeln, besonders aber von den Blättern und Früchten des Kalawbaumes, der wohl mit Taraktogenos kurzii King (s. S. 4) identisch ist; er fand dort die ebenfalls lepröse, von ihrer Familie verstoßene Prinzessin Piya, die Tochter des im nördlichen Indien regierenden Königs Ok-sa-ga-rit, die er mit derselben Frucht heilte und sodann heiratete. An der Stelle, an welcher die Kalawbäume standen, gründete er eine Stadt, die den Namen „Kalanagara" erhielt.

---

[1] Waring, E. I.: Pharmacopoeia of India. London 1868 — Remarks on the uses of some of the bazar medicines and common medical plants of India. 5th ed. London 1897. — [2] Flückiger, F. A., u. D. Hanbury: Pharmacographia. A history of the principal drugs of vegetable origin met with in Great Britain and British India. London: Macmillan and Co. 1874. — [3] Dymock, W.: The vegetable Materia medica of Western India. Bombay: Education Society's Press Byculla, o. J. (1883); s. auch Dymock, Warden u. Hooper, Pharmacographia indica. 1891. — [4] Watt, G.: A dictionary of the economic products of India. 6 Bände. Calcutta: Printed by the Superintendent of Government Printing, 1889 bis 1893. Vgl. 4, 192 (1890). — [5] Desprez, G.: Étude sur le Chaulmoogra. Thèse (Pharm.) Paris 1900. — [6] Jumelle, H.: Les huiles végétales. Paris: J. B. Baillière 1921. — [7] Sarraga: Bull. Porto Rico med. Assoc. 17, 65 (1923). — [8] Fischl, V., u. H. Schlossberger: Handbuch der Chemotherapie. Leipzig: Fischers med. Buchhdlg. 1934 — Handbook of Chemotherapy. Vol. 1. Baltimore Md.: H. G. Roebuck and Son 1933. — S. auch H. Schlossberger: Chemotherapie der Infektionskrankheiten. Spezielle Pathologie u. Therapie innerer Krankheiten. Herausgeg. von F. Kraus u. T. Brugsch, Erg.-Bd., S. 743. Berlin u. Wien 1927 — Chemotherapie der Infektionskrankheiten. Handbuch der pathogenen Mikroorganismen, herausgeg. von W. Kolle, R. Kraus u. P. Uhlenhuth, 3, 551. Jena, Berlin u. Wien 1930 — Jb. Tbk.forsch. 1921, 115; 1922, 159; 1924, 224; 1926, 314; 1928, 255 — Umschau 28, 176 (1924) — Z. angew. Chem. 37, 4 (1924) — Zbl. Tbk.forsch. 42, 545 (1935). — [9] Chopra, R. N.: Indigenous drugs of India. Calcutta: Art Press 1933 — A handbook of tropical therapeutics. Calcutta: Art Press 1936. — [10] Wayson, N. E.: Publ. Health Rep. 44, 3095 (1929). — [11] Joseph, W. C.: Leprosy Rev. 3, 22 (1932). — [12] Rémusat, A.: Nouveaux mélanges asiatiques. 1829 [zit. nach R. L. Jumelle: Les huiles de Chaulmoogra. Thèse (Méd.) Paris 1926]. — [13] Rock, I. F.: The chaulmoogra tree and some related species. U. S. Department of Agriculture, Bull. 1057, Washington D. C. 1922. — [14] Hehir, P.: Lancet 1923 I, 110 u. 472. — [15] Perrot, Em.: Chaulmoogra et autres graines utilisées contre la lèpre. Travaux de l'Office national des matières premières végétales pour la droguerie, la pharmacie, la distillerie et la parfumerie. Notice No 24, Paris 1926. — [16] Geiger, W.: Pāli, Literatur u. Sprache. Grundriß der indoarischen Philologie u. Altertumskunde 1, H. 7. Straßburg: K. J. Trübner 1916.

Ob das Chaulmoograöl, wie SEN[1], GHOSH[2] sowie ROGERS[3] annehmen, schon in der alten indischen Heiligen Schrift „Bhâgavata-Purâna"[4] und in den zwischen den Jahren 100 und 400 n. Chr. entstandenen Schriften („*Suśruta-Samhitá*") des alten indischen Arztes SUŚRUTA[5] unter der Bezeichnung „Tuvaraka" erwähnt ist, erscheint fraglich. An einer Stelle (1. Buch, Sútra-sthána, Kap. 45, im Abschnitt über die Öle, „Taila-varga") gibt SUŚRUTA zwar an, daß das Tuvarakaöl verschiedene Krankheiten, unter anderem auch den Aussatz heile. Soweit sich jedoch aus der ziemlich mangelhaften botanischen Beschreibung, welche in den altindischen medizinischen Werken von dem als Tuvaraka bezeichneten Baum gegeben wird, ersehen läßt, handelt es sich hierbei nicht um eine der verschiedenen Flacourtiaceenarten, aus deren Samen die heutzutage bei der Leprabehandlung verwendeten Öle gewonnen werden.

Das Chaulmoograöl ist außerdem, wie DYMOCK[6] sowie CHOPRA[7] mitteilen, auch im „*Makhzan-al-Adwiya*", einem von dem persischen Arzt MUHAMMED HUSEIN ungefähr im Jahre 1771 geschriebenen, im Orient viel verbreiteten medizinischen Lexikon, unter dem hindostanischen Namen „Chawul mungri" (oder „Chaulmugri") aufgeführt. Die Frage, inwieweit das heute zur Leprabehandlung hauptsächlich benutzte, aus dem Samen des als Taraktogenos kurzii King bezeichneten Kalawbaumes gewonnene echte Chaulmoograöl von den früheren indischen und persischen Ärzten angewandt wurde, läßt sich indessen nur noch schwer entscheiden, da früher unter der Bezeichnung „Chaulmoograöl" offenbar Pflanzenöle verschiedener Herkunft in den Handel gebracht wurden. Selbst heute noch wird das Chaulmoograöl nach den Angaben von DYMOCK[6], DESPREZ[8], SÉE[9], ALFONSO[10], READ[11], LABERNADIE und LAFFITTE[12], ŽDAN-PUŠKIN und KUZNECOV[13], FRANÇOIS[14] u. a. vielfach durch Zusatz von pflanzlichen (Erdnuß-, Cocosnuß-, Ricinus-, Sesam-, Sojabohnen-, Leinöl u. dgl.) oder tierischen Fetten verfälscht; nicht selten sind toxisch wirkende vegetabilische Öle (Öl von Jatropha curcas L., Veppamaramöl von Azadirachta indica A. Juss. u. a.) in dem Chaulmoograöl des Handels enthalten (LABERNADIE und LAFFITTE[12]).

Eine erhebliche Verwirrung entstand aber vor allem dadurch, daß man vor etwa 100 Jahren die zur Herstellung des echten Chaulmoograöls dienenden Samen des Kalawbaumes (sog. „Kalawthee") irrtümlicherweise als Samen des von WILLIAM ROXBURGH[15] in seinem Hortus Bengalensis (1814) angeführten Baumes Chaulmoogra odorata, der einige Jahre danach (1819) von ROBERT BROWN[16] als

[1] SEN, H. C.: Calcutta Practitioner **1904**, April [s. auch J. trop. Med. **7**, 345 (1904) — Lepra (Lpz.) **5**, 134 (1905)]. — [2] GHOSH, J. C.: Lancet **1923** I, 630. — [3] ROGERS, L.: Croonian lectures on leprosy researches. Ann. trop. Med. **18**, 267 (1924) — Lancet **206**, 1297 u. 1321 (1924). — [4] Bhâgavata-Purâna. Le „Bhâgavata-Purâna" ou histoire poétique des Krĭchna. Bd. 1—3, traduit et publié par M. E. BURNOUF. Paris: Imprimérie Royale 1840—1847; Bd. 4, publié par M. HAUVETTE-BESNAULT; Bd. 5, publié par M. HAUVETTE-BESNAULT u. R. P. ROUSSEL. Paris: Imprimérie Natinale 1884 u. 1898. — [5] SUŚRUTA-SAMHITÁ, The Hindu system of medicine according to Suśruta, translated from the original Sanscrit by Udoy Chand Dutt. Bibliotheka Indica, published by the Asiatic Society of Bengal, New series No 490. Calcutta: Printed by I. W. Thomas 1883. — [6] DYMOCK, W.: Pharm. J. [3] **6**, 761 (1876); s. auch S. 2. — [7] CHOPRA, R. N.: Zit. S. 2. — [8] DESPREZ, G.: Étude sur le Chaulmoogra. Thèse (Pharm.) Paris 1900 — J. Pharm. Chim. [6] **11**, 315 (1900). — [9] SÉE, M.: Gaz. Hôp. **75**, 599 (1902) — Lepra (Lpz.) **3**, 245 (1903). — [10] ALFONSO, M. F.: Rev. méd. Cubana **1903**, Juli, S. 18 — Lepra (Lpz.) **4**, 141 (1904). — [11] READ, B. E.: China med. J. **38**, 25 (1924). — [12] LABERNADIE, V., u. N. LAFFITTE: Bull. Soc. Path. exot. Paris **20**, 710 (1927). — [13] ŽDAN-PUŠKIN, M., u. V. KUZNECOV: Sovet. Vestn. Dermat. **9**, 696 (1931). — [14] FRANÇOIS, M. TH.: Bull. Sci. pharmacol. **42**, 24 (1935). — [15] ROXBURGH, W.: Hortus bengalensis; or a catalogue of the plants growing in the Honourable East India Company's Botanic Garden at Calcutta. Serampore (Indien) 1814 — Flora indica **3**, 837 (Serampore 1832). — [16] BROWN, R., in W. ROXBURGH: Plants of the coast of Coromandel selected from drawings and descriptions presented to the East India Company. **3**, 95. London: Shakespeare Printing Office 1819.

Gynocardia odorata näher beschrieben wurde, ansah. Diese Verwechslung ihrte dazu, daß das Chaulmoograöl als Oleum gynocardiae bezeichnet wurde z. B. Moss[1]). Erst im Jahre 1899 machte Desprez die Feststellung, daß die Gewinnung des Chaulmoograöls dienenden Samen entgegen der bisherigen Aufl. ;ung (vgl. Virchow[2], Smith[3], Baillon[4], Soubeiran und Dabry de Thiersant[5], Lepage[6], Chatel[7], L. Roux[8], Holmes[9] u. a.) nicht mit den Samen von Gynocardia odorata R. Br. (Chaulmoogra odorata Roxb.; Chilmoria dodecandra Fam.; Hydnocarpus odorata Lindl.[10]) identisch sind, und im Jahre 1901 konnt Sir David Prain[11] nachweisen, daß es die Samen des von Sir George King [2] im Jahre 1890 beschriebenen, in Burma, in Assam und im östlichen Bengalen b imischen Baumes *Taraktogenos kurzii* sind, welche das echte Chaulmoograöl liefern. Dieses hat daher mit dem bei Lepra therapeutisch unwirksamen Gynocardiaöl, das nach den neueren chemischen Untersuchungen keine der charakteristischen Cyclosäuren (s. S. 30) enthält, sich außerdem auch in physikalischer Beziehung vollkommen andersartig verhält (s. S. 23 und Tabelle 3), nichts zu tun. Bedauerlich ist nur, daß sich die falschen Bezeichnungen Oleum gynocardiae und Acidum gynocardicum als Synonyma für Chaulmoograöl und Chaulmoograsäure selbst heute noch in wissenschaftlichen Werken gelegentlich finden.

Weiterhin kann es als feststehend gelten, daß derartige Öle in der chinesischen Medizin schon zur Zeit der Yuan-Dynastie (1270—1367 n. Chr.) bei der Lepra therapeutisch benützt worden sind. So geben Wong[13] sowie Wong und Wu[14] an, daß der im 14. Jahrhundert lebende chinesische Arzt Chu Tan-chi Chaulmoograöl (bzw. Hydnocarpusöl) zur Behandlung des Aussatzes angewandt haben soll. Die spezifische Wirksamkeit des Öls bei der Lepra wurde nach einer Mitteilung von Kitamura[15] allerdings erst später durch den chinesischen Arzt Nü Tian-men um das Jahr 1515 erkannt. In dem in den Jahren 1552—1578 entstandenen, aus 52 Bänden bestehenden Werke „*Pên-ts'ao-kang-mu*" des Li Shih-chên[16] wird in Band 35 (Abschnitt über Bäume) indessen auf die Angaben in dem „Pên-ts'ao-pu-i" des im 13. Jahrhundert lebenden berühmten Arztes Chu Ch'in-hun hingewiesen, nach denen die aus Siam, Indochina und den benachbarten Ländern auch heute noch in großen Mengen nach China importierten[17] und hier als „*Ta-fung-chi*" oder „*Ta-fung-tse*" (Ta-fung = Lepra; tse = Samen) im Handel befindlichen Samen von *Hydnocarpus anthelmintica* (s. S. 15) die Lepra

---

[1] Moss, J.: Yearbook of Pharmacy **1879**, 523 — Pharmaceut. J. [3] **10**, 251 (1879). — [2] Virchow, R.: Virchows Arch. **22**, 574 (1861). — [3] Smith, F. P.: Contribution towards the materia medica of China. Shanghai 1871 (s. S. 140). — [4] Baillon, H.: Histoire des plantes **4**, 282 u. 317. Paris: Librairie Hachette et Cie. 1873. — [5] Soubeiran, J. L., u. Dabry de Thiersant: La matière médicale chez les Chinois. Paris 1874 (s. S. 221). — [6] Lepage, R. C.: Papers of the plant Gynocardia odorata from which the Chaulmoogra oil is obtained. London: Corbyn, Stacey and Co. 1878. — [7] Chatel, R.: De la famille des Bixacées. Thèse (Pharm.) Paris 1880. — [8] Roux, L.: Huile de Chaulmoogra et acide gynocardique. Thèse (Med.) Paris 1891 — J. Méd. Paris **62**, 353 (1891). — [9] Holmes, E. M.: Pharmaceut. J. **64**, 522 (1900). — [10] Lindley, J.: Hort. suburb. Calcutta **1845**, 84 — The vegetable kingdom. 3d edition, p. 327 (Order 110: „Flacourtiaceae"). London: Bradbury and Evans 1853. — [11] Prain, D.: Pharmaceut. J. **66**, 596 (1901). — [12] King, G.: J. Asiat. Soc. Bengal **103**, 113 (1890). — [13] Wong, K. Ch.: China med. J. **44**, 737 (1930). — [14] Wong, K. Ch., u. L. T. Wu: History of Chinese medicine. Tientsin: Tientsin Press 1932. — [15] Kitamura, S.: Taisei **19**, Nr 5 (1931); vgl. auch die entsprechende Angabe von Fusikawa in dem Lehrbuch Hifuka gakku von K. Dohi. — [16] Nach einer Sage sollen die Grundlagen dieses Werkes schon von dem ums Jahr 3000 v. Chr. lebenden Kaiser Shên-Nung, der sich mit dem Sammeln der Nutzpflanzen beschäftigt hat, geschaffen worden sein. Das Buch „Pên-ts'ao-kang-mu" wurde 1595 nach dem Tode des Verfassers von dessen Sohn dem Kaiser Wuan-Li (Ming-Dynastie) übergeben. — [17] So wurden nach einer Angabe von A. Marcan [J. Siam Soc. Nat. Hist. Suppl. **7**, 107 (1927)] im Jahre 1916 von Bangkok aus über 500 t „Krabaosamen" nach China exportiert.

zu heilen vermögen (vgl. auch HOBSON[1], HANBURY[2], SMITH[3], SOUBEIRAN und DABRY DE THIERSANT[4], EBERT[5], STUART[6], READ[7], HÜBOTTER[8]). Allerdings ist das aus diesen Samen gewonnene Öl, das dem Chaulmoograöl nahesteht und als „*Lukraboöl*" bezeichnet wird (vgl. auch MARCAN[9]), nach Mitteilung der alten chinesischen Autoren „heiß" und wirkt häufig ungünstig auf den Blutkreislauf; auch soll es gelegentlich zu Erblindungen führen. In dem pharmakologischen Grundriß „Pên-ts'ao-kang-mu", der eine von CHU übernommene Beschreibung und sogar schon eine Abbildung der als „Ta-fung-tse" bezeichneten Früchte enthält (s. Abb. 1), führt LI SHIH-CHÊN weiter aus, daß das aus den Kernen dieser Früchte bereitete Öl (hinsichtlich der damaligen Gewinnung des Öls vgl. S. 29) alle Hautkrankheiten heilen, Eingeweidewürmer beseitigen und auch bei Vergiftungen therapeutisch wirksam sein soll; da das Fett bei innerlicher Darreichung häufig nicht gut vertragen werde, soll es bei Hautkrankheiten besser äußerlich angewandt werden (vgl. auch S. 64). LI SHIH-CHÊN teilt dann noch einige Anwendungsarten der Hydnocarpuskerne und des daraus hergestellten Öls mit, die er aus älteren chinesischen Rezeptsammlungen, nämlich dem „Po-tsifang" und dem „Lin-nan-hoe-sen-fang" („Hygienische Rezepte von Kanton") übernommen hat (vgl. S. 29 u. 47).

Von China aus kamen die Hydnocarpussamen auch nach Japan. Das aus den Samen gewonnene und in Japan als „*Taifushi*" (vgl. FRIEDEL[10], WERNICH[11], KEIMATSU[12], READ[13], SHIGA[14]) bezeichnete Öl wird nach Mitteilung von MITSUDA und CHIN[15] schon in der von RYÔAN TERASHIMA im Jahre 1713 veröffentlichten, 80 Bände umfassenden japanisch-chinesischen Enzyklopädie „*Wakan Sansai Zuye*" als Heilmittel gegen Aussatz erwähnt. Nach einer Angabe von KAWAZOME[16] werden in Japan auch heutzutage zahlreiche Volksmittel gegen Lepra im freien Handel verkauft; KAWAZOME hat 83 derartige Mittel feststellen können, von denen die Mehrzahl Oleum oder Semen Hydnocarpi enthielt.

Weiterhin wäre noch zu erwähnen, daß nach JUMELLE[17] die Eingeborenen in Siam und in Cochinchina das Lukraboöl auch bei Pocken therapeutisch ver-

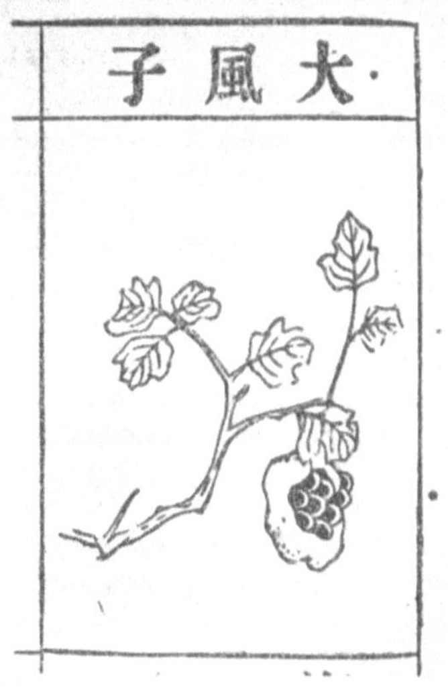

Abb. 1. „Ta-fung-tse" (Frucht von Hydnocarpus anthelmintica) aus dem „Pên-ts'ao-kang-mu".

---

[1] HOBSON, B.: Med. Times a. Gaz., N. s. **20**, 558 (1860). — [2] HANBURY, D.: Notes on Chinese Materia medica. London: John E. Taylor 1862 — Science papers, chiefly pharmacological and botanical. London: Macmillan and Co. 1876. — [3] SMITH, F. P.: Zit. S. 4. — [4] SOUBEIRAN, J. L., u. DABRY DE THIERSANT: Zit. S. 4. — [5] EBERT, F.: Beiträge zur Kenntnis des chinesischen Arzneischatzes. Inaug.-Diss. Zürich 1907. — [6] STUART, G. A.: Chinese Materia medica. Shanghai 1911. — [7] READ, B. E.: China med. J. **36**, 303 (1922); **39**, 619 (1925). — [8] HÜBOTTER, F.: Die chinesische Medizin zu Beginn des XX. Jahrhunderts und ihr historischer Entwicklungsgang. Leipzig: Verlag der Asia Major 1929 (s. S. 297). — [9] MARCAN: Zit. S. 4. — [10] FRIEDEL, C.: Virchows Arch. **22**, 321 (1861). — [11] WERNICH, A.: Virchows Arch. **67**, 146 (1876). — [12] KEIMATSU, S.: Yakugaku Zasshi Nr **458** (1920). — [13] READ, B. E.: Pharmaceut. J. **57**, 412 (1923). — [14] SHIGA, K.: Far eastern Assoc. trop. Med., 6th Congr. Tokyo 1925, Trans. **2**, 691 (1926) — Chûgai Iji Shimpô Nr **6097** (1926). — [15] MITSUDA, K., u. W. CHIN: Hifuka Hinyôka Zasshi **12**, Nr 12 (1912). — [16] KAWAZOME, Y.: La Lepro (Osaka) **6**, 341 (1935). — [17] JUMELLE, H.: Les huiles végétales. Paris: J. B. Baillière 1921.

wenden. Ebenso wird in einer neueren siamesischen Heilkunde „*Pet Sat Song Kraw*" (erschienen 1923/24[1]) der Gebrauch der Krabao- (von Hydnocarpus anthelmintica) und Krabienkerne (von Hydnocarpus ilicifolia) nicht nur zur Behandlung der Lepra, sondern auch für andere Hautkrankheiten, besonders für bösartige Geschwüre, empfohlen. Ferner finden in den genannten Ländern Teile des Krabaobaumes (Hydnocarpus anthelmintica) anscheinend auch als Mittel gegen Eingeweidewürmer Verwendung (DE LANESSAN[2]). Nach den Angaben von GUILLERM, BANOS und NGUYEN-VAN-LIEN[3] werden die Krabaokerne von den Eingeborenen Cambodschas nach leichtem Rösten therapeutisch verwendet. Die in Cambodscha zur Leprabehandlung gebräuchliche Arznei von Kruv Pen enthält nach den Angaben von MENAUT[4] (s. auch ALEXIS und MENAUT[5]) 16 Bestandteile, darunter auch „Krap-Krabao" (Samen von Hydnocarpus anthelmintica).

Auch das aus den Kernen des an der Malabarküste heimischen Baumes *Hydnocarpus laurifolia* (Dennst.) Sleumer (comb. nova) (früher *Hydnocarpus wightiana* Blume) gewonnene Öl, das hinsichtlich seiner Zusammensetzung und seiner Heilwirkung dem Öl von Taraktogenos kurzii King nahesteht, hat offenbar schon seit Jahrhunderten besonders bei der Behandlung geschwüriger Prozesse umfassende Anwendung gefunden. Die erste Beschreibung des Baumes stammt aus dem Jahre 1678 von HENRICUS VAN RHEEDE TOT DRAAKENSTEIN[6], der für den von den Eingeborenen „Marotti", in brahmanischer Sprache „Caitû" genannten Baum die Bezeichnung „Laurifolia Malabarica, fructu osseo, nucleos continente" in Vorschlag bringt. Hinsichtlich der medizinischen Verwendung des Öls schreibt er folgendes: „Oleum, quod ex seminibus fructuum educitur, proficuum est pro doloribus sedandis, sanatque corpus scabiosum ac partis affectae pruritum tollit facta perunctione. Idem oleum quoque oculis falsis humoribus infestatis, uti saepe fit in profusis lacrymis, conferunt; insuper idem oleum cum cinere mixtum commode apponitur vaccarum caeterumque iumentorum apostematis; cum fructu dicto a Malabaribus Palega mixtum, vermes in ulceribus pedum hominum seu brutorum ortos enecat facta perunctione." Erwähnt wird das Öl von Hydnocarpus laurifolia (H. wightiana) später u. a. auch von WARING[7]. Hinzuweisen wäre hier ferner auf das von dem indischen Arzte BHAU DAJI († 1874 in Bombay) zur Behandlung der Lepra mit Erfolg angewandte Geheimverfahren[8], das erst längere Zeit nach dem Tode des Entdeckers durch BOYD[9] (vgl. auch KUSUMBEKER[10]) bekanntgegeben wurde; nach den Angaben von BOYD bestand es in innerlicher (in Milch) und äußerlicher Anwendung (Einreibungen) von Öl von Hydnocarpus inebrians Wall. (identisch mit Hydnocarpus laurifolia bzw. H. wightiana; vgl. Tab. 1), das in Indien als Kautiöl bezeichnet und seit langem als Volksmittel gegen Lepra verwendet wird (vgl. SEN[11]).

[1] Zit. nach A. KERR: The genera Hydnocarpus and Taraktogenos in Siam. Introduction and review of species. Technical and scientific Supplement to the Record No 7. Ministry of Commerce and Communications of Siam, Bangkok 1930. — [2] DE LANESSAN, J. L.: Les plantes utiles des colonies françaises. Paris: Ministère de la Marine et des Colonies 1886. — [3] GUILLERM, J., A. BANOS u. NGUYEN-VAN-LIEN: Arch. Inst. Pasteur d'Indochine **18**, 171 (1933). — [4] MENAUT: Bull. Soc. méd.-chir. Indochine **8**, 799 (1930). — [5] ALEXIS, M. L., u. B. MENAUT: Ann. Med. Pharm. colon. **23**, 201 (1925). — [6] VAN RHEEDE TOT DRAAKENSTEIN, HENRICUS: Hortus Indicus Malabaricus **I**, 65 u. Tab. 36. Amstelodami, sumptibus Joannis van Someren et Joannis van Dyck 1678. — [7] WARING, E. J.: Pharmacopoeia of India. London 1868 — Remarks on the uses of some of the bazar medicines and common medical plants of India. 5th edition. London 1897 (S. 44). — [8] Vgl. die Korrespondenzen im Lancet **1868 II**, 238 u. 656, nach denen BHAU DAJI schon damals mehr als 70 Lepröse mit seinem Mittel geheilt haben soll. Ferner wird hier mitgeteilt, daß die indischen Zeitungen „Dnyanodaya" und „Indian Prakash" ausführliche Berichte über solche Heilungen, zum Teil aus der Feder der Geheilten selbst, gebracht haben. — [9] BOYD, S.: Brit. J. Dermat. **5**, 203 (1893). Vgl. auch Lancet **1893 I**, 381, sowie Les nouveaux remèdes (Paris) **9**, 367 (1893). — [10] KUSUMBEKER, G. A.: Lancet **1923 I**, 264. — [11] SEN, H. C.: Zit. S. 3.

Der von den Einwohnern Ceylons „Makulu" oder auch „Makulu-ghaha" genannte, später als *Hydnocarpus venenata* Gaertner bezeichnete Baum wird erstmals im Jahre 1717 von PAUL HERMANN[1] erwähnt. Die giftigen Eigenschaften der Früchte dieses Baumes wurden von JOH. BURMAN[2] sowie von JOSEPHUS GAERTNER[3], der die Gattung „Hydnocarpus" aufgestellt hat, beschrieben (vgl. S. 79). Das Öl von Hydnocarpus venenata Gaertn. wird im Jahre 1813 von AINSLIE[4] unter dem tamulischen Namen „Niradimuttu", später (1868) auch von WARING[5] angeführt.

Schließlich wäre dann noch darauf hinzuweisen, daß auch die aus den Samen verschiedener anderer auf den Sundainseln, den Philippinen usw. vorkommender Hydnocarpusarten, ferner die aus den Kernen bestimmter, in Westafrika (Sierra Leone, Elfenbeinküste usw.) und in Brasilien heimischer Flacourtiaceen (Oncobeen) hergestellten Öle, die nach den Befunden zahlreicher Autoren (MUIR[6], PERKINS und CRUZ[7], PERROT[8], PERROT und FRANÇOIS[9], JOUATTE[10], MATHIVAT[11] u. a.) gerade bei der Lepra eine ähnliche Heilwirkung wie das echte Chaulmoograöl besitzen, offenbar ebenfalls seit langem von den Eingeborenen als Mittel gegen Hautkrankheiten, vor allem gegen Aussatz, benutzt werden. So gibt CHEVALIER[12] an, daß in Guinea und an der Elfenbeinküste das aus den Samen des westafrikanischen Strauches *Oncoba echinata* (s. S. 20) bereitete Gorlifett den Bambaras und Fulbe zur Behandlung von Hautaffektionen dient, während die Eingeborenen Brasiliens nach den Mitteilungen von HOEHNE[13] sowie SEABRA[14] die Samen von *Carpotroche brasiliensis* und das aus diesen gewonnene Sapucainhaöl bei derartigen Erkrankungen, unter anderem auch bei Lepra, verwenden. Durch die neueren Untersuchungen hat sich gezeigt, daß alle diese beim Aussatz therapeutisch wirksamen Flacourtiaceenöle hinsichtlich ihrer chemischen Zusammensetzung und ihrer physikalischen Eigenschaften dem indischen Chaulmoograöl von Taraktogenos kurzii King sehr nahestehen, und daß die Heilwirkung dieser vegetabilischen Fette offenbar auf ihren Gehalt an charakteristischen, cyclisch gebauten ungesättigten Fettsäuren zurückzuführen ist.

In Europa wurde das Chaulmoograöl und seine therapeutische Wirksamkeit bei Lepra erstmals im Jahre 1854 durch eine wissenschaftliche Veröffentlichung des bengalischen Arztes MOUAT[15] bekannt. Das Öl wurde daraufhin auch von zahlreichen europäischen Ärzten bei leprösen Patienten zur Anwendung gebracht. Die dabei beobachteten Wirkungen waren großenteils anscheinend recht

---

[1] HERMANN, PAUL: Musaeum zeylanicum. Lugduni Batavorum 1717 (S. 50). — [2] BURMAN, JOH.: Thesaurus zeylanicus. Amstelodami 1737 (S. 30). — [3] GAERTNER, JOSEPHUS: De fructibus et seminibus plantarum accedunt seminum centuriae quinque priores cum tabulis aeneis LXXIX. Stutgardiae, Typis Academiae Carolinae 1788. — [4] AINSLIE, W.: Materia medica of Hindostan. Madras 1813 (S. 93). — [5] WARING, E. J.: Zit. S. 6. — [6] MUIR, E.: Handbook on leprosy, its diagnosis, treatment and prevention. Cuttack: R. J. Grundy 1921. — ROGERS, L., u. E. MUIR: Leprosy. Bristol: J. Wright and Sons Ltd. 1925. — [7] PERKINS, G. A., u. A. O. CRUZ: Philippine J. Sci. **23**, 543 (1923). S. auch G. A. PERKINS: J. Philippine Isl. med. Assoc. **1**, 62 (1921); **5**, 369 (1925). — [8] PERROT, E.: Chaulmoogra et autres graines utilisées contre la lèpre. Travaux de l'Office national des matières premières végétales pour la droguerie, la pharmacie, la distillerie et la parfumerie. Notice No 24. Paris: Ministère du Commerce et de l'Industrie 1926 — Bull. Sci. pharmacol. **33**, 353 (1926); **41**, 641 (1934) — Bull. Acad. Méd. **112**, 602 (1934). — [9] PERROT, E., u. M. TH. FRANÇOIS: Bull. Sci. pharmacol. **36**, 551 (1929). — [10] JOUATTE, D.: L'huile de Gorli (Oncoba echinata Oliver), succédané de l'huile de Chaulmoogra. Thèse (Pharm.) Paris 1927. — [11] MATHIVAT, R.: Le Chaulmoogra de Cameroun, suivi d'une étude sur les graines et les tourteaux des espèces du groupe chaulmoogrique. Thèse (Pharm.) Paris 1929 — J. Pharm. Chim. [8] **13**, 183 (1931). — [12] CHEVALIER, A.: Exploration botanique de l'Afrique occidentale française. Paris: J. Lechevalier édit. 1920. — [13] HOEHNE, F. C.: Servicio Sanitario de Sao Paulo, Publ. **14**, 122 (1920). — [14] SEABRA, P.: Brazil-Medico **40 I**, 268 (1926) — J. Pharm. Chim. [8] **5**, 100 (1927). — [15] MOUAT, F. J.: Indian Ann. med. Sci. **1**, 646 (1854) — Amer. J. med. Sci. **30**, 493 (1854).

befriedigend (Stewart[1], Hobson[2], Macnamara[3], Lawrie[4], Vinson[5], Young[6], Yeo[7], Cottle[8], Hillis[9], Startin[10], Lepage[11], Liveing[12], Marçon[13], Rake[14], Besnier[15], Hallopeau[16], Brousse und Vires[17], Fox[18] u. a.); zum Teil wurden nach den Angaben der Autoren vollkommene klinische Heilungen erzielt. Nur einige wenige Autoren, wie Armauer Hansen[19], Talwick[20], Danielssen[21], Impey[22] u. a., geben an, daß sie mit dem Öl bei der damals fast ausschließlich üblichen innerlichen Anwendung keine deutlichen Heileffekte erzielen konnten; wie hernach noch auszuführen sein wird, sind diese Mißerfolge vermutlich, wenigstens zum Teil, durch die Verwendung minderwertiger Öle und durch eine zu kurz durchgeführte Behandlung bedingt.

Außer bei der Lepra wurde das Chaulmoograöl schon in den achtziger Jahren des vergangenen Jahrhunderts zur Behandlung tuberkulöser Affektionen (vgl. z. B. Murrell[23] sowie G. Lion[24]), ferner bei verschiedenartigen Hautkrankheiten (Psoriasis, Ekzeme, Pruritus, Elephantiasis usw.) und auch bei Syphilis innerlich und äußerlich angeblich mit gutem Erfolge angewandt (vgl. Startin[10], Cottle[25], Liveing[12], Lepage[11], Dymock[26], Marçon[13], Desprez[27], Perrot[28], sowie Editorial im Brit. med. J.[29]). Während sich diese Angaben hinsichtlich der Lues anscheinend nicht bewahrheiteten, ist dem Chaulmoograöl nach neueren Befunden von Lomholt[30] offenbar bei gewissen Dermatosen doch eine gewisse therapeutische Wirksamkeit zuzuerkennen (s. S. 119). Auch das bereits erwähnte Sapucainhaöl („Oleo de Carpotroche") wird von den brasilianischen Ärzten außer bei Lepra noch zur Behandlung verschiedener Hautkrankheiten, wie Lichen, Pityriasis, Psoriasis, Impetigo, Erysipel u. a., gebraucht. Eine ausgedehntere Anwendung hat das Chaulmoograöl ferner bei tuberkulösen Erkrankungen (s. S. 117), sowie neuerdings bei Trachom (vgl. Mackenzie[31], s. S. 120) gefunden; bei der letztgenannten Krankheit sind indessen die therapeutischen Resultate offenbar wenig befriedigend.

Eine umfassende Anwendung bei der Therapie der Lepra haben das Chaulmoograöl und die ihm nahestehenden Pflanzenöle erst während der letzten beiden Jahrzehnte gefunden. Maßgebend war hierfür hauptsächlich der Umstand, daß es im Laufe der Jahre gelungen ist, Zubereitungen dieser vegetabilischen Öle

[1] Stewart, R.: Med. Times a. Gaz. 32 (N. s. 11), 203 (1855). — [2] Hobson, B.: Zit. S. 5; s. auch C. Friedel: Virchows Arch. 22, 321 (1861). — [3] Macnamara, N. C.: Virchows Arch. 22, 312 (1861). — [4] Lawrie, E. (1877), zit. nach P. Hehir: Zit. S. 2. — [5] Vinson, A.: Arch. Méd. nav. 30, 39 (1878). — [6] Young, D.: Practitioner 76, 321 (1878). — [7] Yeo, J. B.: Practitioner 77, 241 (1879). — [8] Cottle, W.: Brit. med. J. 1879 I, 968; 1881 I, 999; 1889 II, 12. — [9] Hillis, J. D.: Brit. med. J. 1881 I, 559. — [10] Startin, J.: Brit. med. J. 1881 I, 559. — [11] Lepage, R. C.: Brit. med. J. 1881 I, 582. — [12] Liveing, R.: Therapeutic. J. 4 (1882); vgl. auch Brit. med. J. 1881 I, 475. — [13] Marçon, E.: De l'huile de Chaulmoogra. Thèse (Méd.) Montpellier 1886. — [14] Rake, B.: Report on leprosy and the Trinidad Leper Asylum for the year 1889. Port-of-Spain: Government Printing Office 1890. — [15] Besnier: Verh. internat. Lepra-Konferenz, Berlin 1897, 2, 147. Berlin: A. Hirschwald 1897. — [16] Hallopeau: Verh. internat. Lepra-Konferenz, Berlin 1897, 3, 599. Berlin: A. Hirschwald 1898 — Bull. Soc. franç. Dermat. 14, 1 (1903). — [17] Brousse, A., u. Vires: Lepra (Lpz.) 1, 155 (1900). — [18] Fox, G. H.: Med. Record 1900, 212. — [19] Hansen, G. A.: Lepra (Lpz.) 3, 260 (1903); s. auch G. A. Hansen u. C. Looft: Leprosy in its clinical and pathological aspects. Bristol: Publ. John Wright and Co. 1895. — [20] Talwik, S.: St. Petersburger med. Wschr. 28, 463 u. 478 (1903). — [21] Danielssen, D. C., s. bei H. P. Lie: Internat. J. Leprosy 3, 1 (1935). — [22] Impey, S. P.: A handbook on leprosy. London: J. and A. Churchill 1896. — [23] Murrell, W.: Brit. med. J. 1880 II, 844. — [24] Lion, G.: Bull. Soc. méd. Hôp. Paris 49, 36 (1925). — [25] Cottle, W.: Brit. med. J. 1881 I, 999. — [26] Dymock, W.: Zit. S. 3. — [27] Desprez, G.: Zit. S. 3. — [28] Perrot, Em.: Zit. S. 7. — [29] Brit. med. J. 1881 I, 475. — [30] Lomholt, S.: Zbl. Hautkrkh. 52, 133, 482 (1936). — [31] Mackenzie, M. D.: Étude des recherches faites au cours des dernières années sur la répartition, l'étiologie, le traitement et la prophylaxie du trachome. Soc. des Nations. Rapport épidémiologique de la Section d'Hygiène du Secrétariat 14, Nr 4—6, 41 (1935).

bzw. ihrer therapeutisch wirksamen Bestandteile herzustellen, mit denen sich die zur wirksamen Beeinflussung der Erkrankung notwendige langdauernde Behandlung durchführen läßt. Bei der ursprünglichen innerlichen Darreichung des Chaulmoograöls scheiterte nämlich die zur völligen Ausheilung der Lepra erforderliche, während eines längeren Zeitraums durchzuführende intensive Behandlung der Patienten vielfach an seiner schlechten Verträglichkeit. Um die irritierende Wirkung des Chaulmoograöls auf die Magenschleimhaut möglichst auszuschalten, hat man das Öl teils nach dem Vorgang des Apothekers BORIES (1886; vgl. BORIES und DESPREZ[1]) auf der Insel Réunion in Kapseln, teils, worauf weiter unten (s. S. 46) ausführlicher zurückzukommen sein wird, mit verschiedenartigen Zusätzen in flüssiger oder in Pillenform innerlich gegeben. Weiter wurde aber auch, nach den Angaben von SHIGA[2] erstmals von dem japanischen Arzt GOTO in Hawaii (etwa 1880), später von TOURTOULIS-BEY[3] in Ägypten (1889), die *subcutane Injektion* des zuvor durch Erhitzen oder Filtrieren (durch Chamberlandkerzen) sterilisierten Öls empfohlen. Es zeigte sich jedoch, daß derartige Einspritzungen wegen der gewebsschädigenden und entzündungserregenden Eigenschaften, der dadurch bedingten großen Schmerzhaftigkeit, ferner wegen der langsamen Resorption, der häufigen Bildung von Abscessen an der Injektionsstelle und der Emboliegefahr auf die Dauer nicht durchführbar sind (DU CASTEL[4], MIQUEL[5], HALLOPEAU[6], RILLE[7], SÉE[8], DANLOS[9], LIE[10], HOPKINS[11], UNNA[12], DO AMARAL und PARANHOS[13], KUPFFER[14], JEANSELME[15] u. a.). Eine Vermeidung dieser Unannehmlichkeiten hat man auch hier durch geeignete Zusätze, ferner durch Emulgierung der Pflanzenöle und schließlich durch Abtrennung der therapeutisch wertlosen, gewebsreizend wirkenden Bestandteile zu erreichen und dadurch möglichst wirksame Zubereitungen des Chaulmoograöls und der ihm nahestehenden vegetabilischen Fette, die nach parenteraler Applikation möglichst geringgradige Nebenwirkungen entfalten sollten, darzustellen versucht. Neben der Wirksamkeit, der guten Verträglichkeit und Haltbarkeit spielten bei der Bereitung derartiger Präparate, die hernach noch eingehender besprochen werden (s. S. 47ff.), und bei ihrer Auswahl für die therapeutische Verwendung in größerem Umfange naturgemäß die Herstellungskosten eine bedeutsame Rolle.

In dem Bestreben, den therapeutisch wirksamen Bestandteil des Chaulmoograöls dem Organismus in gereinigter und konzentrierter Form, d. h. ohne die darin sonst enthaltenen, irritierend wirkenden Substanzen, zuführen zu können, haben besonders in neuerer Zeit verschiedene Autoren die einzelnen darin enthaltenen *Fettsäuren* (s. S. 30) durch fraktionierte Krystallisation zu trennen versucht. So benutzten schon im Jahre 1881 W. COTTLE[16] in London, im Jahre 1889 Z. FALCAO[17] in Lissabon und im Jahre 1891 L. ROUX[18] in Paris

---

[1] BORIES, A., u. G. DESPREZ: Contribution à l'étude thérapeutique de l'huile de chaulmoogra gynocardée. 1re édit. Paris 1897; 3e édit. Paris 1898. — [2] SHIGA, K.: Zit. S. 5. — [3] TOURTOULIS-BEY: Ann. de Dermat. [3] **10**, 721 (1899) — Bull. Acad. Méd. Paris [3] **41**, 701 (1899); **45**, 260 (1901) — Bull. Soc. franç. Dermat. **10**, 392 (1899). — [4] DU CASTEL: Bull. Acad. Méd. Paris [3] **45**, 265 (1901) — Lepra (Lpz.) **2**, 107 (1902). — [5] MIQUEL: 13. Congr. de Méd., Sect. de Méd. et de Chir. milit. 1901. — [6] HALLOPEAU: Lepra (Lpz.) **2**, 103 (1902). — [7] RILLE, J. H.: Lepra (Lpz.) **2**, 7 u. 88 (1902). — [8] SÉE, M.: Gaz. Hôp. **75**, 599 (1902) — Lepra (Lpz.) **3**, 245 (1903). — [9] DANLOS, H.: Bull. génér. Thérap. **145**, 69 (1903). — [10] LIE, H. P.: Dtsch. med. Wschr. **30**, 1381 (1904). — [11] HOPKINS, R.: Lepra (Lpz.) **5**, 187 (1905). — [12] UNNA, P. G.: Lepra (Lpz.) **6**, 141 (1906). — [13] DO AMARAL, E., u. U. PARANHOS: Bull. génér. Thérap. **155**, 415 (1908). — [14] KUPFFER, A.: Lepra (Lpz.) **8**, 144 (1909). — [15] JEANSELME, E.: Presse méd. **19**, 989 (1911) — Gaz. méd. Paris **82**, 989 (1911) — Lepra (Lpz.) **12**, 237 (1912). — [16] COTTLE, W.: Brit. med. J. **1881** I, 999. — [17] FALCAO, Z.: Internat. Kongreß f. Dermat. u. Syphiligr. 1889; zit. nach G. DESPREZ (s. S. 3). — [18] ROUX, L.: Huile de chaulmoogra. Thèse Paris 1891 — J. Méd. Paris **62**, 353 (1891).

die erstmals von John Moss[1] isolierte und fälschlicherweise als „Gynocardiasäure" (s. S. 4) bezeichnete *Chaulmoograsäure* mit Erfolg zur innerlichen Behandlung von Lepra, Psoriasis, Lupus, Ekzemen und anderen Hautkrankheiten. Auch in der Folgezeit wurde von der Mehrzahl der Autoren (vgl. z. B. Sée[2], Black[3]) der Standpunkt vertreten, daß die Heilwirkung des Chaulmoograöls speziell bei der Lepra auf ihrem Gehalt an dieser „Gynocardiasäure" beruhe, während andere (z. B. Brocq[4], Tôyama[5], de Azua[6]) es allerdings für zweifelhaft hielten, daß die Säure ebenso wirksam ist wie das Öl; do Amaral und Paranhos[7] geben sogar an, daß die „Gynocardiasäure" (als Natriumsalz) bei innerlicher Anwendung vollkommen wirkungslos sei.

Die Auffindung der optisch aktiven ungesättigten Fettsäuren des Chaulmoograöls, von denen die Chaulmoograsäure („Gynocardiasäure"), wie oben erwähnt, durch Moss[1] (1879) erstmals nachgewiesen und von Heckel und Schlagdenhauffen[8], Roux[9], Petit[10], Ishizu[11], vor allem aber von Power und seinen Mitarbeitern[12] studiert und die Hydnocarpussäure durch Power und Barrowcliff isoliert wurde, hat dann weiter zur Darstellung der *Äthylester* dieser Säuren durch Power und Gornall geführt. Auf Anregung von F. Engel-Bey[13] in Kairo wurden im Jahre 1907 derartige Äthylester der ungesättigten Fettsäuren des Chaulmoograöls auch in den Laboratorien der Farbenfabriken vorm. Friedr. Bayer u. Co. in Elberfeld (jetzt I.G.-Farbenindustrie AG.) durch Hofmann und Taub (vgl. auch Taub[14]) bereitet und als „Antileprol" in den Verkehr gebracht. Seit dieser Zeit finden derartige Ester, die hauptsächlich für subcutane oder intramuskuläre Behandlung in Betracht kommen und unter den verschiedensten Namen im Handel sind (s. S. 57), eine zunehmende und anscheinend wirkungsvolle therapeutische Verwendung bei der Lepra. Da die Herstellung der Ester indessen verhältnismäßig teuer ist, werden in den Leproserien heutzutage vielfach auch andere Zubereitungen des Chaulmoograöls, nämlich Chaulmoograölemulsionen und Gemische des Öls mit Äther, Alkohol, Phenol, Resorcin, Campheröl, Anästhesin, Jod und andern Zusätzen, von denen später (s. S. 47ff.) ausführlicher die Rede sein wird, zur Behandlung der Leprakranken benützt.

Zu erwähnen wäre dann noch, daß von Sudhamoy Ghosh[15] im Jahre 1916 aus dem Chaulmoograöl 7 Fraktionen von Fettsäuren isoliert wurden, die Sir Leonard Rogers[16] bei Leprösen intravenös auf ihre Heilwirkung erprobt hat.

---

[1] Moss, J.: Yearbook of Pharmacy **1879**, 523 — Pharmaceut. J. **10**, 251 (1879). —
[2] Sée, M.: Zit. S. 3. — [3] Black, R. S.: South African med. Rec. **1903**, 15. Juni — J. trop. Med. **6**, 296 (1903) — Lepra (Lpz.) **4**, 140 (1904). — [4] Brocq, L.: Traitement des maladies de la peau. 2me édit. Paris 1892. — [5] Tôyama, J.: Iji Shimbun **1909**, No 773. — [6] de Azua, J.: Lepra (Lpz.) **9**, 144 (1910). — [7] do Amaral, E., u. U. Paranhos: Zit. S. 9. — [8] Heckel, E., u. F. Schlagdenhauffen: J. Pharmacie [5] **11**, 359 (1885). — [9] Roux, L.: Zit. S. 4. — [10] Petit, A.: J. Pharmacie [5] **26**, 445 (1892) — Bull. Soc. Chim. biol. Paris **9**, 207 (1893). — [11] Ishizu, R.: Nippon Yakugakukwai Hôkoku, Sitzung Dezember 1904. — [12] Power, F. B., u. F. H. Gornall: J. chem. Soc. Lond. **85**, 838, 851 (1904). — Power, F. B., u. M. Barrowcliff: J. chem. Soc. Lond. **87**, 884, 896 (1905). — Barrowcliff, M., u. F. B. Power: J. chem. Soc. Lond. **91**, 557 (1907). — Power, F. B.: U.S.A. Dept. of Agriculture, Bull. 1057, S. 7. Washington D. C. 1922. — [13] Engel-Bey, F.: Lepra (Lpz.) **7**, 195 (1908); **11**, 274 (1910) — Mh. Dermat. **49**, 290 (1909) — Policlinique pour lépreux au Caire. Traitement de la lèpre. München: Meisenbach, Riffarth u. Co. 1910 — Ther. Med. New York **25**, 37 (1911) — Arch. f. Dermat. **110**, 147 (1911) — Arch. Schiffs- u. Tropenhyg. **26**, 161 (1922); **30**, Beiheft 2 (1926). — [14] Taub, L.: Medizin u. Chemie, Abh. a. d. med.-chem. Forschungsstätten der I.G. Farbenindustrie AG. **2**, 295 (1934) — DRP. 216092 vom 12. 3. 1908. — [15] Ghosh, S.: Indian J. med. Res. **4**, 691 (1917); **8**, 211 (1920). — [16] Rogers, L.: Lancet **190**, 288 (1916); **193**, 682 (1917); **200**, 1178 (1921); **206**, 1207, 1297, 1321 (1924) — Indian med. Gaz. **51**, 195, 437 (1916); **54**, 218 (1919); **55**, 125 (1920); **57**, 70 (1922) — Brit. med. J. **1916 II**, 550; **1919 I**, 147; **1919 II**, 426; **1921 I**, 640; **1922 I**, 987; **1923 II**, 11, 1253; **1929 I**, 961 — Indian J. med. Res. **5**, 277 (1917); **7**, 236 (1919) —

Wegen ihrer schädigenden Wirkung auf die Gefäßwände und der damit verbundenen Gefahr der obliterierenden Phlebitis, zum Teil auch wegen ihrer geringeren Wirksamkeit im Vergleich mit anderen aus dem Chaulmoograöl gewonnenen Präparaten, werden diese Natriumsalze der ungesättigten Chaulmoografettsäuren heute indessen nur noch verhältnismäßig selten verwendet.

In ähnlicher Weise wie Ghosh haben sodann Miss Alice Ball (vgl. Hollmann[1]) sowie Dean und Wrenshall[2] in Honolulu (Hawai) (vgl. auch McDonald[3], Henry[4], Binford[5]) vier verschiedene Äthylester der Fettsäuren des Chaulmoograöls, welche intramuskulär und auch intravenös Verwendung fanden, dargestellt. Dadurch wurde die schon von John Moss (1879; s. oben) ausgesprochene Vermutung, daß die erhebliche therapeutische Wirkung des Öls bei der Lepra in erster Linie auf seinen Gehalt an bestimmten ungesättigten Fettsäuren (s. S. 120) zurückzuführen ist, bestätigt.

Um die chemische Erforschung des Chaulmoograöls und der ihm nahestehenden vegetabilischen Fette hat sich dann noch eine Reihe weiterer Autoren, von denen außer den bereits genannten hier nur H. C. Brill, G. A. Perkins, Roger Adams, E. André, A. P. West, P. P. Herrera-Batteke, H. I. Cole, A. Marcan, A. Machado, R. A. Dias da Silva sowie O. Rothe und D. Sorerus aufgeführt seien, erhebliche Verdienste erworben. Perkins sowie Adams haben sich mit ihren Mitarbeitern zudem mit Erfolg bemüht, die charakteristischen ungesättigten Chaulmoografettsäuren synthetisch darzustellen (s. S. 31).

Das von Taraktogenos kurzii King stammende echte Chaulmoograöl wurde 1868 in die Pharmacopoeia of India (vgl. Waring[6]) und 1901 in das Indian and Colonial Addendum to the British Pharmacopoeia aufgenommen und für die Behandlung der Lepra, Skrofulose und anderer Hautkrankheiten sowie des Rheumatismus empfohlen. Heute ist es in den Vereinigten Staaten von Nordamerika (Pharmacopoeia of the United States of America, 10th decennial revision 1926), in England (British Pharmacopoeia 1914) und in Schweden (Svenska Farmakopén, Ed. 10, 1925) als Oleum chaulmoograe, in den Niederlanden (Nederlandsche Pharmacopee, vijfde Uitgave, 1926) als Oleum chaulmogra, in Spanien (Farmacopea Oficial Española, 8. Edición, 1930) als Oleum chaulmoogra offizinell. Nach Angaben von Valenti[7] und de Souza-Araujo[8] ist das Öl außerdem auch in den Pharmakopöen von Mexiko, von Venezuela und von Brasilien aufgeführt. Außerdem sind in dem Arzneibuch der Vereinigten Staaten von Nordamerika die Äthylester der Fettsäuren des Chaulmoograöls als Aethylis chaulmoogras enthalten. Das von Hydnocarpus anthelmintica Pierre gewonnene Öl ist als Oleum hydnocarpae in das japanische Arzneibuch (Pharmacopoeia of

<hr>

Practitioner **107**, 77 (1921); **1928**, April — Brit. J. Tbc. **16**, 110 (1922); **19**, 69 (1925) — 3. Conf. internat. de la lèpre, Straßburg **1923**, 281 — Bristol med.-chir. J. **41**, 19 (1924) — Glasgow med. J. **101**, 109 (1924) — Ann. trop. Med. **18**, 267 (1924) — Proc. internat. Conf. on health problems in trop. America, Kingston B.W.J. **1924**, 772 — Kenya med. J. (Nairobi) **1**, 322 (1925) — Proc. roy. Soc. Med. **20**, 1021 (1927) — Edinburgh med. J. **37**, 1 (1930) — Med. J. Australia **1930**, 18. Okt. — China med. J. **45**, 815 (1931.) — Rogers, L., S. L. Cummins u. C. Weatherall: Brit. med. J. **1933 I**, 47. — Rogers, L., u. E. Muir: Leprosy. Bristol: J. Wright and Sons Ltd. 1925. — Rogers, L., u. J. Ch. Mukerjee: Indian med. Gaz. **54**, 165 (1919). — S. auch Editorial, Brit. med. J. **1921 II**, 851.

[1] Hollmann, H. T.: J. cut. Dis. **37**, 367 (1919) — Arch. of Dermat. **5**, 4 (1922). — [2] Dean, A. L., u. R. Wrenshall: J. amer. chem. Soc. **42**, 2626 (1920) — Publ. Health Rep. **36**, 641 (1921); **37**, 1395 (1922). S. auch R. A. Wood: China med. J. **36**, 265 (1922). — [3] McDonald, J. T.: J. amer. med. Assoc. **75**, 1483 (1920); **76**, 1121 (1921). — McDonald, J. T., u. A. L. Dean: Publ. Health Rep. **35**, 1959 (1920) — J. amer. med. Assoc. **76**, 1470 (1921). — [4] Henry, T. A.: J. trop. Med. **23**, 249 (1920). — [5] Binford, C. H.: Publ. Health Rep. **51**, 415 (1936). — [6] Waring, E. J.: Pharmacopoeia of India. London 1868 (s. S. 26 u. 440). — [7] Valenti, A.: Riforma med. **35**, No 46 (1919). — [8] de Souza-Araujo, H. C.: Internat. J. Leprosy **3**, 49 (1935).

Japan, 4th edition, Tokyo 1921—1922) aufgenommen. Auch in die British Pharmacopoeia, die in ihrer Ausgabe von 1914 das Öl von Taraktogenos kurzii King enthielt, wurde an dessen Stelle neuerdings (Ausgabe von 1932) Hydnocarpusöl aufgenommen.

Besonders umfangreiche und darum für die Beurteilung des Heilwertes der verschiedenen Pflanzenöle und ihrer Zubereitungen außerordentlich wertvolle vergleichende therapeutische Versuche wurden während der beiden letzten Dezennien im Carmichael Hospital in Calcutta durch E. Muir[1] und seine Mitarbeiter, im Kahili-Hospital und in der Leprösensiedlung Molokai bei Honolulu (Hawai)[2] unter Leitung von I. T. McDonald, H. E. Hasseltine und H. T. Hollmann, und vor allem auf den Philippinen, und zwar einerseits im San Lazaro-Hospital in Manila durch I. P. Bantug und S. Tietze, andererseits in der Culion Leper Colony durch Mercado y Donato[3], C. B. Lara, B. de Vera, I. G. Samson, H. W. Wade[4], C. Nicolas und andere angestellt. Das große Krankenmaterial dieser letztgenannten Leprösenkolonie, in der etwa 4500 Patienten gleichzeitig behandelt werden, erwies sich für die Durchführung solcher vergleichender Untersuchungen größten Stils als besonders geeignet. Auf Grund des bis jetzt vorliegenden umfangreichen Erfahrungsmaterials kann an der therapeutischen Wirksamkeit der Chaulmoograölpräparate bei Lepra wohl nicht mehr gezweifelt werden, und es besteht aller Anlaß zu der Annahme, daß die sachgemäß und genügend lange durchgeführte Behandlung besonders im Frühstadium tatsächlich nicht nur zu einer klinischen, sondern zu einer bakteriologischen Heilung der früher als unheilbar angesehenen Erkrankung führen kann.

II. Vorkommen des Chaulmoograöls und der ihm nahestehenden vegetabilischen Fette.

Schon oben wurde darauf hingewiesen, daß sich die bei der Lepra wirksamen Öle in den Samen zahlreicher in Asien vorkommender *Hydnocarpus*arten und verschiedener in Westafrika und im tropischen Südamerika heimischer *Oncobeen* finden. Die für die Ölgewinnung in Betracht kommenden Bäume sind in den beiden nachfolgenden Tabellen 1 und 2 übersichtlich zusammengestellt; außer den wissenschaftlichen und Eingeborenennamen, sowie der Heimat der einzelnen Arten und der aus ihren Samen gewonnenen Öle ist dort auch die wichtigste botanische und chemische Literatur angeführt. Was die Zusammensetzung der einzelnen Öle anlangt, so finden sich nähere Angaben darüber in der Tabelle 3. Außer den in den Tabellen 1 und 2 angegebenen Bäumen sind noch zahlreiche weitere Hydnocarpeen und Oncobeen bekannt (z. B. Taraktogenos kunstleri King, T. polypetala v. Sl., T. gracilis, Hydnocarpus quadrasii, H. unonifolia, H. nana, H. scortechinii, H. cucurbitina, H. wrayi); über die Öle dieser Arten ist bisher aber noch gar nichts bekanntgeworden.

Wie bereits erwähnt, gehören die Hydnocarpeae und die Oncobeae der Familie der *Flacourtiaceae* an. Außer den bereits oben (S. 2) und in den Tabellen 1 und 2 zitierten Veröffentlichungen seien hier noch die zusammenfassenden Dar-

---

[1] Muir, E.: Handbook on leprosy. Cuttack: R. J. Grundy. — Leprosy, diagnosis, treatment and prevention. 5th edit. Calcutta: Indian Council of the British Empire Leprosy Relief Assoc. 1930. — [2] Vgl. C. H. Binford: The history and study of leprosy in Hawaii. Publ. Health Rep. **51**, 415 (1936). — [3] Mercado y Donato, E.: Leprosy in the Philippines and its treatment. Manila: Tip. Linotype del Col. de Sto. Tomás 1915. — [4] Wade, H. W.: The development of the modern antileprosy campaign. A resumé of the history of leprosy and of the dawn of hope for the leper. Culion Leper Colony o. J. — S. auch H. W. Wade u. J. N. Rodriguez: A description of leprosy. Its etiology, pathology, diagnosis and treatment. Manila: Bureau of Printing 1927.

stellungen von CLOS[1], FLÜCKIGER und HANBURY[2], DUTT[3], BENTLEY und TRIMMEN[4], MOELLER[5], WATT[6], WARBURG[7], GORIS und WALLART[8], POBEGUIN[9], PABISCH[10], FRANCIS[11], KIRTIKAR und Mitarbeitern[12], KUSUMBEKER[13], LECLERC[14], KOPP[15], HENRY[16], R. L. JUMELLE[17], RUEBENBAUER[18], v. WIESNER[19], SCHULZ[20], FREISE[21], WEHMER[22], KARIYONE[23], CHOPRA[24], SLEUMER[25], GANDINI[26] sowie SUST[27] erwähnt, in denen sich weitere Angaben über diese in tropischen und subtropischen Gebieten verbreitete Pfanzenfamilie und die Unterscheidung der einzelnen Arten, vor allem ihrer Samen, finden.

Da das Chaulmoograöl und die ihm nahestehenden Pflanzenfette, sowie die aus den Ölen dargestellten Präparate heutzutage in allen Ländern mit endemischer Lepra eine umfangreiche systematische Anwendung finden, wurden in verschiedenen tropischen Ländern [Philippinen, Siam, Britisch-Indien, Pondichéry (Koromandelküste), Ceylon, Malakka, Indochina, Hawai (Waiahole Forest Reserve, District of Koolaupoko, Oahu), Brasilien, Dominica (Brit. Westindien), Paramaribo (Suriname), Cuba, Kanalzone, Martinique, Soubré (Elfenbeinküste), Entebbe und Serere (Uganda), Eala (Belg. Kongo), Nigeria u. a.] ausgedehnte *Pflanzungen* der für die Ölgewinnung besonders in Betracht kommenden Flacourtiaceenarten angelegt (vgl. ROCK[28], MARQUÉS[29], MUIR, DE, LANDEMAN, ROY und SANTRA[30], PERROT[31], HENRY[32], SANT[33], FRANCOIS[34], JUDD[35], SHIRLEY[36], P. H. und C. ROLFS[37], BOUILLAT[38], DE SOUZA-ARAUJO[39], KENNEDY[40], SLEUMER[25], Imperial Institute[41]; vgl. auch Editorial im J. amer. med. Assoc.[42], sowie

---

[1] CLOS, D.: Ann. Sci. natur., Botanique (Paris) [4] **4**, 362 (1855); **8**, 209 (1857). — [2] FLÜCKIGER, F. A., u. D. HANBURY: Zit. S. 2. — [3] DUTT, U. CH.: The Hindu materia medica with a glossary of Indian plants, compiled from Sanscrit medical works. Calcutta 1877. — [4] BENTLEY, R., u. H. TRIMMEN: Medicinal plants. Vol. I, S. 28. London 1880. — [5] MOELLER, J.: Pharmaceut. J. [3] **15**, 321 (1884). — [6] WATT, G.: Zit. S. 2. — [7] WARBURG, O.: Flacourtiaceae. In A. ENGLER u. K. PRANTL: Die natürlichen Pflanzenfamilien. 1. Aufl., **6**, 309. Leipzig: W. Engelmann 1894—1897. — [8] GORIS, A., u. J. WALLART: Bull. Sci. pharmacol. **14**, 203 (1907). — [9] POBEGUIN, H.: Les plantes médicinales de la Guinée. Paris: Challamel 1912. — [10] PABISCH, H.: Pharm. Post (Wien) **46**, 889 (1913). — [11] FRANCIS, E.: J. Pharmacie [7] **9**, 388 (1914) — Lancet **1914 I**, 718 — Brit. med. J. **1914 I**, 800. — [12] KIRTIKAR, K. R., B. D. BASU u. J. C. S.: Indian medical plants. Allahabad: Sudhindra Nath Basu, Panini Office 1918. — [13] KUSUMBEKER, G. C.: Lancet **204**, 264 (1923). — [14] LECLERC, H.: Presse méd. **31**, 1088 (1923). — [15] KOPP, A.: Rev. Bot. appl. **4**, 322 (1924). — [16] HENRY, T. A.: J. trop. Med. **23**, 249 (1920) — Kew Bull. **1926**, 17. — [17] JUMELLE, R. L.: Les huiles de chaulmoogra. Leurs origines, leurs caractères et leur mode d'action. Thèse (Méd.) Paris 1926. — [18] RUEBENBAUER, H.: Polska Gaz. lek **5**, 510 (1926). — [19] WIESNER, J. v.: Die Rohstoffe des Pflanzenreichs. 4. Aufl., herausgeg. von P. KRAIS u. W. v. BREHMER. 2 Bände. Leipzig: W. Engelmann 1928. — [20] SCHULZ, G.: Pharmazeut. Berichte (I.G.-Farbenind. AG.) **6**, 12 (1931). — [21] FREISE, F. W.: Prescriber **25**, 369 (1931). — [22] WEHMER, C.: Die Pflanzenstorfe. 2. Aufl., 2 Bände. Jena: G. Fischer 1931. — [23] KARIYONE, T.: Nihon-Koshu-Hoken-Kyokai Zasshi **9**, 452 (1933). — [24] CHOPRA, R. N.: Zit. S. 2. — [25] SLEUMER, H.: Monographie der Gattung Hydnocarpus Gaertn. nebst Beschreibung und Anatomie der Samen ihrer pharmakognostisch wichtigen Arten (Chaulmugra). Habil.-Schrift Berlin (mathem. naturw. Fakultät) 1937. — [26] GANDINI, A., Sci. Farmaco [2] **2**, 193, 241; **3**, 1, 64, 97, 169 (1937). — [27] SUST, F.: Afinidad (Barcelona) **15**, 231 (1935). — [28] ROCK, J. F.: Zit. S. 2. — [29] MARQUÈS, A.: Bull. écon. Indo-Chine **1922**, 185 — L'Agronomie colon. **9**, No 68, 33 (1923). — [30] MUIR, E., N. K. DE, E. LANDEMAN, T. N. ROY u. J. SANTRA: Indian J. med. Res. **12**, 221 (1924). — [31] PERROT, E.: Zit. S. 7. — [32] HENRY, T. A.: Kew Bull. **1926**, 17. — [33] SANT, G.: Pharm. Weekbl. **71**, 900 (1934). — [34] FRANÇOIS, M. TH.: Bull. Sci. pharmacol. **36**, 339 (1929); **42**, 24 (1935). — [35] JUDD, C. S.: Zit. S. 18. — [36] SHIRLEY, G. S.: Burma Forest Bull. **21**, 13 (1930). — [37] ROLFS, P. H., u. C. ROLFS: A cultura de sapucainha (Carpotroche spp.). Serie Agricola No 6, Secretaria de Agricultura, Minas Geraes (Brasilien) 1931. — [38] BOUILLAT: Zit. S. 19. — [39] DE SOUZA-ARAUJO, H. C.: Internat. J. Leprosy **3**, 49 (1935). — [40] KENNEDY, J. D.: Zit. S. 19. — [41] Imperial Institute (London): Bull. Imper. Inst. **26**, 79 (1928); **27**, 107, 206, 364, 492 (1929); **28**, 6 (1930); **29**, 334 (1931); **30**, 340 (1932); **31**, 573 (1933); **33**, 224 (1935); **34**, 146 (1936) — s. auch Malayan Agricult. J. **1929**, Nr 6. — [42] Editorial: J. amer. med. Assoc. **82**, 803 (1924).

Tabelle 1. Übersicht über die für die Gewinnung des Chaulmoograöls und der ihm nahestehenden vegetabilischen Fette in Betracht kommenden Flacourtiaceenarten. Indische Arten (Hydnocarpeae).

| Flacourtiaceenarten | | Heimat | Botanische Literatur | Namen der aus den Samen gewonnenen Öle | Literatur über die Zusammensetzung der Öle (vgl. Tab. 3) |
Wissenschaftliche Namen	Eingeborenennamen				
Taraktogenos kurzii King (syn. Hydnocarpus kurzii Warb.)	Kalaw, Kalawso, Kalawbin (Burm.) Lemtam (Assam) Chaulmoogra(Hind., Beng.) Kadu-kvatha (Mar.) Niradimutu (Tam.) Toung-pung (Arkanes.) Thibong-thar (Mikir.) Ser-buli-baphang (Katschin) Seeri-asing (Miri) Krabao dong (Siam)	Ostbengalen, Burma, Assam [künstlich angepflanzt auf Ceylon, auf Hawai, auf Dominica, in Viçosa(Minas Geraes, Brasil.), sowie in Paramaribo (Suriname)]	KING[1], D. HOOPER[2], BRANDIS[3], VOIGT[4], GRIMME[5], CHEVALIER[6], ROCK[7], KOPP[8], SCHNEIDER[9], PERROT[10], STOCKDALE[11], PARKINSON[12], JUDD[13], KERR[14], HEYNE[15], CRAIB[16], Imperial Institute[17],	Chaulmoograöl (Chaulmoogra oil, Huile de chaulmoogra, Huile de chaulmougré, Olio de chaulmoogra)	HECKEL u. SCHLAGDENHAUFFEN[18], HIRSCHSOHN[19], POWER u. GORNALL[20], SCHINDELMEISER[21], LEWKOWITSCH[22], REINSCH[23], LENDRICH, KOCH u. SCHWARZ[24], CHATTOPADHYAY[25], SHELLEY[26], GHOSH[27], RAKUSIN u. FLIER[28], BRILL u. WILLIAMS[29], KEIMATSU[30], PERKINS u. CRUZ[31], READ[32], NORD u.SCHWEITZER[33], ANDRÉ[34], SHRINER u. ADAMS[35], HASHIMOTO[36], BÖMER u. ENGEL[37], PEACOCK u. AIYAR[38], T. AOKI u. Y. AOKI[39], SANT[40], BERTOLINI[41]
Desgl., Abart: *Hydnocarpus kurzii var. conica Craib* (syn. Taraktogenos kurzii var. conica); nach SLEUMER[42] vielleicht neue Art		Siam (Provinz Nan)	CRAIB[16], HENRY[43], KERR[14],		
Taraktogenos serrata Pierre (syn. Hydnocarpus serrata Warb.); nach SLEUMER[42] identisch mit Taraktogenos ilicifolia.		Östliches Cochinchina, Siam (Provinzen Pre u. Prachuap)	GAGNEPAIN[44], CHEVALIER[6], KERR[14], CRAIB[16], Imperial Institute[45]		
Taraktogenos calvipetala (Craib) Kerr (comb. nov.) (syn. Hydnocarpus calvipetala Craib)		Siam (Provinz. Langsuan u. Ranawng)	CRAIB[16], KERR[14], Imperial Institute[45]		

Art	Volksnamen	Vorkommen	Botanische Literatur	Öl	Chemische Literatur
Taraktogenos microcarpa (*Pierre*) *Gilg*; nach SLEUMER[42] identisch mit Taraktogenos ilicifolia		Kambodja	GAGNEPAIN[44]		
Taraktogenos ilicifolia (*King*) *Kerr* (syn. *Taraktogenos subintegra Pierre**, *Hydnocarpus subintegra Gilg**, *Hydnocarpus ilicifol. King*)	Krabao klak (Siam)	Malaiische Halbinsel (insbesond. in Dong Paya Yen in Siam), Cochinchina	KING[46], GAGNEPAIN[44], RIDLEY[47], KERR[14], CRAIB[16]		MARCAN[48]
Hydnocarpus heterophylla Blume (syn. *Taraktogenos blumei Hassk.*)	Bëtjampioh (Palemb.) Kandar loetoeng (Sund.) Loetĕng (Jav.)	Java, Sumatra, Celebes, Philippinen	MERRILL[49], VAN SLOOTEN[50], HEYNE[15]		KOOLHAAS[51]
Hydnocarpus anthelmintica Pierre	Luk krabao (Siam) Krabao (Kambodja) Chong-Bao (Annam) Chum-bao-nho (Cochinchina) Hot-gian-gio (Tonking)	Siam, Kambodja, Cochinchina, Laos [künstl. angepflanzt auf Ceylon, in Malakka, auf Hawai, in Entebbe (Uganda), sowie in Eala (Belgischer Kongo)]	DE LANESSAN[52], HOLMES[53], GAGNEPAIN[44], GRIMME[5], CHEVALIER[6], ROCK[7], PERROT[10], STOCKDALE[11], PARKINSON[12], JUDD[13], KERR[14], CREVOST u. PETELOT[54], CRAIB[16]	Lukraböol. Die Samen heißen in China Ta-fungtse, in Japan Taifushi, in Kambodja Krabaophle-tom	POWER[55], LENDRICH, KOCH u. SCHWARZ[24], BRILL u. WILLIAMS[29], KEIMATSU[56], PERKINS u. CRUZ[31], READ[32], ANDRÉ[34], ALEXIS u. MENAUT[57], PERROT[10], T. AOKI u. Y. AOKI[39], BOËZ, GUILLERM u. MARNEFFE[58], GUILLERM, BANOS u. NGUYEN-VAN-LIEN[59], FRANÇOIS[60], ADRIENS[61], Imperial Institute[62], Government Laboratory Bangkok[63]
Hydnocarpus laurifolia (*Dennstedt*) *Sleumer* (*comb. nova*) (syn. *Hydnocarpus wightiana Blume*, *Munnicksia wightiana Dennst.*)	Kopti (Distrikt von Ratanigiri) Kosto (Goa) Kowti, Kava (Bomb.) Kowti, Kadukavata, Kastel, Kantel (Mar.) Toratti (Kan.) Yetti, Maravetti (Tam.) Niradi-vittulu (Tel.) Jangli-badam (Deccan)	Malabarküste [künstlich angepflanzt auf Ceylon, in Pondichéry (Koromandelküste), in Malakka, in Entebbe (Uganda) und in Nigeria]	VAN RHEEDE VAN DRAAKENSTEIN[64], HOOKER u. THOMSON[65], HOLMES[53], BRANDIS[3], GRIMME[5], KIRTIKAR u. BASU[66], BOULLAT[67], KENNEDY[68], Imperial Institute[69]	Kawatelöl	POWER u. BARROWCLIFF[70], LENDRICH, KOCH u. SCHWARZ[24], COLLIN[71], DEAN u. WRENSHALL[72], GHOSH[27], PERKINS u. CRUZ[31], READ[32], JOSEPH u. SUDBOROUGH[73], ANDRÉ[34], COLE[74], LABERNADIE u. LAFFITTE[75], T. AOKI u. Y. AOKI[39], W. C. JOSEPH[76], BOUILLAT[77], PAGET, TREVAN u. ATTWOOD[78], FRANÇOIS[6].

Tabelle 1 (Fortsetzung).

Flacourtiaceenarten		Heimat	Botanische Literatur	Namen der aus den Samen gewonnenen Öle	Literatur über die Zusammensetzung der Öle (vgl. Tab. 3)
Wissenschaftliche Namen	Eingeborenennamen				
Hydnocarpus inebrians Wall. (syn. Chilmoria pentandra Hamilton, Munnicksia laurifolia Dennst.); nach dem Kew-Index (s. auch BRANDIS[3]) identisch mit H. wightiana (H. laurifolia)	Kauti	Malabarküste		Kantiöl	LENDRICH, KOCH u. SCHWARZ[24]
Hydnocarpus subfalcata Merrill (vgl. auch Hydnocarp. ovoidea)		Philippinen (Luzon, Sibuyan, Samar, Mindanao)	MERRILL[49]		PERKINS u. CRUZ[31]
Hydnocarpus woodii Merrill		Britisch Nordborneo	MERRILL[49]		PERKINS u. CRUZ[31], Imperial Institute[79]
Hydnocarpus hutchinsonii Merrill		Philippinen (Zamboanga, Mindanao und Basilan), Hawai	MERRILL[49], VAN SLOOTEN[50], JUDD[13]		PERKINS u. CRUZ[31], PADILLA u. SOLIVEN[80]
Hydnocarpus venenata Gaertner	Makulu, Makulughaha Niradimuttu (Tam.) Jungi bâdâm (Duk.) Adivie vadum vittilu (Tel.)	Ceylon	HERMANN[81], BURMAN[82], GAERTNER[83], HOOKER u. THOMSON[64], BRANDIS[3], VOIGT[4], GRIMME[5], STOCKDALE[11]	Makuluöl, Maratifett, Marotti- oder Morattiöl (fälschlich auch als Cardamomfett**)	HERTKORN[84], LITTERSCHEID[85], REINSCH[23], PLÜCKER[86], DUNBAR[87], COLLIN[71], THOMS u. MÜLLER[88], LENDRICH, KOCH u. SCHWARZ[24], GHOSH[27], BRILL[89], PERKINS u. CRUZ[31], PERROT[10], Imp. Institute[90]
Hydnocarpus alcalae C. de Candolle	Dudóa oder Dudud-dudu	Philippinen (Luzon, Prov. Albay)	DE CANDOLLE[91], TOLENTINO-VALLARTA[92]		BRILL[93], GHOSH[27], PERKINS u. CRUZ[31], DE SANTOS u. WEST[94], PADILLA u. SOLIVEN[80], Imperial Institute[95]
Hydnocarpus castanea Hook f. u. Thoms	InfolgeVerwechslung mit Taraktogenos kurzii in Burma vielfach als Kalaw bezeichnet	Burma (Martaban Hills), Malakka, Perak, Siam (Provinzen Yala, Satul, Surat)	HOOKER u. THOMSON[64], RIDLEY[47], ROCK[7], KERR[14], CRAIB[16]		

Hydnocarpus curtisii King		Penang	King[46], Rock[7], Ridley[47], Merrill[49], Craib[16]		
Hydnocarpus cauliflora Merrill		Philippinen (Bezirk von Cotabato, Insel Mindanao)	Merrill[49]		Perkins, Cruz u. Reyes[96]
Hydnocarpus saigonensis Pierre	Chum-bao-nho	Cochinchina	Gagnepain[44], Mathivat[97]		Stévenel[98]
Hydnocarpus ovoidea Elm. (nach Merrill[49] identisch mit Hydnocarpus subfalcata)		Philippinen (Insel Samar)			Perkins, Cruz u. Reyes[96]
Hydnocarpus alpina Wight		Nilgherries	Hooker u. Thomson[64], Grimme[5], Stockdale[11], Mathivat[97]		Lendrich, Koch u. Schwarz[24], de Wolff u. Koldevijn[99], Ghosh[27], Imperial Institute[100]
Hydnocarpus octandra Thwaites		Ceylon	Hooker u. Thomson[64], Stockdale[11]		Imperial Institute[100]
Hydnocarpus dawnensis Parkinson u. Fischer	Kalaw-byu (Burm.) Kalaw-wa (Burm.)	Burma (Amherst-distrikt)	Parkinson u. Fischer[101], Parkinson[12]		Peacock u. Aiyar[38]
Hydnocarpus verrucosa Parkinson u. Fischer	Woh-panh (Karen.) Kalaw-ni (Thatôn)	Burma (Amherst-distrikt)	Parkinson u. Fischer[101], Parkinson[12]		Peacock u. Aiyar[38]
Asteriastigma macrocarpa Beddome [syn.Hydnocarpus macrocarpa (Bedd.) Warb.]	Kalaw-ni u. On-kalaw (Myitkyina Division) Kawlum (Kachin) Kalaw-ma (Upper Chindwin)	Travankore, Madras, Hindustan, Burma	Beddome[102], Brandis[3], Rock[7], Perrot[10], Mathivat[97], Parkinson[12]		Ghosh[27], André[34], Perkins, Cruz u. Reyes[96], Peacock u. Aiyar[38], Peacock u. Thoung[103]

Fußnoten zu vorstehender Tabelle 1.

[1] King, C.: J. Asiat. Soc. Beng. **103**, 113 (1890). — [2] Hooper, D.: The Agricultural Ledger **5**, 269 (1905). Calcutta: Office of the Superintendent, Government Printing India 1906. — [3] Brandis, D.: Indian trees. London: Constable and Co. 1907 (4. Abdruck 1921); s. S. 41, 42, 700 u. 721 (Flacourtiaceae). — [4] Voigt, A.: Jber. Vereinig. angew. Botanik **8**, 171 (1910). — [5] Grimme, C.: Chem. Revue Fett- u. Harzind. **18**, 102, 131 u. 160 (1911). — [6] Chevalier, A.: Rev. Bot. appl. **2**, 140 (1922). — [7] Rock, J. F.: The Chaulmoogra tree and some related species. U. S. Dept. of Agriculture, Bull. No 1057. Washington D.C. 1922 — National Geographic Magazine **41**, 243 (1922). — [8] Kopp, A.: Rev. Bot. appl. **4**, 322 (1924). — [9] Schneider, J.: Věstník Kral. Čes. Společ. Nauk. Tř. II. Roč. 1924. — [10] Perrot, E.: Bull. Sci. pharmacol. **33**, 353 (1926); **41**, 641 (1934) — Chaulmoogra et autres graines utilisées contre la lèpre. Travaux de l'Office national des matières premières végétales pour la droguerie, la pharmacie, la distillerie et la parfumerie. Notice No 24. Paris 1926 — Bull. Acad. Méd. Paris **112**, 602 (1934). — [11] Stockdale, F. A.: Bull. Imper. Inst. Lond. **26**, 78 (1928). — [12] Parkinson, C. E.: Burma Forest Bull. No **21**, 1 (1930). — [13] Judd, C. S.: Hawaiian Forestier a. Agriculturist **27**, 105 (1930). — [14] Kerr, A.: Technical and scientific Supplement to the Record No **7**, 1. Ministry of Commerce and communications of Siam, Bangkok 1930. — [15] Heyne, K.: De nuttige planten van Nederlandsch Indië. 2. Aufl., 3 Bände. Buitenzorg: Dept. van Landbouw, Nijverheid en Handel 1927. — [16] Craib, W. G.: Florae Siamensis Enumeratio **1**. Bangkok: Siam Society 1931. — [17] Bull. Imper. Inst. **27**, 107 u. 364 (1929); **29**, 334 (1931); **31**, 573 (1933); **33**, 224 (1935) — Tropical Agriculturist **71**, 199 (1928). — [18] Heckel, E., u. F. Schlagdenhauffen: J. Pharm. Chim. [5] **11**, 359 (1885). — [19] Hirschsohn, E.: Pharmaz. Zentralh. **44**, 627 (1903). — [20] Power, F. B., u. F. H. Gornall: J. chem. Soc. Lond., Transact. **85 I**, 838 u. 851 (1904) — s. auch F. B. Power: U. S. Dept. of Agriculture, Bull. No **1057**, 7. Washington D.C. 1922. — [21] Schindelmeiser, J.: Ber. dtsch. pharmaz. Ges. **14**, 164 (1904). — [22] Lewkowitsch, J.: J. chem. Soc. Lond. **87**, 896 (1905) — Chemische Technologie u. Analyse der Öle. Bd. **2**, 271 u. 753. Braunschweig: Vieweg 1905 — s. auch J. Lewkowitsch u. G. H. Warburton: Chemical technology and analysis of oils, fats and waxes. 6th edit. London 1921—1923 (s. Bd. 2, S. 501). — [23] Reinsch, A.: Chemiker-Ztg **35**, 77 (1911). — [24] Lendrich, K., E. Koch u. L. Schwarz: Z. Unters. Nahrgsmitt. usw. **22**, 441 (1911). — [25] Chattopadhyay, P. C.: Amer. J. Pharmacy **87**, 473 (1915). — [26] Shelley, F. F.: Pharmaceut. J. [4] **49**, 195 (1919). — [27] Ghosh, S.: Indian J. med. Res. **4**, 691 (1917); **8**, 211 (1920). — [28] Rakusin, M., u. G. Flier: J. russ. phys.-chem. Ges. **47**, 1848 (1915). — [29] Brill, H. C., u. R. R. Williams: Philippine J. Sci., Ser. A **12**, 207 (1917). — [30] Keimatsu, S.: Yakugaku Zasshi No **458** (1920). — [31] Perkins, G. A., u. A. O. Cruz: Philippine J. Sci. **23**, 543 (1923) — vgl. auch G. A. Perkins: J. Philippine Isl. med. Assoc. **5**, 369 (1925). — [32] Read, B. E.: Pharmaceut. J. **57**, 412 (1923). — [33] Nord, F. F., u. G. G. Schweitzer: Biochem. Z. **156**, 269 (1925). — [34] André, E.: C. r. Acad. Sci. Paris **181**, 1089 (1925). — [35] Shriner, R. L., u. R. Adams: J. amer. chem. Soc. **47**, 2727 (1925). — [36] Hashimoto, T.: J. amer. chem. Soc. **47**, 2325 (1925); **49**, 1119 (1927). — [37] Bömer, A., u. H. Engel: Z. Unters. Nahrgsmitt. usw. **57**, 113 (1929). — [38] Peacock, D. H., u. G. K. Aiyar: Burma Forest Bull. No **21**, 11 (1930). — [39] Aoki, T., u. Y. Aoki: Untersuchungen über die Frühdiagnose und Therapie der Lepra. Erg.-Heft zur Japan. Z. Dermat. u. Urol., Tokyo 1930. — [40] Sant, G.: Pharm. Weekblad **71**, 900 (1934). — [41] Bertolini, F.: Chim. ind. agr. biol. **9**, 15 (1933). — [42] Sleumer, H.: Zit. S. 13. — [43] Henry, T. A.: Kew Bull. **1926**, 17. — [44] Gagnepain, F.: Bixacées et Pittosporacées asiatiques. Bull. Soc. bot. France **55**, 521 (1908) — in H. Lecomte: Flore générale de l'Indochine. Bd. **1**, 218. Paris: Masson et Cie 1907—1912 — J. de Bot. **21**, 137 (1908). — [45] Bull. Imper. Inst. Lond. **29**, 68 (1931) — s. auch Kew Bull. **1928**, 234. — [46] King, G.: Ann. Roy. Bot. Garden Calcutta **5**, 130 (1896). — [47] Ridley, H. N.: Flora of the Malay Peninsula. London: L. Reeve and Co. Ltd. 1922. — [48] Marcan, A.: J. Soc. chem. Ind. **45**, 305 (1926) — Technical and scientific Supplement to the Record No **7**, 14. Ministry of Commerce and Communications of Siam, Bangkok 1930. — [49] Merrill, E. D.: An enumeration of Philippine flowering plants. Manila: Bureau of Printing 1923 — Philippine J. Sci., Sect. C, **4**, 247 (1909); **17**, 239 (1920); **29**, 341 (1926). — [50] van Slooten, D. F.: Bull. Jardin bot. Buitenzorg, 3e sér. **7**, 291 (1925). — [51] Koolhaas, D. R.: Rec. Trav. chim. Pays-Bas et Belg. (Amsterd.) **49**, 109 (1930). — [52] de Lanessan, J. L.: Les plantes utiles des colonies françaises. Paris: Ministère de la Marine et des Colonies 1886. — [53] Holmes, E. M.: Pharmaceut. J. Lond. **64**, 522 (1900). — [54] Crevost, Ch., u. A. Petelot: Bull. économ. Indochine **1929**, 134. — [55] Power, F. B.: U. S. Dept. of Agriculture, Bull. No **1057**, 7. Washington D.C. 1922 — s. auch F. B. Power u. M. Barrowcliff: J. chem. Soc. Lond., Transact. **87**, 884 (1905). — [56] Keimatsu, S.: Yakugaku Zasshi No **458** (1920). — [57] Alexis, M. L., u. B. Menaut: Ann. Méd. Pharm. colon. **23**, 201 (1925). — [58] Boëz, L., J. Guillerm u. H. Marneffe: Arch. Inst. Pasteur Indochine **11**, 27 (1930). — [59] Guillerm, J., M. Banos u. Nguyen-van-Lien: Arch. Inst. Pasteur Indochine **18**, 171 (1933). — [60] François, M. Th.: Bull. Sci. pharmacol. **42**, 24 (1935).

Tabellen 1 und 2). Abgesehen davon, daß es auf diese Art möglich ist, den andauernd steigenden Bedarf an diesen therapeutisch wertvollen vegetabilischen Ölen zu decken, bietet dieses Vorgehen auch noch die Gewähr dafür, daß nur reine unverfälschte Produkte für die Behandlungszwecke Verwendung finden[1].

Anhangsweise wären hier dann noch einige weitere Flacourtiaceenarten zu erwähnen, deren Öle auch schon bei der Behandlung der Lepra verwendet und

---

[1] Nach den Angaben von J. F. Rock (Zit. S. 2) können einwandfreie Öle der indischen Flacourtiaceenarten von den Firmen Smith, Stanistreet and Co. sowie Glen and Cie in Calcutta und von Prasana Kumar Sen in Chittagong (Niederbengalen) bezogen werden. Nach A. Bömer u. H. Engel [Z. Unters. Nahrgsmitt. usw. 57, 113 (1929)] kommt hierfür ferner die Firma J. F. Madan in Calcutta in Betracht.

Fortsetzung von Seite 18.

— [61] Adriens, L.: Mat. grasses 25, 9798 (1933) — Congo 2, 524 (1933). — [62] Bull. Imper. Inst. 26, 78 (1928); 27, 107, 206, 364, 492 (1929); 28, 6 (1930); 29, 68 (1931); 33, 224 (1935) — vgl. auch Malayan Agricult. J. 15, 123 (1927); 17, Nr 6 (1929). — [63] Government Laboratory, Bangkok (Siam), 1., 2., 3., 4., 5., 6. u. 7. Report, 1923, 1926, 1926, 1929, 1932, 1934 u. 1936. — [64] van Rheede van Draakenstein, Henricus: Hortus Indicus Malabaricus. 1, 65. Amstelodami: Sumptibus Joannis van Someren et Joannis van Dyck 1678. — [65] Hooker, J. D., u. T. Thomson: Bixineae. In: J. D. Hooker: The flora of British India 1 I, 189 u. 196. London: L. Reeve and Co. 1872. — [66] Kirtikar, K. R., B. D. Basu u. J. C. S.: Indian Medical Plants. Allahabad: Sudhindra Nath Basu, Panini Office 1918. — [67] Bouillat: Ann. Méd. Pharm. colon. 32, 17 (1934). — [68] Kennedy, J. D.: Kew Bull. 1936, 341. — [69] Bull. Imper. Inst. 26, 78 (1928); 27, 107, 206, 364 (1929); 29, 334 (1931); 30, 340 (1932); 33, 224 (1935); 34, 146 (1936). — [70] Power, F. B., u. M. Barrowcliff: J. chem. Soc. Lond., Transact. 87, 884 (1905). — Barrowcliff, M., u. F. B. Power: J. chem. Soc. Lond., Transact. 91 I, 557 (1907). — [71] Collin, E.: Ann. des Falsifications 4, 67 (1911). — [72] Dean, A. L., u. R. Wrenshall: J. amer. med. Assoc. 42, 2626 (1920) — Publ. Health Rep. 36, 641 (1921); 37, 1395 (1922). — [73] Joseph, J., u. J. J. Sudborough: J. Indian Inst. Sci. 5, 133 (1923). — [74] Cole, H. J.: Philippine J. Sci. 40, 499 (1929) — s. auch H. J. Cole: Internat. J. Leprosy 1, 159 (1933). — [75] Labernadie, V., u. N. Laffitte: Bull. Soc. Path. exot. Paris 20, 710 (1927). — [76] Joseph, W. C.: Leprosy Rev. 3, 22 (1932). — [77] Bouillat: Ann. Méd. Pharm. colon. 32, 17 (1934). — [78] Paget, H., J. W. Trevan u. A. M. P. Attwood: Internat. J. Leprosy 2, 149 (1934). — [79] Bull. Imper. Inst. 27, 12 u. 364 (1929). — [80] Padilla, S. P., u. F. A. Soliven: Philippine Agr. 22, 408 (1933). — [81] Hermann, Paul: Musaeum zeylanicum (s. S. 50). 1717. — [82] Burman, Joh.: Thesaurus zeylanicus (s. S. 30). 1737. — [83] Gaertner, Josephus: De fructibus et seminibus plantarum accedunt seminum centuriae quinque priores cum tabulis aeneis LXXIX. Stutgardiae: Typis Academiae Carolinae 1788 (s. S. 288: Hydnocarpus venenata). — [84] Hertkorn, J.: Chemiker-Ztg 34, 1381 (1910). — [85] Litterscheid, F.: Chemiker-Ztg 35, 9 (1911) — s. auch F. Litterscheid u. L. Ascher: Chemiker-Ztg 35, 10 (1911). — [86] Plücker, W.: Z. Unters. Nahrgsmitt. usw. 21, 257 (1911). — [87] Dunbar, W. P.: Dtsch. med. Wschr. 37, 53 (1911). — [88] Thoms, H., u. F. Müller: Z. Unters. Nahrgsmitt. usw. 22, 226 (1911). — [89] Brill, H. C.: Philippine J. Sci., Sect. A, 11, 75 (1916). — [90] Bull. Imper. Inst. 9, 63 u. 406 (1911); 26, 78 (1928); 27, 107 u. 364 (1929). — [91] de Candolle, C.: Philippine J. Sci., Sect. C, 11, 37 (1916). — [92] Tollentino-Vallarta, M.: Natural a. appl. Sci. Bull. (Manila) 5, 27 (1936). — [93] Brill, H. C.: Philippine J. Sci., Sect. A, 12, 37 (1917). — [94] de Santos, J., u. A. P. West: Philippine J. Sci. 40, 485 (1929). — [95] Tropical Agriculturist 71, 208 (1928). — [96] Perkins, G. A., A. O. Cruz u. M. O. Reyes: J. Ind. Eng. Chem. 19, 939 (1927). — [97] Mathivat, R.: Le chaulmoogra du Cameroun, suivi d'une étude sur les graines et les tourteaux des espèces du groupe chaulmoogrique. Thèse (Pharm.) Paris 1929 — J. Pharmacie [8] 13, 183 (1931). — [98] Stévenel, L.: Bull. Soc. Path. exot. Paris 17, 108 (1924); 22, 338 (1929); 28, 14 (1935). — [99] de Wolff, H. H., u. H. B. Koldevijn: Pharm. Weekblad 49, 1049 (1912). — [100] Bull. Imper. Inst. 26, 78 (1928); 27, 107 (1929) — Tropical Agriculturist 71, 208 (1928). — [101] Parkinson, C. E., u. Fischer: Kew Bull. 1928, 42. — [102] Beddome, R. H.: Forester's manual of botany for Southern India. Appendix to his Flora sylvatica. Madras (India) 1873. — [103] Peacock, D. H., u. Ch. Thoung: J. Soc. chem. Ind., Transact. 50, 7 (1931).

* Auch nach Sleumer[42] stellt Taraktogenos subintegra Pierre [= Hydnocarpus subintegra (Pierre) Gilg] keine besondere Art dar. — ** Das echte Cardamomfett, das bei Lepra wirkungslos ist, stammt von den an der Malabarküste und in Ceylon heimischen Zingiberaceen Cardamum minus und Elettaria cardamum.

Tabelle 2. Übersicht über die für die Gewinnung des Chaulmoograöls und der ihm nahestehenden vegetabilischen Fette in Betracht kommenden Flacourtiaceenarten. Afrikanische und südamerikanische Arten (Oncobeae).

| Flacourtiaceenarten | | Heimat | Botanische Literatur | Namen der aus den Samen gewonnenen Öle | Literatur über die Zusammensetzung der Öle (vgl. Tab. 3). |
Wissenschaftliche Namen	Eingeborenennamen				
Caloncoba echinata Gilg (syn. Oncoba echinata Oliver)	Gorli oder Katupo (Krusprache)	Sierra Leone, Guinea Elfenbeinküste (kultiviert auf Cuba und in Sao Paulo)	OLIVER[1], CHEVALIER[2], GILG[3], PERROT[4], PERROT u. FRANÇOIS[5], MATHIVAT[6], Imperial Institute[7]	Gorlifett oder Gorliöl (Gorley oder Gorli seed oil, Huile d'oncoba, Huile de Gorli)	GOULDING u. AKERS[8] (s. auch Imperial Institute[7]), PERROT[4], PERROT u. FRANÇOIS[5], FRANÇOIS[9], ANDRÉ[10], HENRY[11], ANDRÉ u. JOUATTE[12], JOUATTE[13]
Caloncoba glauca Gilg (syn. Ventenatia glauca P. Beauv., Oncoba glauca Oliver, Oncoba klainii Pierre)		Kamerun, Elfenbeinküste	OLIVER[1], CHEVALIER[2], GILG[3], PERROT[4], PASCALET[14], MATHIVAT[6]		PEIRIER[15], PERROT[16], FERRÉ[17]
Caloncoba welwitschii Gilg (syn. Oncoba welwitschii Oliver, Oncoba laurentii De Wild. et Dur)	Miami n'gomo (Yaunda u. Bulu) Kwan-kwan (Duala)	Gabun, Kamerun, Kongo	OLIVER[1], GILG[3], MATHIVAT[6]		PERROT u. FRANÇOIS[5], MATHIVAT[6], PEIRIER[18]
Oncoba brachyanthera Oliver	Sarabara	Oberguinea, Haute-Volta, Dahomey	OLIVER[1], GILG[3], PERROT[4]		
Carpotroche brasiliensis Endl. (syn. Mayna brasiliensis Raddi)	Pau de caximbo Fructa de cotia Fructa de macaco Fructa de lepra Pau da lepra Fructa de sapucainho Mata-piolho	Brasilien (Staaten Rio de Janeiro, Minas Geraes, Espirito Santo, Bahia, Piauhy, Sao Paulo; auch künstl. angepflanzt)	PECKOLT[18], v. MARTIUS[19], PIO-CORRÊA[2]-, HOEHNE[21], EDWALL[22], MACHADO[23], DIAS DA SILVA[24], SEABRA[25], KUHLMANN[26], RAYBAUD[27], FREISE[28], DE SOUZA-ARAUJO[29]	Sapucainhaöl (portug.: Oleo da sapucainha)	PECKOLT[18], NIEDERSTADT[3]-, VALVERDE[31], LINDENBERG u. RANGEL PESTANA[32], ANDRÉ[10], MACHADO[33], DE AGUIAR PUPO[34], DIAS DA SILVA[24], SEABRA[25], ROTHE u. SURERUS[35], JAMIESON[36], KARIYONE u. HASAGAWA[37], PAGET, TREVAN u. ATTWOOD[38], EMMERICH (nach DE SOUZA-ARAUJO[29]), GONSALVES (nach DE SOUZA-ARAUJO[29])
Carpotroche amazonica Martius		Brasilien (Staat Amazonas, Gebiet der Flüsse Solimôes, Uapés u. Amazonas)	v. MARTIUS[19], KUHLMANN[26], DE SOUZA-ARAUJO[29]		
Carpotroche grandiflora Spruce		Brasilien (Staat Amazonas, Gebiet des Rio Negro)	KUHLMANN[26], DE SOUZA-ARAUJO[29]		
Carpotroche longifolia (*Poeppig et Endlicher*) *Bentham*		Brasilien (Staaten Pará u. Amazonas, Gebiete der Flüsse Tapajoz, Teffé u. Solimôes), Peru	KUHLMANN[26], DE SOUZA-ARAUJO[29], vgl. auch ARCOS[39] *		FELIPE (s. bei KUHLMANN[26], sowie bei SOUZA-ARAUJO[29])

Carpotroche integrifolia Kuhlmann		Brasilien (Wälder bei Puerto Cordoba, am Rio Coquetá), Columbien (an der columbianisch-brasilianischen Grenze)	Kuhlmann[26], de Souza-Araujo[29]		Felipe (s. bei Kuhlmann[26], sowie bei de Souza-Araujo[29])
Carpotroche glaucescens Pittier		Costa Rica	Pittier[29], Kuhlmann[26], de Souza-Araujo[29]		
Carpotroche platyptera Pittier		Costa Rica	Pittier[40], Kuhlmann[26], de Souza-Araujo[29]		
Carpotroche crassiramea Pittier		Costa Rica	Pittier[40], Kuhlmann[26], de Souza-Araujo[29]		
Lindackeria paraensis Kuhlmann (syn. Oncoba paraensis Hub.)		Brasilien [StaatPará, Wälder von Benjamin Constant (Bragança), Sierra Almeirim, Belém u.Wälder von Piquiatuba (Santarém)]	Kuhlmann[26], de Souza-Araujo[29]		Felipe (s. bei Kuhlmann[26], sowie bei de Souza-Araujo[29])
Lindackeria latifolia Benth.		Brasilien (StaatPará, Gebiet des Rio Tapajóz)	Kuhlmann[26], de Souza-Araujo[29]		Felipe (s. bei Kuhlmann[26], sowie bei de Souza-Araujo[29])
Lindackeria maynensis Poep. et Endl.		Brasilien (Staaten Pará, Matto Grosso, Amazonas), Peru (Yumiraguas u. Iquitos), Brit. Guyana, Bolivien	Kuhlmann[26], de Souza-Araujo[29]		Felipe (s. bei Kuhlmann[26], sowie bei de Souza-Araujo[29])
Lindackeria ovata Benth.		Brasilien (Staat Ceará)	Kuhlmann[26], de Souza-Araujo[29]		
Lindackeria pauciflora Benth.		Brasilien (Staat Pará)	Kuhlmann[26], de Souza-Araujo[29]		Felipe (s. bei Kuhlmann[26], sowie bei de Souza-Araujo[29])
Mayna odorata Aubl. (syn. Mayna denticulata Benth.)		Brasilien (Staaten Pará u. Amazonas), Peru (Yurimaguas), Franz. Guyana	Kuhlmann[26], de Souza-Araujo[29]		Felipe (s. bei Kuhlmann[26], sowie bei de Souza-Araujo[29])
Desgl., Abart: *Mayna echinata Spruce*; nach mündl. Mitteilung von Dr. Sleumer (Botan. Museum, Berlin-Dahlem) identisch mit Mayna odorata		desgl.	Gilg[41], Kuhlmann[26]		Felipe (s. bei Kuhlmann[26], sowie bei de Souza-Araujo[29])

mit dem Chaulmoograöl und den anderen therapeutisch wirksamen Pflanzenölen verwechselt wurden, aber keinen Heilwert besitzen.

Pangium edule Reinw. (syn. Hydnocarpus edulis Warb.), heimisch auf dem Malaiischen Archipel, den Sundainseln und den Philippinen [Pangibaum, Samaunbaum; Eingeborenennamen: Pangi (Dairi), Hapèsong (Toba), Kĕpajang (Mal.),

---

Fußnoten zu vorstehender Tabelle 2.

[1] OLIVER, D.: Flora of tropical Africa 1, 114 (Oncobeae). London: L. Reeve and Co. 1868. — [2] CHEVALIER, A.: Exploration botanique de l'Afrique occidentale française. Paris: J. Lechevalier édit. 1920 — Rev. Bot. appl. 2, 140 (1922). — [3] GILG, E.: Flacourtiaceae africanae. Bot. Jb. 40, 453 (1908) — Flacourtiaceae. In A. ENGLER u. K. PRANTL: Die natürlichen Pflanzenfamilien. 2. Aufl., 21, 377. Leipzig: W. Engelmann 1925. — [4] PERROT, E.: Bull. Sci. pharmacol. 33, 353 (1926); 41, 641 (1934) — Chaulmoogra et autres graines utilisées contra la lèpre. Travaux de l'Office national des matières premières végétales pour la droguerie, la pharmacie, la distillerie et la parfumerie. Notice No 24. Paris 1926 — Bull. Acad. Méd. Paris 112, 602 (1934). — [5] PERROT, E., u. M. TH. FRANÇOIS: Bull. Sci. pharmacol. 36, 551 (1929). — [6] MATHIVAT, R.: Le chaulmoogra du Cameroun, suivi d'une étude sur les graines et les tourteaux des espèces du groupe chaulmoogrique. Thèse (Pharm.) Paris 1929 — J. Pharmacie [8] 13, 183 (1931). — [7] Bull. Imper. Inst. 11, 439 (1913); 21, 585 (1923); 26, 357 (1928). — [8] GOULDING, E., u. N. CH. AKERS: Proc. chem. Soc. Lond. 29, 197 (1913). — [9] FRANÇOIS, M. TH.: Bull. Sci. pharmacol. 36, 339 (1929); 42, 24 (1935). — [10] ANDRÉ, E.: C. r. Acad. Sci. Paris 181, 1089 (1925). — [11] HENRY, T. A.: Proc. roy. Soc. Med., Sect. trop. Dis. 20, 995 (1925). — [12] ANDRÉ, E., u. D. JOUATTE: Bull. Sci. pharmacol. 35, 81 (1928) — Bull. Soc. chim. France 43, 347 (1928). — [13] JOUATTE, D.: L'huile de Gorli (Oncoba echinata Oliver) succédané de l'huile de chaulmoogra. Thèse (Pharm.) Paris 1927 — Trav. Labor. Mat. méd. Paris 18, Nr 3 (1927). — [14] PASCALET: Togo-Cameroun Mag. Paris 1929, 65. — [15] PEIRIER, C.: Huile de Caloncoba glauca. Bull. Agence économ. des territories africains sous mandat (Paris) 14, 465 (1927) — C. r. Acad. Sci. Paris 189, 471 (1929) — Ann. Méd. Pharm. colon. 28, 43 (1930) — J. Pharmacie [8] 10, 124 (1929). — [16] PERROT, E.: Bull. Sci. pharmacol. 35, 260 (1928) — Quart. J. Pharm. 1, 233 (1929). — [17] FERRÉ: Ann. Méd. Pharm. colon. 31, 78 (1933). — [18] PECKOLT, T.: Z. österr. Apothekervereins 4, 100 u. 141 (1866) — Ber. dtsch. pharmaz. Ges. 9, 43, 73, 162, 222 u. 326 (1899). — [19] v. MARTIUS, C. F. PH., A. G. EICHLER u. J. URBAN: Flora brasiliensis 13 I, 421 u. 435. München u. Leipzig: R. Oldenbourg 1871. — [20] PIO-CORRÊA, M.: Arch. brasileir. Med. 10. 191 (1911) — Carpotroche brasilensis. In: Diccionario de plantas uteis do Brasil e das exoticas cultivadas 1, 497. Rio de Janeiro: Imprensa Nacional 1926. — [21] HOEHNE, F. C.: Servicio Sanitario de Sao Paulo, Publ. 14, 122 (1920). — [22] EDWALL, G.: Chacaras e Quentaes (Sao Paulo) 29, 345 (1924) — Rev. internat. renseign. Agric. 2, 959 (1924). — [23] MACHADO, A.: Ann. Soc. med. e cir. Rio de Janeiro 40, 189 (1926). — [24] DIAS DA SILVA, R. A.: Rev. brasileira med. e pharm. 2, 399 u. 627 (1926). — [25] SEABRA, P.: Brazil Medico 40 I, 268 (1926) — J. Pharmacie [8] 5, 100 (1927). — [26] KUHLMANN, J. G.: Jorn. do Commercio (Rio de Janeiro) 1926, 1. Mai — Memor. Inst. Oswaldo Cruz 21, 389 (1928). — [27] RAYBAUD, A.: Marseille Méd. 69, 392 (1932). — [28] FREISE, F. W.: Prescriber 25, 369 (1931). — [29] DE SOUZA-ARAUJO, H. C.: Internat. J. Leprosy (Manila) 3, 49 (1935). — [30] NIEDERSTADT, B.: Ber. dtsch. pharmaz. Ges. 12, 143 (1902). — [31] VALVERDE, B.: Brazil Medico 36 II, 353 (1922) — Presse méd. 31, 1105 (1923). — [32] LINDENBERG, A., u. B. RANGEL PESTANA: Brazil Medico 34, 603 (1920) — J. amer. med. Assoc. 75, 1602 (1920) — Z. Immun.forsch. 32, 66 (1921) — s. auch A. LINDENBERG: Bol. Acad. Nac. Med., Rio de Janeiro 91, No 22 (1920). — [33] MACHADO, A.: Brazil Medico 40 I, 275 (1926) — Ann. Soc. med. e cir. Rio de Janeiro 40, 189 (1926) — Em torno da therapeutica da lepra. Minas: Leopoldina 1931 — Rev. de Leprol. de Sao Paulo 1, 130 (1934). — [34] DE AGUIAR PUPO, J.: Ann. Paulist. med. e cir. 16, 1 (1925) — Brazil Medico 40 II, 69 u. 85 (1926) — Ann. Fac. Med. Sao Paulo 1, 331 (1926). — [35] ROTHE, O., u. D. SURERUS: Rev. Soc. brasileira chim. 2, 358 (1931). — [36] JAMIESON. G. S.: Drug Markets 29, 350 (1931). — [37] KARIYONE, T., u. Y. HASAGAWA: Yakugaku Zasshi (J. pharm. Soc. Japan) 54, 28 (1934) — s. auch T. KARIYONE: Nihon-Koshu-Hoken-Kyokai Zasshi 9, 452 (1933). — [38] PAGET, H., J. W. TREVAN u. A. M. P. ATTWOOD: Internat. J. Leprosy 2, 149 (1934). — [39] ARCOS, G.: An. Univ. Central (Quito) 57, 203 (1936). — [40] PITTIER, H.: Contrib. U. S. National Herbarium 12, pt. 5. Washington D.C. 1909. — [41] GILG, E.: Flacourtiaceae. In A. ENGLER u. K. PRANTL: Die natürlichen Pflanzenfamilien. 2. Aufl. 21, 377. Leipzig: W. Engelmann 1925.

* ARCOS gibt an, daß in Ost-Ecuador Taraktogenos kurzii (vgl. Tabelle 1) vorkomme; was er jedoch abbildet (Figg. 25 u. 26 seiner Veröffentlichung) sind Fruchtkapsel und Samen von Carpotroche longifolia.

Poetjoeng (Batav.), Kajoe toeba boewah (Lamp.), Ngafoe (Tanimbar), Kalowa (Mak.)]. Hinsichtlich der botanischen Besonderheiten dieses schon von GEORG EBERHARD RUMPH[1] (1627—1702) beschriebenen Baumes vgl. CHATEL[2], RIDLEY[3], MERRILL[4], VAN SLOOTEN[5], HEYNE[6]. Bezüglich der chemischen Eigenschaften des aus den Samen von Pangium edule gewonnenen Öls (Pitjungöl, Pitjoeng oil, Samaun oil) sei auf Tabelle 3 verwiesen (s. auch PADILLA und SOLIVEN[7]). Nach den Angaben von RUMPH wird das Öl des Pangibaumes von den Eingeborenen der Südseeinseln seit langem auch zur Behandlung von Krankheiten, namentlich von Geschwüren, verwendet. BRILL[8], der als erster das Öl untersuchte, glaubte, daß es ungesättigte Fettsäuren vom Typus der Chaulmoograsäure enthalte; durch die Analysen von PERKINS und CRUZ[9] hat sich indessen gezeigt, daß das Öl von Pangium edule vorwiegend Ölsäure, weniger Palmitinsäure, außerdem ein blausäurehaltiges Glykosid, jedoch weder Chaulmoogra- noch Hydnocarpussäure aufweist und auch nur eine geringgradige optische Aktivität besitzt.

Gynocardia odorata Rob. Brown (syn. Chaulmoogra odorata Roxb., Chilmoria dodecandra Ham., Hydnocarpus odorata Lindl.), heimisch in Ostindien (Sikkim, Assam und Chittagong in Ostbengalen), China und dem Malaiischen Archipel [Eingeborenennamen: Sibi-turpu (Miri und Abor), Sibi-tulpi (Abor), Tiki-sidik (Miri), Taki-pomju-asing (Miri), Takik-chagne (Duff), Soh-phekling (Khasi), Chaulmoogra (Bengal und Chittagong), Lemtam (Assam)]. Betreffs der botanischen Eigentümlichkeiten des Baumes, der früher irrtümlicherweise als Lieferant des Chaulmoograöls angesehen wurde, sei auf die bereits oben (s. S. 4) genannten Autoren, sowie LINDLEY[10], BRANDIS[11], ROCK[12], MATHIVAT[13] und PARKINSON[14] verwiesen. Das Gynocardiaöl enthält nach den Untersuchungen von POWER und BARROWCLIFF[15], sowie PERKINS und CRUZ[9] keine der charakteristischen Cyclofettsäuren, sondern als Hauptbestandteil Linolsäure, daneben in abnehmender Menge Palmitin-, Isolinolen-, Linolen- und Ölsäure, ferner ein als Gynocardin bezeichnetes krystallisiertes Glykosid $C_{13}H_{19}O_9N$, $1\frac{1}{2}H_2O$ und das Enzym Gynocardase (POWER und LEES[16]; s. auch MOORE und TUTIN[17]); hinsichtlich der physikalischen und chemischen Konstanten des Gynocardiaöls vgl. Tabelle 3.

Oncoba spinosa Forsk., heimisch in Guinea, Dahomey, Kamerun (Eingeborenenname: Sarabara). Näheres über die botanischen Eigentümlichkeiten dieses Baumes findet sich bei GILG[18] sowie bei CHEVALIER[19]. Nach einer Angabe des Imperial Institute (London)[20] enthalten die Kerne 6,5% Wasser und geben bei der Extraktion mit Petroläther 35,2% eines bräunlichgelblichen Öls (Fettgehalt der getrockneten Kerne 37,6%). Nach den Befunden des Imperial Institute und den Untersuchungen von PEIRIER[21] ist das Öl optisch inaktiv, enthält also weder Chaulmoogra- noch Hydnocarpussäure (s. Tabelle 3).

[1] RUMPH, G. E.: Herbarium amboinense **2**, 183 (Tafel 59). Amsterdam 1741—1755. — [2] CHATEL, R.: De la famille des Bixacées. Étude et description de la tribu des Pangiées. Thèse (Pharm.) Paris 1880). — [3] RIDLEY, H. N.: Zit. S. 18. — [4] MERRILL, E. D.: Zit. S. 18. — [5] VAN SLOOTEN, D. F.: Zit. S. 18. — [6] HEYNE, K.: Zit. S. 18. — [7] PADILLA, S. P., u. F. A. SOLIVEN: Zit. S. 19. — [8] BRILL, H. C.: Philippine J. Sci. **12**, 37 (1917). — [9] PERKINS, G. A., u. A. O. CRUZ: Philippine J. Sci. **23**, 543 (1923). — [10] LINDLEY, J.: The vegetable kingdom. 3d edit. London: Bradbury and Evans 1853. — [11] BRANDIS, D.: Zit. S. 18. — [12] ROCK, J. F.: Zit. S. 18. — [13] MATHIVAT, R.: Zit. S. 7. — [14] PARKINSON, C. E.: Zit. S. 18. — [15] POWER, F. B., u. M. BARROWCLIFF: J. chem. Soc. Lond. **87**, 884 (1905) — s. auch F. B. POWER: U. S. Dept. of Agriculture, Bull. 1057, S. 7. Washington D.C. 1922. — [16] POWER, F. B., u. F. H. LEES: J. chem. Soc. Lond. **87**, 349 (1905). — [17] MOORE, CH. W., u. F. TUTIN: J. chem. Soc. Lond. **97**, 1285 (1910). — [18] GILG, E.: Zit. S. 22. — [19] CHEVALIER, A.: Zit. S. 7. — [20] Bull. Imper. Inst. **21**, 585 (1923). — [21] PEIRIER, C.: Ann. Méd. Pharm. colon. **28**, 43 (1930).

Tabelle 3. Physikalische und chemische

Herkunft des Öls	Autoren (siehe Tabellen 1 und 2)	Aus den Kernen extrahierbare Fettmenge	Spezifisches Gewicht		Brechungsindex nD
Taraktogenos kurzii (Chaulmoograöl)	HIRSCHSOHN				
	SCHINDELMEISER				
	POWER u. GORNALL	30,9%	0,951	(24°)	1,476
	LEWKOWITSCH				
	REINSCH				
	LENDRICH, KOCH u. SCHWARZ				
	RAKUSIN u. FLIER		0,9262	(23°)	
	PERKINS u. CRUZ	28,8%	0,951	(30°)	1,4771
	BRILL u. WILLIAMS		0,9530	(30°)	1,4735
	READ		0,951	(24°)	
	NORD u. SCHWEITZER				
	ANDRÉ		0,9425	(32°)	
	KEIMATSU* a		0,951	(15°)	
	e		0,952	(15°)	
	T. AOKI u. Y. AOKI		0,953		
	SHRINER u. ADAMS		0,9461	(25°)	1,4731
	BÖMER u. ENGEL		0,9550		
	PEACOCK u. AIYAR	ca. 50%			
Taraktogenos ilicifolia	MARCAN	36,1%	0,947	(30°)	1,4763
Hydnocarpus heterophylla	KOOLHAAS	32%	0,952	(27°)	1,4679
Hydnocarpus anthelmintica (Lukraboöl)	POWER u. BARROWCLIFF	16,3%	0,953	(25°)	
	LENDRICH, KOCH u. SCHWARZ				
	BRILL u. WILLIAMS		0,9487	(30°)	1,4725
	PERKINS u. CRUZ	12,2%	0,952	(30°)	1,463
	READ		0,946—0,953	(25°)	
	ANDRÉ* a		0,9427	(32°)	1,4742
	e		0,9447	(29°)	1,4755
	MARCAN (1926)		0,943—0,950	(30°)	1,4733-1,4753
	MARCAN (1930)		0,943—0,949	(30°)	1,4740-1,4753
	KEIMATSU* a		0,953	(15°)	
	e		0,952	(15°)	
	T. AOKI u. Y. AOKI		0,954		
	ALEXIS u. MENAUT		0,958		
	BOËZ, GUILLERM u. MARNEFFE	ca. 20%			
	GUILLERM, BANOS u. NGUYEN-VAN-LIEN	10—12%	0,9434—0,9448	(15°)	1,4716-1,4718
	ADRIENS	49,97—61,5%	0,9489—0,9497	(30°)	1,4709-1,4712
			0,9585—0,9593	(15°)	
Hydnocarpus laurifolia s. wightiana (Kavatelöl)	POWER u. BARROWCLIFF* a	42,1%	0,958	(25°)	
	e	32,4%	0,959	(25°)	
	LENDRICH, KOCH u. SCHWARZ				
	PERKINS u. CRUZ	41,2%	0,947	(30°)	1,4763
	READ		0,958	(25°)	
	ANDRÉ		0,9330	(32°)	1,4780
	LABERNADIE u. LAFFITTE		0,951	(30°)	
	T. AOKI u. Y. AOKI		0,946		
	PAGET, TREVAN u. ATTWOOD		0,9656	(25°)	
	FRANÇOIS** a		0,950	(30°)	1,4772
	b		0,948	(30°)	1,4769
	c		0,951	(30°)	1,4810
	d	} 24—31%	0,9551	(21°)	1,4800
	e		0,9582	(30°)	1,4823
Hydnocarpus inebrians (Kantiöl)	LENDRICH, KOCH u. SCHWARZ				

Konstanten der wichtigsten Flacourtiaceenöle.

Drehungsvermögen [α]$_D$	Schmelzpunkt (S.P.) Erstarrungspunkt (E.P.)	Verseifungszahl	Jodzahl HANUS: H; WIJS: W; HUBL: Hü	Gehalt an Chaulmoogra-säure	Gehalt an Hydnocarpus-säure
	26—28° S.P.	210,07	96,8—99,5 H		
+10,5°	26° S.P.	232,42	92,45 H		
(in 35,71 proz. Lösung)					
+52°	22° S.P.	213	103,2 H	+	+
		204	90,4—90,9 H		
+56°		200,3	97,8 H		
+47,7°		219,7	89,1 H	+	+
+55,5°				+	
+43,5°	9° E.P.	215	104 H	+	+
+52,11°		196,3		+	+
+52°	22° S.P.		103,2 H		
+45,7° bis +46,6°			97,9—98,7 H		
+48°	33—39° S.P.	210,4	96,1 H		
+52°	22—23° S.P.	213	103,2 H		
+51,3°	22—23° S.P.	208	104,4 H		
	25° S.P.	201,996	95,31 H		
+50,8°	20—25° S.P.		103,8 H		
+56,2°	22—23° S.P.	199,5	97,1 H	+	+
+47° (+38° bis +55°)		183—203	94—113 W		
+51,2°	23—28,2° S.P.	213,1	89,7 W		
+43,1°		194	73,3	+	+
+52,5°	24° S.P.	212	86,4 H	+	+
+51,5°		209,8	84,5 H		
+49,5°		206,2	90,8 H		
+44,2°	16° E.P.	201	84,5 H	+	+
+51,4° bis +52,5°	23—24° S.P.		85,8—86,4 H		
+48°	25—26° S.P.	187,3	88,3 H		
+58,16°	26—29° S.P.	191	90,0 H		
+47,1° bis +51,5°	20,2—23,4° S.P.	191,4—226,5°	88,6—99,6 W		
+48,7° bis +51,1°		199,5—204,3°	86,9—88,7 W		
+52,5°	24—25° S.P.	212	86,4 H	+	+
+51,0° bis +51,2°	22—24° S.P.	203—208	82,5—85,0 H	+	+
	20° S.P.	200,59	94,14 H		
+57,7°	22—23° S.P.				
	24—25° S.P.				
+44,6° bis +51,5°		199,4—203,8	80,2—82,2 H		
+48,55° bis +50,99°	21,5—28° S.P.	196,66—204,8	85,65—96,10 W		
+57,7°	22—23° S.P.	207	101,3 H	+	+
+56,2°	22—23° S.P.	207	102,5 H	+	+
+55,6°		203,9	100,7 H		
+51,2°	11° E.P.	207	97,0 H	+	+
+57,7°	22° S.P.		101,3 H		
+61,7°	28—32° S.P.	197,2	103,0 H		
		198	100,0 H		
	23° S.P.	204	84,0 H		
+55,4°		196	95,0 H		
+50,1°	13° E.P.	204	99,1 H		
		204	101 H		
+60°		198	100 H		
+60,5°		204	98 H		
+60°		200—202	97—99 H		
+42,3°		213,3	80,9 H		

Tabelle 3

Herkunft des Öls	Autoren (siehe Tabellen 1 und 2)	Aus den Kernen extrahierbare Fettmenge	Spezifisches Gewicht		Brechungsindex nD
Hydnocarpus subfalcata	Perkins u. Cruz	35,9%	0,951	(30°)	1,4761
Hydnocarpus woodii	Perkins u. Cruz	11—20,6%			1,473
	Imperial Institute	57,4%	0,8989	(15°)	1,471
Hydnocarpus hutchinsonii	Perkins u. Cruz	22,9%	0,943	(30°)	1,4743
	Padilla u. Soliven . . .	55,39%			
Hydnocarpus venenata (Marattifett)	Litterscheid				
	Reinsch				
	Plucker				
	Thoms u. Muller				
	Lendrich, Koch u. Schwarz				
	Brill	51,1%	0,948	(30°)	1,477
	Perkins u. Cruz	29,6%	0,947	(30°)	1,4769
	Imperial Institute	63,7%			
Hydnocarpus alcalae	Brill	40%	0,9502	(30°)	1,4770
	Perkins u. Cruz	20,6—39,6%	0,948	(30°)	1,4763
	de Santos u. West . . .	65,5%	0,9438	(30°)	1,4765
	Padilla u. Soliven . . .	44,27%			
Hydnocarpus cauliflora	Perkins, Cruz u. Reyes .		0,946	(30°)	1,4732
Hydnocarpus ovoidea	Perkins, Cruz u. Reyes .				
Hydnocarpus alpina	Lendrich, Koch u. Schwarz				
	de Wolff u. Koldevijn .	ca. 50%	0,898	(100°)	1,4709
	André		0,9346	(32°)	1,4764
	Imperial Institute	62,7%			
Hydnocarpus octandra	Imperial Institute	66,7%			
Hydnocarp. dawnensis	Peacock u. Aiyar . . .	35%	0,8531	(35°)	1,4760
Hydnocarpus verrucosa	Peacock u. Aiyar . . .	10,9%	0,8519	(35°)	1,4752
Asteriastigma macrocarpa	André		0,9217	(32°)	1,4725
	Perkins, Cruz u. Reyes.		0,936	(30°)	1,471
	Peacock u. Aiyar . . .	36,4—56,9%	0,9501	(35°)	1,4790
	Peacock u. Thoung . .		0,9501	(35°)	1,4790
Caloncoba echinata (Gorlifett)	Goulding u. Akers (Imperial Institute)	46,6%	0,896—0,898	(15°)	
	André (s. a. Jouatte) . .	45%	0,9286	(32°)	1,4740
	Perrot u. François . . .	46—49%	0,9286	(32°)	1,4740
	François	48%	0,944	(12°)	1,4732
Caloncoba glauca	Peirier (1927)	19%			
	Peirier (1929)	ca. 50%	0,928	(15°)	1,4685
Caloncoba welwitschii	Mathivat	44%	0,942	(15°)	1,4750
	Peirier	ca. 50%	0,9386	(15°)	1,4719
Carpotroche brasiliensis (Sapucainhaöl)	André		0,9499	(32°)	1,4755
	Machado				1,472
	Dias da Silva		0,95	(25°)	1,4718-1,4760
	Rothe u. Surerus . . .		0,9486	(20°)	1,4822
	Jamieson	63—69%			1,4792
	Emmerich (nach de Souza-Araujo)		0,9488	(20°)	1,479
	Paget, Trevan u. Attwood	41,2%	0,9563	(25°)	
	Gonsalves (nach de Souza-Araujo)		0,9577—0,9584	(20°)	1,478
	Kariyone u. Hasegawa .		0,9503	(20°)	

(Fortsetzung).

Drehungsvermögen [α]$_D$	Schmelzpunkt (S.P.) Erstarrungspunkt (E.P.)	Verseifungszahl	Jodzahl HANUS: H; WIJS: W; HUBL: Hü	Gehalt an Chaulmoogra-säure	Gehalt an Hydnocarpus-säure
+49,1°	21° E.P.	206	89 H	+	+
+45,9°	18° E.P.	192	68,5 H	+	+
+53,1°	28,5° S.P.	202,4	85,8 Hü	+	+
+44°	23° E.P.	199	83,5 H	+	+
+54,0° bis +64,5°		207,2—210,7	77,1—92,3 H		
+5,1 bis +5,2°		203,1—208,1	88,5—94,7 H		
(in 10 proz. Lösung)		201—203,2	77,5—81,7 H		
+40,97 bis +50,61°	22—26° S.P.	212			
+55,9°		202,4	97,0 H	+	+
+52,03°	20° S.P.	200,3	99,1 H	+	+
+46,4°	20° E.P.	191	90,7 H	+	+
+53,47° bis +58,4°		212,2	89,1 H	+	+
+49,6°	32° S.P.	188,9	93,1 H	+ (90%)	—
+48,3°	24° E.P.	202	94,0 H	+	—
+46,1°		197,6—197,9	84,1—89,9 H		
+42°	25° E.P.	201	84 H		
+ 0,7°					
+49,0°		209,06	84,5 H		
+49,5°	22—26° S.P.	207,5	87,4 H	+	+
+57,0°	20,5° S.P.	201	95 H		
+47,58°				+	?
+54,11°				+	?
+38,8°		182,3	91,4		
+43,6°		202	81,1		
+44°	37—39° S.P.	189,4	82,8 H		
+36°		201	87,5 H		
+38,8° bis +55,6°		192—204	103—127		
+52,8°		195,6	112,3	+	+
	35—45° S.P.	192,4—193,9	96,8—99,7	+ (87,5%)	—
+56,2°	40,5-41,5° S.P.	184,5	98 H	+ (ca. 80%)	
+56,2°	40—42° S.P.	184,5	98 H	+	
+49,9°	44° S.P.	190	95 H		
+60,8°			86,03 H		
+40°		187,08	84,3 H		
+51,7°	38° S.P.	184	84 H		
+47,7°		194,88	99,06 H		
+53,7°	21—23° S.P.	183,7	106,1 H		
+52° bis +54°		185—200	102—110 H		
+52° bis +56°	16° E.P.	180—190	105—112 H	+	+
+52°		204,4	101,6 H	+	
+58,9		201	112,8 H		
+51,9°		203,2	101,9 H		
+54°		199,7	101,3 H	+	+
+51,2° bis +51,5°		198,8—200,7	108,1—111,7 H		
+54,2		195	101 H	+	+

Tabelle 3

Herkunft des Öls	Autoren (siehe Tabellen 1 und 2)	Aus den Kernen extrahierbare Fettmenge	Spezifisches Gewicht		Brechungsindex nD
Carpotroche longifolia	Felipe (nach Kuhlmann) .				
Carpotroche integrifolia	Felipe (nach Kuhlmann) .				
Lindackeria paraensis	Felipe (nach Kuhlmann) .				
Lindackeria latifolia	Felipe (nach Kuhlmann) .				
Lindackeria maynensis	Felipe (nach Kuhlmann) .				
Lindackeria pauciflora	Felipe (nach Kuhlmann) .				
Mayna echinata	Felipe (nach Kuhlmann) .				
Pangium edule	Brill	6,1%	0,9049		1,4665
	Perkins u. Cruz	8,1—15,4%	0,925	(30°)	1,472
	Padilla u. Soliven . . .	38,5%			
Gynocardia odorata (Gynocardiaöl)	Power u. Barrowcliff .	19,5%	0,925	(25°)	
	Perkins u. Cruz	26%	0,929	(30°)	1,4743
Oncoba spinosa	Imperial Institute	35,2%	0,9303	(15°)	1,474

   * Es bedeutet a: durch Auspressen erhaltenes Öl, e: durch Ätherextraktion gewond (1932), und e (1934) aus Kernen der in Pondichéry künstlich gezogenen Bäume von Hydno-

III. Chemie des Chaulmoograöls und der ihm nahestehenden vegetabilischen Fette.

Die *Gewinnung des Chaulmoograöls* und der ihm nahestehenden Pflanzenöle in großen Mengen geschieht in Indien im allgemeinen durch Auspressen der meist geschälten, in der Sonne getrockneten und dann zerkleinerten Kerne in der Kälte, gelegentlich auch durch Auspressen bei gleichzeitiger Erwärmung (vgl. Rock[1], Kaku[2], Perrot[3], de Santos und West[4], Cole[5] u. a.). Die mittels dieser beiden Methoden bereiteten Öle sind indessen nicht gleichwertig. So geben Desprez[6], Muir[7] sowie Perrot[3] an, daß das unter Hitzeeinwirkung dargestellte Öl von Taraktogenos kurzii eine schmutziggelbe Farbe besitzt und einen Bodensatz bildet, während man durch das Kälteverfahren ein klares gelbliches Öl bekommt. Wieder eine andere Zusammensetzung zeigen die durch Extraktion mittels geeigneter Fettlösungsmittel (Äther, Petroläther, Aceton, Benzol, Toluol u. dgl.) erhaltenen Öle (Power und Gornall[8], Power und Barrowcliff[9], André[10], Perkins und Cruz[11], Kondo und Kobayashi[12] u. a.). Werden zur Ölbereitung ungeschälte Kerne verwendet, so enthält das daraus hergestellte Öl beträchtliche Mengen von Harzsäuren (de Santos und West[4]). Unter diesen Umständen ist es verständlich, daß die aus verschiedenen Faktoreien stammenden gleichartigen Öle, wie schon Hirschsohn[13] festgestellt hat, hinsichtlich ihrer Zusammensetzung nicht vollkommen übereinstimmen (vgl. auch Shelley[14], Cofman[15], sowie Read[16]), und daß dementsprechend in der obenstehenden

[1] Rock, J. F.: Zit. S. 18. — [2] Kaku, T.: Chôsen Igakukwai Zasshi 1922, Nr 39. — [3] Perrot, E.: Zit. S. 7. — [4] de Santos, J., u. A. P. West: Philippine J. Sci. 40, 485 (1929). — [5] Cole, H. J.: Internat. J. Leprosy 1, 159 (1933). — [6] Desprez, G.: Zit. S. 3. — [7] Muir, E.: Handbook on leprosy. Cuttack: R. J. Grundy 1921 — China med. J. 39, 575 (1925). — [8] Power, F. B., u. F. H. Gornall: Zit. S. 10. — [9] Power, F. B., u. M. Barrowcliff: Zit. S. 10. — [10] André, E.: Zit. S. 18. — [11] Perkins, G. A., u. A. O. Cruz: Philippine J. Sci. 23, 543 (1923). — [12] Kondo, T., u. T. Kobayashi: Eiseishikenjo-Iho 40, 45 (1932); 42, 184 (1933). — [13] Hirschsohn, E.: Pharmaz. Z.halle Dtschld. 44, 627 (1903). — [14] Shelley, F. F.: Pharmaceutic. J. [4] 49, 195 (1919). — [15] Cofman, V.: Pharmaceutic. J. [4] 49, 269 (1919). — [16] Read, B. E.: Pharmaceutic. J. [4] 57, 412 (1923).

(Fortsetzung).

Drehungsvermögen $[\alpha]_D$	Schmelzpunkt (S.P.) Erstarrungspunkt (E.P.)		Verseifungszahl	Jodzahl HANUS: H; WIJS: W; HÜBL: Hü		Gehalt an Chaulmoogra-säure	Gehalt an Hydnocarpus-säure
$+41,0°$							
$+25,5°$							
$+43,4°$							
$+41,5°$							
$+48,5°$							
$+39,1°$							
$+50,4°$							
$+\ 4,28°$	trübe bei 2°		190,3	113,1	H	?	?
$+16,9°$	7°	E.P.	200	78,5	H	—	—
—	20°	S.P.	197,0	152,8	H	—	—
—	4°	E.P.	198,0	160	H	—	—
—			192,2	177,0	H	—	—

nenes Öl. — ** Bei a und b handelt es sich um Handelsöle, während die Öle c (1927), carpus laurifolia s. wightiana gewonnen worden waren.

Tabelle 3, die eine Übersicht über die wichtigsten physikalischen und chemischen Konstanten einer Anzahl der für die Leprabehandlung in Betracht kommenden Flacourtiaceenöle gibt, die Befunde verschiedener Autoren bei Ölen derselben Art gewisse Abweichungen aufweisen. Selbstverständlich hat aber neben der Verschiedenartigkeit der Herstellungsmethoden auch die natürlichen Schwankungen unterworfene Zusammensetzung der Ausgangsmaterialien einen wesentlichen Einfluß auf das Untersuchungsergebnis. Hinsichtlich der Raffinierung des Chaulmoograöls vgl. S. 50.

Zu erwähnen wäre in diesem Zusammenhang noch die altchinesische Methode der Darstellung des Öls von Hydnocarpus anthelmintica („Ta-fung-tse") nach dem „Pên-ts'ao-kang-mu" des LI SHIH-CHÊN (s. S. 4). Bei diesem Verfahren werden 3 chinesische Pfund (1 chinesisches Pfund = 875 g) der von Schale und Haut befreiten Kerne mit Wasser feinst zerrieben; das Gemisch wird sodann in einem dicht verschlossenen irdenen Topf im Wasserbad mehrfach, und zwar so lange erhitzt, bis das dabei freigewordene Öl ein schwarzes teeriges Aussehen angenommen hat (vgl. auch STUART[1], READ[2]). Bezüglich der therapeutischen Anwendung dieses Öls s. S. 47.

Wie aus Tabelle 3 hervorgeht, sind die dort aufgeführten Öle, mit Ausnahme der letzten drei, die therapeutisch unwirksam sind, und des nur einmal untersuchten, auch klinisch noch nicht erprobten Öls von Hydnocarpus ovoidea (vielleicht identisch mit Hydnocarpus subfalcata; vgl. Tabelle 1, sowie S. 36), dadurch charakterisiert, daß sie die Ebene des polarisierten Lichtes stark nach rechts drehen ($[\alpha]_D = +42°$ bis $+62°$); von den übrigen vegetabilischen Ölen weisen nur noch einige Euphorbiaceenöle, vor allem das Ricinusöl und das Crotonöl, diese Eigenschaft, allerdings in sehr viel geringerem Grade ($[\alpha]_D = +4°$ bis $+5°$ bzw. 14,5° bis 16,4°), auf (ANDRÉ[3] u. a.). Die sonstigen Naturfette zeigen ein optisches Drehungsvermögen nur in rohem Zustand; in diesem Falle wird es

[1] STUART, G. A.: Zit. S. 5. — [2] READ, B. E.: China med. J. **39**, 619 (1925). — [3] ANDRÉ, E.: Zit. S. 18.

durch bestimmte Beimengungen (Harzöle, Harzsäuren, Sterine) und nicht durch das Vorhandensein aktiver Triglyceride verursacht.

Das optische Drehungsvermögen des Chaulmoograöls und der ihm nahestehenden Pflanzenöle beruht auf ihrem Gehalt an *optisch aktiven Fettsäuren*, die erstmals im Jahre 1879 von Moss[1] im Öl von Taraktogenos kurzii in einer Menge von 11,7% nachgewiesen und später, wie bereits oben (S. 10) ausgeführt worden ist, von Heckel und Schlagdenhauffen, Petit, Ishizu, vor allem aber von Power und seinen Mitarbeitern Barrowcliff und Gornall genauer untersucht wurden. Im Gegensatz zu den früheren Autoren konnten Power und seine Mitarbeiter insbesondere den Nachweis erbringen, daß es sich dabei nicht um eine („Gynocardiasäure"), sondern mindestens um zwei solche optisch aktive Säuren handelt; außerdem konnten sie zeigen, daß diese eigenartigen Fettsäuren zwar dieselbe Bruttoformel $C_nH_{2n-4}O_2$ wie die Säuren der Leinölreihe aufweisen, sich jedoch von allen sonst bekannten Fettsäuren durch ihre Molekularstruktur, nämlich das Vorhandensein eines fünfgliedrigen Kohlenstoffringes mit einer Doppelbindung, unterscheiden.

Die von Power und seinen Mitarbeitern aus den Ölen von Taraktogenos kurzii, Hydnocarpus anthelmintica und H. wightiana dargestellten beiden ungesättigten Fettsäuren dieser Art erhielten die Namen „*Chaulmoograsäure*" (chaulmoogric acid, $C_{18}H_{32}O_2$; $[\alpha]_D = +62,1°$) und „*Hydnocarpussäure*" (hydnocarpic acid, $C_{16}H_{28}O_2$; $[\alpha]_D = +68,1°$). Der Schmelzpunkt der Chaulmoograsäure liegt bei 68,5°, ihre Jodzahl (Hanus) beträgt 90,1, ihre Säurezahl 200,1, während die Hydnocarpussäure bei 59° flüssig wird und eine Jodzahl von 100,2, eine Säurezahl von 222,3 aufweist. Barrowcliff und Power[2] stellten für die beiden Säuren Konstitutionsformeln auf, nach denen jede in 2 tautomeren Modifikationen existieren sollte, deren eine der jetzt (Shriner und Adams[3], Perkins[4]) als allein richtig erkannten Cyclopentenylformel (C_5H_7 = Cyclopentenyl) entsprach. Schmidt[5] (1923) nahm auf Grund verschiedener nicht stichhaltiger Hypothesen, darunter der Annahme einer Summenformel von $C_{18}H_{34}O_2$ für die Chaulmoograsäure, eine acyclische Struktur der letzteren wie folgt an:

$$CH_3(CH_2)_4CH{=}CH$$
$$|$$
$$CH_3(CH_2)_6CH(CH_2)_2COOH$$

Kurz danach bewiesen dann Shriner und Adams[3], daß diese Formel nicht zutreffend ist, daß vielmehr die eine der beiden von Barrowcliff und Power[2] aufgestellten Formeln allein für die Chaulmoograsäure, und eine analoge auch für die Hydnocarpussäure gilt. Nach dieser Feststellung, die kurz danach von Perkins[4] bestätigt wurde, stellt die Chaulmoograsäure ein 1-(α-Karboxy-n-dodecyl-)Δ^2-cyclopentan, d. h. eine Δ^2-c-Pentenyl (1)-tridecansäure, die Hydnocarpussäure das entsprechende n-Decylderivat, d. h. die analoge Undecansäure von folgender Konstitution dar:

$$CH{=}CH$$
$$|\qquad {>}CH \cdot (CH_2)_{10} \cdot COOH$$
$$CH_2{-}CH_2$$

Hydnocarpussäure

$$CH{=}CH$$
$$|\qquad {>}CH \cdot (CH_2)_{12} \cdot COOH$$
$$CH_2{-}CH_2$$

Chaulmoograsäure

Weiterhin konnten Stanley und Adams[6] durch Überführung der Hydnocarpussäure in die Hydnocarpylessigsäure [nach dem Schema: Hydnocarpus-

---

[1] Moss, J.: Zit. S. 10. — [2] Barrowcliff, M., u. F. B. Power: J. chem. Soc. Lond. **91**, 557 (1907). — [3] Shriner, R. L., u. R. Adams: J. amer. chem. Soc. **47**, 2727 (1925) — s. auch R. Adams: Clin. Med. a. Surg. **35**, 747 (1928). — [4] Perkins, G. A.: J. amer. chem. Soc. **48**, 1714 (1926). — [5] Schmidt, M.: Inaug.-Diss. Gießen 1923. — [6] Stanley, W. M., u. R. Adams: J. amer. chem. Soc. **51**, 1515 (1929).

säure → Hydnocarpussäureäthylester (I) → Hydnocarpylalkohol (II) → Hydnocarpylbromid (III) → Monohydnocarpylmalonsäurediäthylester (IV) → Hydnocarpylmalonsäure (V) → Hydnocarpylessigsäure] ein in jeder Hinsicht mit der

$$
\begin{array}{ccc}
\underset{\mathrm{CH_2-CH_2}}{\overset{\mathrm{CH=CH}}{\diagdown\!\!\diagup}}\!\!\!\!>\!\mathrm{CH\cdot(CH_2)_{10}\cdot CO_2\cdot C_2H_5}
&
\underset{\mathrm{CH_2-CH_2}}{\overset{\mathrm{CH=CH}}{\diagdown\!\!\diagup}}\!\!\!\!>\!\mathrm{CH\cdot(CH_2)_{10}\cdot CH_2OH}
&
\underset{\mathrm{CH_2-CH_2}}{\overset{\mathrm{CH=CH}}{\diagdown\!\!\diagup}}\!\!\!\!>\!\mathrm{CH\cdot(CH_2)_{10}\cdot CH_2Br}
\\[1em]
\mathrm{I} & \mathrm{II} & \mathrm{III}
\end{array}
$$

$$
\begin{array}{cc}
\underset{\mathrm{CH_2-CH_2}}{\overset{\mathrm{CH=CH}}{\diagdown\!\!\diagup}}\!\!\!\!>\!\mathrm{CH\cdot(CH_2)_{10}\cdot CH_2\cdot CH(CO_2\cdot C_2H_5)_2}
&
\underset{\mathrm{CH_2-CH_2}}{\overset{\mathrm{CH=CH}}{\diagdown\!\!\diagup}}\!\!\!\!>\!\mathrm{CH\cdot(CH_2)_{10}\cdot CH_2\cdot CH(COOH)_2}
\\[1em]
\mathrm{IV} & \mathrm{V}
\end{array}
$$

Chaulmoograsäure identisches, auch optisch aktives Produkt gewinnen und dadurch die engen Beziehungen zwischen beiden Säuren mit Sicherheit nachweisen.

Die Richtigkeit dieser Konstitutionsformeln konnte ferner auch durch die *Synthese der Chaulmoograsäure* sichergestellt werden. Nachdem schon im Jahre 1909 Eykman[1] die Δ^2-Cyclopentanessigsäure dargestellt hatte, gelang es 1927 Perkins und Cruz[2], zunächst eine Reihe von Δ^2-Cyclopentenylfettsäuren, denen die nachstehend aufgeführte Strukturformel I zukommt, bei denen also am ersten C-Atom der Seitenkette Alkylreste (Äthyl-, n-Propyl-, n-Butyl-, Allylrest) verankert sind, weiterhin aber auch die d, l-Chaulmoograsäure, die der in der

$$
\begin{array}{cc}
\underset{\mathrm{CH_2-CH_2}}{\overset{\mathrm{CH=CH}}{\diagdown\!\!\diagup}}\!\!\!\!>\!\mathrm{CH\cdot \underset{}{\overset{\mathrm{COOH}}{\mathrm{CH}}}\cdot R}
&
\underset{\mathrm{CH_2-CH_2}}{\overset{\mathrm{CH=CH}}{\diagdown\!\!\diagup}}\!\!\!\!>\!\mathrm{CH\cdot(CH_2)_n\cdot COOH}
\\[1em]
\mathrm{I} & \mathrm{II}
\end{array}
$$

ω-Stellung substituierten Reihe (II) angehört, zu synthetisieren. Als Ausgangsmaterial diente die bei der Aufspaltung des Ricinusöls durch trockene Destillation erhältliche Undecylensäure $CH_2 = CH\cdot(CH_2)_8\cdot COOH$, die unter bestimmten Bedingungen mit Bromwasserstoff ω-Bromundecylsäure $Br\cdot(CH_2)_{10}\cdot COOH$ (Schmelzpunkt 51°) lieferte, aus der dann mittels Natriumcyanids die ω-Cyanoundecylsäure $CN\cdot(CH_2)_{10}\cdot COOH$ (Schmelzpunkt 45°—52°) gewonnen wurde. Diese ließ sich hierauf mit Phosphortrichlorid in das ω-Cyanoundecylsäurechlorid $CN\cdot(CH_2)_{10}\cdot COCl$ und dieses durch das Natriumsalz des Acetessigesters in den

$$
\mathrm{CN\cdot(CH_2)_{10}\cdot CO\cdot \underset{\underset{\mathrm{COOC_2H_5}}{|}}{CH}\cdot CO\cdot CH_3}
$$
$$
\mathrm{III}
$$

Diketoester (III) überführen. Durch Behandlung mit Natrium und hernach mit Cyclopentenylchlorid wurde nun die Δ^2-Cyclopentenylgruppe eingeführt:

$$
\mathrm{CN\cdot(CH_2)_{10}\cdot CO\cdot \underset{\underset{\mathrm{COOC_2H_5}}{|}}{CNa}\cdot COCH_3}
\;+\;
\underset{\mathrm{CH_2-CH_2}}{\overset{\mathrm{CH=CH}}{\diagdown\!\!\diagup}}\!\!\!\!>\!\mathrm{C}\!\!<^{\mathrm{H}}_{\mathrm{Cl}}
\;\rightarrow\;
\underset{\mathrm{CH_2-CH_2}}{\overset{\mathrm{CH=CH}}{\diagdown\!\!\diagup}}\!\!\!\!>\!\mathrm{CH\cdot \underset{\underset{\mathrm{COO\cdot C_2H_5}}{|}}{\overset{\overset{\mathrm{COCH_3}}{|}}{C}}\cdot CO\cdot(CH_2)_{10}\cdot CN}
$$

Durch Hydrolyse wurde aus dem alkylierten Diketoester unter anderem das dl-λ-Ketochaulmoogronitril (IV) und daraus bei weiterer Hydrolyse die dl-λ-Ketochaulmoograsäure (V) erhalten, welche sodann zu dl-Chaulmoograsäure

<hr>

[1] Eykman, J. F.: Chem. Weekblad **6**, 702 (1909). — [2] Perkins, G. A., u. A. O. Cruz: Monthly Bull. Philippine Health Service **6**, 569 (1926) — J. amer. chem. Soc. **49**, 517 u. 1070 (1927).

reduziert wurde. Hinsichtlich ihres Aussehens, ihrer Löslichkeit usw. ist diese optisch nicht aktive Chaulmoograsäure der natürlichen rechtsdrehenden Chaulmoograsäure sehr ähnlich; nach den Ergebnissen der Schmelzpunktbestimmungen

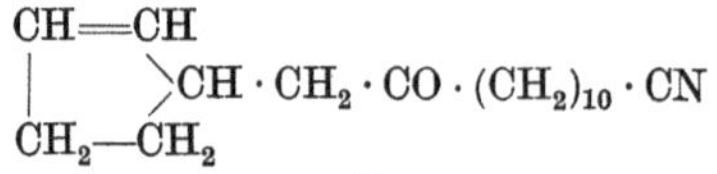

$$\begin{array}{ll}
\mathrm{CH{=}CH} & \mathrm{CH{=}CH} \\
\quad\rangle\mathrm{CH\cdot CH_2\cdot CO\cdot(CH_2)_{10}\cdot CN} & \quad\rangle\mathrm{CH\cdot CH_2\cdot CO\cdot(CH_2)_{10}\cdot COOH} \\
\mathrm{CH_2{-}CH_2} & \mathrm{CH_2{-}CH_2} \\
\qquad\quad \text{IV} & \qquad\quad \text{V}
\end{array}$$

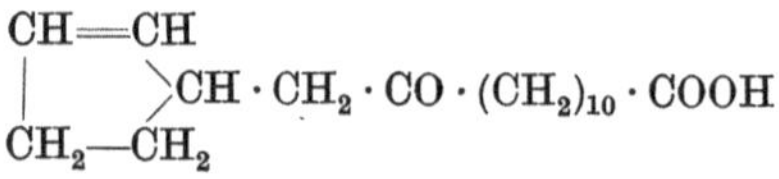

(68,5°) ist sie mit ihr isomer. Die Identität der Molekularstruktur der natürlichen und der synthetischen Chaulmoograsäure wurde durch Oxydation der beiden Substanzen mit Kaliumpermanganat zu γ-Keto-n-pentadekan-α,α'-dicarbonsäure (VI; Schmelzpunkt 125—126°) bewiesen (bezüglich des Ganges dieser Oxydation s. S. 39). Hinsichtlich der Synthese weiterer Fettsäuren der Chaul-

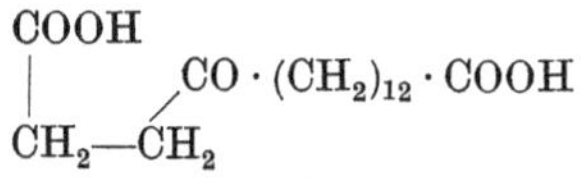

$$\begin{array}{l}
\mathrm{COOH} \\
\quad\rangle\mathrm{CO\cdot(CH_2)_{12}\cdot COOH} \\
\mathrm{CH_2{-}CH_2} \\
\qquad\quad \text{VI}
\end{array}$$

moograreihe vgl. S. 33 u. 41; hier sei nur noch vermerkt, daß die synthetische Darstellung der Hydnocarpussäure bis jetzt noch nicht geglückt ist.

Aus 1 kg rohem Chaulmoograöl lassen sich nach den Befunden von Dean und Wrenshall[1] etwa 100 g Chaulmoograsäure und 50 g Hydnocarpussäure gewinnen. Beide Säuren kommen in den wirksamen Flacourtiaceenölen als Glyceride vor, von denen unter anderem das Chaulmoogra-di-hydnocarpin zu etwa 79% und das Hydnocarpo-di-chaulmoogrin zu etwa 13% darin enthalten sind (Bömer und Engel[2]). In Anbetracht der Doppelbindung in dem Kohlenstoffring sind die beiden Säuren als ungesättigte Fettsäuren zu betrachten; sie binden auch dementsprechende Mengen von Jod und Brom. Im Gegensatz zu den sonstigen ungesättigten Fettsäuren sind sie indessen, wie Cole[3] hervorhebt, nicht flüssig, sondern fest und weisen verhältnismäßig hohe Schmelzpunkte auf; als feste Substanzen verhalten sie sich demgemäß hinsichtlich ihrer physikalischen Eigenschaften mehr wie gesättigte Fettsäuren. Die Salze der Chaulmoogra- und der Hydnocarpussäure besitzen eine Löslichkeit, die etwa einem Mittelwert zwischen den Salzen der gewöhnlichen gesättigten und der ungesättigten Fettsäuren entspricht. Aus diesem Grunde lassen sich die üblichen Methoden zur quantitativen Trennung von gesättigten und ungesättigten Fettsäuren für die Isolierung der Chaulmoogra- und der Hydnocarpussäure nicht verwenden; dagegen führen hier die fraktionierte Krystallisation der Säuren aus ihrer alkoholischen Lösung, die fraktionierte Vakuumdestillation ihrer Äthylester oder die fraktionierte Ausfällung ihrer Bariumsalze zum Ziel (vgl. auch Zilberg[4], Taub[5]). Die beiden Säuren krystallisieren in Form glänzender Blättchen. In dieser Form wird die Hydnocarpussäure im Gegensatz zur stabileren Chaulmoograsäure bei Luftzutritt sehr rasch zersetzt; dagegen bleibt auch die Hydnocarpussäure längere Zeit unverändert, wenn man sie zum Schmelzen bringt und dann erstarren läßt. Immerhin ist nach den Angaben von Taub[5] auch die Chaulmoograsäure in reinem Zustand nicht unbegrenzt haltbar; auch bei sorgfältigster Aufbewahrung beginnt sie sich schon nach kurzer Lagerung (2—3 Monate) zu zersetzen, wobei sie unter Abspaltung von Ameisensäure vergilbt und schwerer löslich wird. In Form ihres Äthylesters hält sie sich jedoch offenbar sehr gut und kann hieraus durch Ver-

---

[1] Dean, A. L., u. R. Wrenshall: J. amer. chem. Soc. 42, 2626 (1920) — Public Health Rep. 36, 641 (1921). — [2] Bömer, A., u. H. Engel: Z. Unters. Nahrgsmitt. usw. 57, 113 (1929). — [3] Cole, H. J.: Internat. J. Leprosy 1, 159 (1933). — [4] Zilberg, J. G.: Khim. Farm. Prom. 1932, 419. — [5] Taub, L.: Zit. S. 10.

seifung leicht in reinster Form wieder zurückerhalten werden. Durch Destillation bei 350°/760 mm erfahren die Äthylester nach den Befunden von PAGET, TREVAN und ATTWOOD[1] anscheinend keine Änderung ihrer chemischen Eigenschaften; dagegen treten bei lang dauernder Bestrahlung (Sonnenlicht) in offener Schale (dünne Schicht) Umwandlungen in chemischer und physikalischer Beziehung (Bildung von Lactonkörpern) auf. Hinsichtlich der Racemisierung von Chaulmoogra- und Hydnocarpussäure vgl. HINEGARDNER[2].

POWER und GORNALL führten die Chaulmoograsäure mittels Bromwasserstoffsäure in die Bromdihydrochaulmoograsäure, und diese durch Reduktion mit Zinkpulver in die Dihydrochaulmoograsäure $C_{18}H_{34}O_2$ (Schmelzpunkt 71—72°, Säurezahl 198,9) über. Von DEAN, WRENSHALL und FUJIMOTO[3] sowie SHRINER und ADAMS[4] wurde sowohl diese Säure wie auch die der Hydnocarpussäure entsprechende Dihydrohydnocarpussäure $C_{16}H_{30}O_2$ (Schmelzpunkt 62—63°, Säurezahl 220,8) durch Reduktion mit Hilfe von Wasserstoff in Gegenwart von

$$\begin{array}{ll} \underset{\text{Dihydrohydnocarpussäure}}{\begin{array}{c} CH_2\!-\!CH_2 \\ | \qquad\ \ \rangle CH\cdot(CH_2)_{10}\cdot COOH \\ CH_2\!-\!CH_2 \end{array}} & \underset{\text{Dihydrochaulmoograsäure}}{\begin{array}{c} CH_2\!-\!CH_2 \\ | \qquad\ \ \rangle CH\cdot(CH_2)_{12}\cdot COOH \\ CH_2\!-\!CH_2 \end{array}} \end{array}$$

Palladium- und Platinschwamm bzw. nur von Platinmohr als Katalysator dargestellt. Beide Dihydrosäuren besitzen keine Doppelbindung mehr (Jodzahl = 0) und sind infolge Verlustes der Asymmetrie des Moleküls optisch inaktiv. Weiterhin gelang es NOLLER und ADAMS[5], diese beiden Säuren und ihre Amine zu synthetisieren. Bei der Darstellung der Dihydrochaulmoograsäure gingen die beiden Autoren vom Cyclopentylmagnesiumbromid (I) und vom Methylester

$$\underset{\text{I}}{\begin{array}{c} CH_2\!-\!CH_2 \\ | \qquad\ \ \rangle CHMgBr \\ CH_2\!-\!CH_2 \end{array}} + \underset{\text{II}}{CHO\cdot(CH_2)_{11}\cdot CO_2CH_3} \rightarrow \underset{\text{III}}{\begin{array}{c} CH_2\!-\!CH_2 \\ | \qquad\ \ \rangle CH\cdot CHOH\cdot(CH_2)_{11}\cdot CO_2CH_3 \\ CH_2\!-\!CH_2 \end{array}}$$

der λ-Aldehydododecansäure (μ-Oxododecan-α-carbonsäuremethylester, II) aus, die zum Methylester der μ-Cyclopentyl-μ-oxytridecansäure (III) kondensiert wurden; dieser gab mit Phosphortribromid den Methylester der μ-Cyclopentyl-μ-bromtridecansäure (IV), aus dem dann mittels alkoholischer Kaliumhydroxydlösung die μ-Cyclopentyl-λ-tridecylensäure (V) erhalten wurde, die sich mit Hilfe von Wasserstoff und Platinmohr in die μ-Cyclopentyl-tridecansäure (= Dihydro-

$$\underset{\text{IV}}{\begin{array}{c} CH_2\!-\!CH_2 \\ | \qquad\ \ \rangle CH\cdot CHBr\cdot(CH_2)_{11}\cdot CO_2CH_3 \\ CH_2\!-\!CH_2 \end{array}} \qquad \underset{\text{V}}{\begin{array}{c} CH_2\!-\!CH_2 \\ | \qquad\ \ \rangle C=CH\cdot(CH_2)_{11}\cdot COOH \\ CH_2\!-\!CH_2 \end{array}}$$

chaulmoograsäure) überführen ließ. Bei der Synthese der Dihydrohydnocarpussäure wurde durch Einwirkung von Formaldehyd auf Cyclopentylmagnesiumbromid (I) das Cyclopentylcarbinol (VI) und aus diesem das Cyclopentylmethylbromid (VII) erhalten. Letzteres ergab dann mit ϑ-Aldehydononansäuremethyl-

$$\underset{\text{VI}}{\begin{array}{c} CH_2\!-\!CH_2 \\ | \qquad\ \ \rangle CH\cdot CH_2OH \\ CH_2\!-\!CH_2 \end{array}} \qquad \underset{\text{VII}}{\begin{array}{c} CH_2\!-\!CH_2 \\ | \qquad\ \ \rangle CH\cdot CH_2Br \\ CH_2\!-\!CH_2 \end{array}} \qquad \underset{\text{VIII}}{\begin{array}{c} CH_2\!-\!CH_2 \\ | \qquad\ \ \rangle CH\cdot CH_2\cdot CHOH\cdot(CH_2)_8\cdot CO_2CH_3 \\ CH_2\!-\!CH_2 \end{array}}$$

[1] PAGET, H., J. W. TREVAN u. A. M. P. ATTWOOD: Internat. J. Leprosy 2, 149 (1934). — [2] HINEGARDNER, W. S.: J. amer. chem. Soc. 55, 2831 (1933). — [3] DEAN, A. L., u. R. WRENSHALL: Publ. Health Rep. 37, 1395 (1922). — DEAN, A. L., R. WRENSHALL u. G. FUJIMOTO: U. S. Publ. Health Bull. 141, 24 (1924). — [4] SHRINER, R. L., u. R. ADAMS: Zit. S. 30. — [5] NOLLER, C. R., u. R. ADAMS: J. amer. chem. Soc. 48, 1080 (1926).

ester [$CHO \cdot (CH_2)_8 \cdot CO_2CH_3$; ι-Oxononan-α-carbonsäuremethylester] den Methylester der $\varkappa$-Cyclopentyl-ι-oxyundecansäure (VIII), aus dem sich der Methylester der $\varkappa$-Cyclopentyl-ι-bromundecansäure, und schließlich die $\varkappa$-Cyclopentylundecansäure (= Dihydrohydnocarpussäure) gewinnen ließ. Aus der Bromdihydrochaulmoograsäure stellten dann noch Shriner und Adams durch Herausnahme von HBr neben 5,4% Chaulmoograsäure 94,6% *Isochaulmoograsäure* her, der sie nachstehende Konstitution zuschreiben:

$$
\begin{array}{l}
CH_2\!-\!CH_2 \\
\quad\ \ \Big\rangle C \cdot (CH_2)_{12} \cdot COOH \\
CH_2\!-\!CH_2
\end{array}
$$
Isochaulmoograsäure

Wie schon Barrowcliff und Power[1] festgestellt haben, wie dann aber durch Perkins[2] bestätigt und ergänzt wurde, entstehen durch Oxydation der Chaulmoograsäure mit Kaliumpermanganat in alkalischer Lösung Glykole der Chaulmoograsäure, die von Perkins als α-Dioxydihydrochaulmoograsäure ($[\alpha]_D = +4,9°$; Schmelzpunkt 106°) und β-Dioxydihydrochaulmoograsäure ($[\alpha]_D = -38,2°$; Schmelzpunkt 85°) bezeichnet werden. Nach seinen Befunden

$$
\underset{\text{I}}{
\begin{array}{l}
CHOH\!-\!CHOH \\
\quad\ \ \Big\rangle CH \cdot (CH_2)_{12} \cdot COOH \\
CH_2\!-\!\!-\!CH_2
\end{array}
}
\qquad
\underset{\text{II}}{
\begin{array}{l}
\ \ COOH \quad\ COOH \\
\ \ \ | \qquad\ \ | \\
CH_2\!-\!CH_2 \cdot CH \cdot (CH_2)_{12} \cdot COOH
\end{array}
}
\qquad
\underset{\text{III}}{
(CH_3)_2C\!\!\Big\langle
\begin{array}{l}
O\!-\!\overset{H}{C}\!\!\Big\langle\ \begin{array}{l} CH \cdot (CH_2)_{12} \cdot COOH \\ CH_2 \end{array} \\
\quad\ |\qquad\qquad\quad\ | \\
O\!-\!\underset{H}{C}\!\!-\!CH_2
\end{array}
}
$$

sind die beiden Glykole stereoisomer (vermutlich ω-2,3-Dioxycyclopentantridecansäure; Formel I) und gehen bei weiterer Oxydation in dieselbe Tricarbonsäure (n-Pentadecan-α, γ, α'-tricarbonsäure; Formel II) über. In Aceton gelöst geben die beiden Glykole bei Gegenwart von Spuren Mineralsäure Acetale, nämlich cyclische o-Acetonäther (III), von denen das Acetal des β-Glykols (Siedepunkt 60°; $[\alpha]_D = -10,5°$) schneller hydrolysiert als das des α-Glykols (Siedepunkt 64°; $[\alpha]_D = +28,6°$), wodurch eine Trennung der beiden möglich ist. Barrowcliff und Power geben weiter an, daß bei der Oxydation eines der beiden Glykole der Methylester der Oxyketodihydrochaulmoograsäure (IV)

$$
\underset{\text{IV}}{
\begin{array}{l}
CHOH\!-\!CO \\
\quad\ \ \Big\rangle CH \cdot (CH_2)_{12} \cdot COOH \\
CH_2\!-\!\!-\!CH_2
\end{array}
}
$$

gebildet werde, und daß dieser bei der Hydrolyse ein Dicarbonsäurelacton gebe. Shriner und Adams[3], sowie Perkins konnten diesen Befund nicht bestätigen; Perkins gibt jedoch an, daß er das Lacton offenbar gefunden habe, daß es aber wohl als ein Nebenprodukt bei der Glykolbildung aufzufassen sei.

Zu erwähnen wäre weiterhin, daß nach Feststellungen von Keimatsu[4] durch Oxydation der Hydnocarpussäure bei niederer Temperatur Dioxyhydnocarpussäure $C_{15}H_{27}(OH)_2COOH$ vom Schmelzpunkt 83° entsteht. Hinsichtlich des Abbaues der Chaulmoograsäure, der Hydnocarpussäure und ihrer Dihydroderivate (sog. modifizierter Curtiusscher Abbau) vgl. Naegeli und Stefanovitsch[5], sowie Naegeli und Vogt-Markus[6] (s. auch Markus[7]). Bemerkenswert

---

[1] Barrowcliff, M., u. F. B. Power: Zit. S. 10. — [2] Perkins, G. A.: J. amer. chem. Soc. 48, 1714 (1926). — [3] Shriner, R. L., u. R. Adams: Zit. S. 30. — [4] Keimatsu, S.: Yakugaku Zasshi 1920, Nr 458. — [5] Naegeli, C., u. G. Stefanovitsch: Helvet. chim. Acta 11, 609 (1928). — [6] Naegeli, C., u. E. Vogt-Markus: Helvet. chim. Acta 15, 60 (1932). — [7] Markus, E.: Ein modifizierter Curtiusscher Abbau. Der Abbau der Chaulmoogra- und Hydnocarpussäure und ihrer Dihydroderivate. Inaug.-Diss. Zürich 1931.

ist ferner die von ANDRÉ und JOUATTE[1] (s. auch JOUATTE[2]) mitgeteilte Tatsache, daß im Gegensatz zu den Glyceriden der gesättigten Fettsäuren der Schmelzpunkt des Trichaulmoogrins nicht wenige Grade über dem der Chaulmoograsäure, sondern 23° tiefer liegt (Chaulmoograsäure 68°, Trichaulmoogrin 45°). Weitere Glyceride des Chaulmoograöls (Tri-dihydrochaulmoogrin vom Schmelzpunkt 51°, Tri-dihydrohydnocarpin vom Schmelzpunkt 39,2°, Di-dihydro-chaulmoogrin vom Schmelzpunkt 60,7°) wurden von BÖMER und ENGEL[3] dargestellt.

Außer den Salzen und Estern der Chaulmoogra- und der Hydnocarpussäure, die, worauf hernach (s. S. 51 ff.) zurückzukommen sein wird, zum Teil ausgedehnte klinische Anwendung finden, wurden von einer großen Reihe Autoren (POWER und GORNALL[4], POWER und BARROWCLIFF[5], OSTROMYSSLENSKI und BERGMANN[6], OSTROMYSSLENSKI und PETROW[7], VALENTI[8], KEIMATSU[9], DEAN und WRENSHALL[10], DEAN, WRENSHALL und FUJIMOTO[11], GARDNER[12], PERKINS[13], PERKINS und CRUZ[14], JOSEPH und SUDBOROUGH[15], BENDER und DE WITT[16], NORD und SCHWEITZER[17], HENRY, SHARP und BROWN[18], PERNET, MINVIELLE und POMARET[19] VAN DYKE und ADAMS[20], HERRERA-BATTEKE[21], HERRERA-BATTEKE und WEST[22], DEWAR[23], BARANGER[24], NAEGELI und STEFANOVITSCH[25], NAEGELI und VOGT-MARKUS[26], MARKUS[27], HINEGARDNER und JOHNSON[28], COLE[29], SANTIAGO und WEST[30], DE SANTOS und WEST[31], SANTILLAN und WEST[32], LENDORFF[33], FOURNEAU und BARANGER[34], ANDERSON, EMERSON und LEAKE[35], HUGHES[36], HUGHES und RIDEAL[37], BIROSEL und HUANG[38], NIEDERL und WHITMAN[39],

[1] ANDRÉ, E., u. D. JOUATTE: Bull. Soc. chim. France 43, 347 (1928). — [2] JOUATTE, D.: Zit. S. 7. — [3] BÖMER, A., u. H. ENGEL: Zit. S. 19. — [4] POWER, F. B., u. F. H. GORNALL: Zit. S. 10. — [5] POWER, F. B., u. M. BARROWCLIFF: Zit. S. 10. — [6] OSTROMYSSLENSKI, J., u. A. BERGMANN: J. russ. phys.-chem. Ges. 47, 318 (1915). — [7] OSTROMYSSLENSKI, J., u. D. PETROW: J. russ. phys.-chem. Ges. 47, 335 (1915). — [8] VALENTI, A.: Arch. ital. Biol. 66, 201 (1916) — Arch. Farmacol. sper. 23 (1917); 33, 108 (1922) — Riforma med. 35, Nr 46 (1919) — Giorn. Clin. med. 2, 161 (1921). — [9] KEIMATSU, S.: Zit. S. 18. — [10] DEAN, A. L., u. R. WRENSHALL: J. amer. chem. Soc. 42, 2626 (1920) — Publ. Health Rep. 36, 641 (1921); 37, 1395 (1922) — s. auch R. WRENSHALL u. A. L. DEAN: U. S. Publ. Health Bull. 141, 12 (1924). — [11] DEAN, A. L., R. WRENSHALL u. G. FUJIMOTO: U. S. Publ. Health Bull. 141, 24 (1924); 168, 28 (1927) — J. amer. chem. Soc. 47, 403 (1925). — [12] GARDNER, H. C. T.: Pharmaceut. J. 55, 154 (1922). — [13] PERKINS, G. A.: J. Philippine Isl. med. Assoc. 1, 62 (1921); 5, 369 (1925) — Philippine J. Sci. 21, 1 (1922); 24, 621 (1924) — J. amer. chem. Soc. 48, 1714 (1926). — [14] PERKINS, G. A., u. A. O. CRUZ: Philippine J. Sci. 23, 543 (1923) — J. amer. chem. Soc. 49, 517 u. 1070 (1927) — Monthly Bull. Philippine Health Serv. 6, 569 (1926). — S. auch G. A. PERKINS, A. O. CRUZ u. M. O. REYES: J. ind. Eng. Chem. 19, 939 (1927). — [15] JOSEPH, J., u. J. J. SUDBOROUGH: J. Ind. Inst. Sci. 5, 133 (1923). — [16] BENDER, L., u. L. M. DE WITT: Amer. Rev. Tbc. 9, 65 (1924). — [17] NORD, F. F., u. G. G. SCHWEITZER: Biochem. Z. 156, 269 (1925). — [18] HENRY, T. A., T. M. SHARP u. M. BROWN: Biochemic. J. 19, 518 (1925). — [19] PERNET, J., M. MINVIELLE u. M. POMARET: Bull. Soc. méd. Hôp. Paris 41, 32 (1925) — La Vie médicale 1926, Nr 23. — [20] VAN DYKE, R. H., u. R. ADAMS: J. amer. chem. Soc. 48, 2393 (1926). — [21] HERRERA-BATTEKE, P.: Philippine J. Sci. 32, 35 (1927). — [22] HERRERA-BATTEKE, P. P., u. A. P. WEST: Philippine J. Sci. 31, 161 (1926). — [23] DEWAR, M. M.: U. S. Publ. Health Bull. 168, 31 u. 33 (1927). — [24] BARANGER, P. M.: Französ. Pat. 679041 vom 27. Nov. 1928 [Chem. Abstr. 25, 970 (1931)]. — [25] NAEGELI, C., u. G. STEFANOVITSCH: Zit. S. 34. — [26] NAEGELI, C., u. E. VOGT-MARKUS: Zit. S. 34. — [27] MARKUS, E.: Zit. S. 34. — [28] HINEGARDNER, W. S., u. T. B. JOHNSON: J. amer. chem. Soc. 51, 1503 (1929). — [29] COLE, H. J.: Philippine J. Sci. 40, 499, 503 (1929); 46, 377 (1931); 47, 351 (1932) — Leprosy Rev. 2, 109 (1931) — Internat. J. Leprosy 1, 159 (1933); 3, 81 (1935). — [30] SANTIAGO, S., u. A. P. WEST: Philippine J. Sci. 33, 265 (1927); 35, 405 (1928). — [31] DE SANTOS, J., u. A. P. WEST: Philippine J. Sci. 38, 293 u. 445 (1929); 40, 485 (1929); 41, 373 (1930); 43, 409 (1930). — [32] SANTILLAN, P., u. A. P. WEST: Philippine J. Sci. 40, 493 (1929). — [33] LENDORFF, P.: Inaug.-Diss. Zürich 1931. — [34] FOURNEAU, E., u. P. M. BARANGER: Bull. Soc. chim. France 49, 1161 (1931). — [35] ANDERSON, H. H., G. A. EMERSON u. C. D. LEAKE: Internat. J. Leprosy 2, 39 (1934). — [36] HUGHES, A. H.: J. chem. Soc. Lond. 1933, 338. — [37] HUGHES, A. H., u. E. K. RIDEAL: Proc. roy. Soc. Lond. A 140, 253 (1933). — [38] BIROSEL, D. M., u. H. L. HUANG: Univ. Philippines Nat. a. Appl. Sci. Bull. 3, 1 (1933). — [39] NIEDERL, J. B., u. B. WHITMAN: J. amer. chem. Soc. 56, 1966 (1934).

Hübschmann[1], Bockmühl und Knoll[2], Stefanović[3], Wagner-Jauregg und Arnold[4] u. a.; s. auch I.G.-Farbenindustrie AG.[5], Gesellsch. f. Chem. Industrie, Basel[6], F. Hoffmann-La Roche u. Co. AG. Basel[7] und Dr. Georg Henning, chem.-pharm. Werk G. m. b. H., Berlin-Tempelhof[8]) noch zahlreiche weitere einfache und komplizierte Derivate der genannten beiden Cyclosäuren dargestellt. Da diese Substanzen mit wenigen später zu erwähnenden Ausnahmen bisher noch nicht auf ihre biologischen Eigenschaften untersucht und auf ihren Heilwert geprüft worden sind, kann von ihrer Aufzählung und Besprechung hier abgesehen werden.

Außer in dem echten Chaulmoograöl (von Taraktogenos kurzii King) sind auch in den Ölen der meisten Hydnocarpusarten Chaulmoogra- und Hydnocarpussäure nachgewiesen worden (vgl. Tab. 3). Die Hydnocarpussäure wird sogar nach den Angaben von Taub[9] am besten und reinsten aus dem Öl von Hydnocarpus laurifolia Sleumer (Hydnocarpus wightiana Blume) über die Methylester gewonnen, die aus fast reinem Hydnocarpusester bestehen. Die chemische Zusammensetzung der einzelnen Hydnocarpusöle, insbesondere ihr Gehalt an optisch aktiven Fettsäuren, ist indessen, wie sich insbesondere aus den Verschiedenheiten des spezifischen Gewichts, der optischen Aktivität, des Schmelzpunktes, der Säure-, Verseifungs- und Jodzahl ergibt, nicht gleichartig (vgl. auch Dean und Wrenshall[10], André[11], Perrot[12], Henry[13]). Im Öl von Hydnocarpus alcalae und ebenso in manchen Oncobeenölen (Caloncoba echinata, Carpotroche brasiliensis) wurde von einigen Autoren zwar Chaulmoograsäure, aber keine Hydnocarpussäure nachgewiesen (Goulding und Akers[14], Brill[15], André[11], Henry[16], Rothe und Surerus[17]); Dias da Silva[18], Kariyone und Hasagawa[19], Paget, Trevan und Attwood[20] sowie Paget[21] konnten allerdings im Sapucainhaöl auch Hydnocarpussäure feststellen (vgl. S. 38). Auffallend ist die außerordentlich geringe optische Aktivität ($+0,7°$) des Öls von Hydnocarpus ovoidea (Perkins, Cruz und Reyes[22]; s. S. 29 und Tabelle 3); sollte sich dieser Befund bei Nachprüfungen bestätigen, so würde dadurch einerseits die Annahme von Merrill[23], daß Hydnocarpus ovoidea mit H. subfalcata identisch ist (s. Tabelle 1), recht unwahrscheinlich, und andererseits könnte das Öl von H. ovoidea nicht mehr zur Gruppe des Chaulmoograöls gerechnet werden.

Bereits Power und Barrowcliff[24] haben besonders auf Grund ihrer Unter-

---

[1] Hübschmann, K.: Česká Dermat. **15**, 154 (1934). — [2] Bockmühl, M., u. R. Knoll: U. S. Patent 1 944 542 vom 23. Jan. 1934 — s. auch I.G. Farbenindustrie AG.: DRP. 596 594 vom 7. Mai 1934. — [3] Stefanović, O.: Jugoslav. Pat. 12 733 vom 27. Febr. 1936 [Chem. Zbl. **108 I**, 2637 (1937)]. — [4] Wagner-Jauregg, Th., u. H. Arnold: Ber. dtsch. chem. Ges. **70**, 1459 (1937). — [5] I.G. Farbenindustrie AG.: Brit. Pat. 311 236 vom 7. Mai 1928 [Chem. Abstr. **24**, 920 (1930)]; DRP. 529 811 vom 8. Mai 1928 [Chem. Abstr. **25**, 970 (1931)] und 582 390 vom 14. Aug. 1933. — [6] Gesellschaft für Chemische Industrie, Basel: Schweizer Pat. 107 776, 107 777, 107 778, 107 779, 107 780, 107 781, 107 782 vom 17. Juli 1923 u. 108 846 vom 17. Juli 1923; Zusätze zum Schweizer Pat. 107 202 vom 17. Juli 1923. — [7] F. Hoffmann-La Roche u. Co. AG. Basel: Schweizer Pat. 139 326 vom 27. Nov. 1928 [Chem. Abstr. **25**, 775 (1931)]. — [8] Dr. Georg Henning, chem.-pharm. Werk G. m. b. H., Berlin-Tempelhof: DRP. 527 712 vom 23. Nov. 1929 [Chem. Abstr. **25**, 5284 (1931)]. — [9] Taub, L.: Zit. S. 10. — [10] Dean, A. L., u. R. Wrenshall: Zit. S. 11. — [11] André, E.: Zit. S. 18. — [12] Perrot, E.: Zit. S. 7. — [13] Henry, T. A.: Kew Bull. **1926**, 17 — Proc. roy. Soc. Med., Sect. trop. Dis. **20**, 995 (1927). — [14] Goulding, E., u. N. Ch. Akers: Zit. S. 22. — [15] Brill, H. C.: Philippine J. Sci. **12**, 37 (1917). — [16] Henry, T. A.: Proc. roy. Soc. Med., Sect. trop. Dis. **20**, 995 (1927). — [17] Rothe, O., u. D. Surerus: Rev. Soc. brasileira Chim. **2**, 358 (1931). — [18] Dias da Silva, R. A.: Rev. brasileira Med. e Pharm. **2**, 627 (1926). — [19] Kariyone, T., u. Y. Hasagawa: Jagugaku Zasshi **54**, 28 (1934). — [20] Paget, H., J. W. Trevan u. A. M. P. Attwood: Zit. S. 22. — [21] Paget, H.: J. chem. Soc. Lond. **1937**, 955. — [22] Perkins, G. A., A. O. Cruz u. M. O. Reyes: J. Ind. Eng. Chem. **19**, 939 (1927). — [23] Merrill, E. D.: Zit. S. 18. — [24] Power, F. B., u. M. Barrowcliff: J. chem. Soc. Lond. **87**, 884 (1905).

suchung des Öls von Hydnocarpus wightiana mit der Möglichkeit gerechnet, daß
die optische Aktivität des Chaulmoograöls und der ihm nahestehenden Öle
anderer Flacourtiaceenarten nicht ausschließlich durch ihren Gehalt an den
genannten beiden cyclischen Fettsäuren bedingt ist, daß vielmehr noch niedere
Homologe der Chaulmoograsäure (z. B. $C_{14}H_{24}O_2$) in den Ölen vorhanden sein
können. Wenn auch die Isolierung eines oder mehrerer solcher niederen Homologen bisher noch nicht gelungen ist, so sprechen doch die Untersuchungsergebnisse verschiedener Autoren (LENDRICH, KOCH und SCHWARZ[1], WARREN[2],
ANDRÉ[3], COLE[4]) dafür, daß die Annahmen von POWER und BARROWCLIFF
zu Recht besteht. So zeigte sich in den Versuchen von ANDRÉ bei Anwendung
gewisser organischer Lösungsmittel, welche eine Trennung der Öle in flüssige
und feste Bestandteile erlauben, daß auch die flüssigen Fraktionen das po-
larisierte Licht meist in erheblichem Grade zu drehen vermögen, trotzdem die
Glyceride der Chaulmoogra- und der Hydnocarpussäure ausschließlich in den
festen Partien enthalten sind. Nach der Meinung von ANDRÉ deutet diese Beobachtung darauf hin, daß in den betreffenden Ölen neben diesen beiden noch
andere Fettsäuren enthalten sind, die wohl ebenfalls Derivate des Cyclopen-
tans darstellen, deren Glyceride aber in die flüssigen Fraktionen übergehen
(vgl. auch Tabelle 4).

Eine solche flüssige ungesättigte Cyclofettsäure, die aber anscheinend einer
anderen Reihe als die Chaulmoogra- und die Hydnocarpussäure angehört, glauben
ANDRÉ und JOUATTE[5] (s. auch JOUATTE[6]) im Öl von Caloncoba echinata („Gorliöl"; s. Tabelle 2), das nach ihren eigenen Befunden 75—80%, und nach den
früheren Feststellungen von GOULDING und AKERS[7] 87,5% Chaulmoograsäure,
aber ähnlich wie das Öl von Hydnocarpus alcalae (s. Tabelle 3) keine Hydnocarpussäure enthält, nachgewiesen zu haben. Außer etwa 10% erstmals fest-
gestellter Palmitinsäure fanden sich in dem Öl nämlich noch 10—12% einer
farblosen, an der Luft schnell bräunenden flüssigen Säure mit nachstehenden
Konstanten: Spezifisches Gewicht 0,9364; Brechungsindex 1,4783; $[\alpha]_D = +50{,}3°$;
Sättigungszahl 199,5; Jodzahl 169,6. Auf Grund ihrer Befunde nehmen die beiden
Autoren an, daß diese von ihnen als *Gorlisäure* bezeichnete Fettsäure die Bruttoformel $C_{18}H_{30}O_2$ aufweist und vielleicht mit einer schon früher von WRENSHALL
und DEAN[8] aus einer Probe von Chaulmoograöl des Handels isolierten und als
Taraktogenossäure bezeichneten Fettsäure (Schmelzpunkt 164°; $[\alpha]_D = +53{,}1°$;
Jodzahl 168,3; vgl. auch PADUA[9]) identisch oder nahe verwandt ist. Vermutlich
ist sie auch mit der neuerdings von PAGET (s. S. 39) im Sapucainhaöl nachge-
wiesenen *Dehydrochaulmoograsäure* zu identifizieren. ANDRÉ und JOUATTE sind
der Ansicht, daß die Gorlisäure, die sich von der Chaulmoograsäure also nur
durch einen Mindergehalt von 2 H-Atomen unterscheidet, einen Ring und wahrscheinlich 2 Doppelbindungen enthält, deren eine wie bei der Chaulmoograsäure
im Ringanteil des Moleküls und deren andere in der Seitenkette liegt:

$$CH{=}CH$$
$$\Big\rangle CH \cdot (CH_2)_x \cdot CH = CH \cdot (CH_2)_y \cdot COOH$$
$$CH_2{-}CH_2$$

Gorlisäure ($x + y = 10$)

[1] LENDRICH, K., E. KOCH u. L. SCHWARZ: Z. Unters. Nahrgsmitt. usw. **22**, 441 (1911).
— [2] WARREN, L. E.: J. amer. pharmaceut. Assoc. **10**, 510 (1921). — [3] ANDRÉ, E.: Zit.
S. 18. — [4] COLE, H. J.: Philippine J. Sci. **40**, 499 (1929). — [5] ANDRÉ, E., u. D. JOUATTE:
Zit. S. 35. — [6] JOUATTE, D.: Zit. S. 7. — [7] GOULDING, E., u. N. CH. AKERS: Zit. S. 22
— s. auch Bull. Imper. Inst. **11**, 439 (1913). — [8] WRENSHALL, R., u. A. L. DEAN: U. S.
Publ. Health Bull. **141**, 12 (1924). — [9] PADUA, R. G.: Monthly Bull. Philippine Health
Serv. **2**, 105 (1922).

Zu erwähnen wäre hier noch, daß André und Jouatte einige Derivate und Salze der Gorlisäure, nämlich das Amid, das Diäthylamid, das gorlisaure Hydroxylamin, sowie das Lithium-, Barium-, Magnesium- und Kupfersalz dargestellt haben. Nur das Lithiumsalz und das Amid ließen sich in krystallisierter Form gewinnen. Eine Erprobung der reinen Gorlisäure auf ihren Heilwert bei Lepra ist, wie schon hier erwähnt sei, anscheinend noch nicht erfolgt.

In dem südamerikanischen Sapucainhaöl (von Carpotroche brasiliensis) wurden schon im Jahre 1866 durch Peckolt[1] neben zwei optisch nicht aktiven Säuren [der Carpotrocholeinsäure (32%) von bisher nicht näher bekannter Konstitution, sowie der Palmitinsäure (12%)] zwei optisch aktive ungesättigte Fettsäuren, die er als *Carpotrocha-* (25%) und als *Carpotrochinsäure* (31%) bezeichnete, und ein mit dem Namen Carpotrochin belegtes Alkaloid festgestellt. Nach den Angaben von Machado[2] (s. auch Pierini[3]) sollen die Carpotrochasäure (Acidum carpotrochicum) $C_{11}H_{18}O_2$ und die Carpotrochinsäure (Acidum carpotrochinicum) $C_{10}H_{16}O_2$, die er in reiner Form dargestellt zu haben glaubte, derselben Reihe wie die Chaulmoogra- und die Hydnocarpussäure angehören, aber wesentlich kürzere Seitenketten als diese aufweisen (vgl. auch Tabelle 4):

$$\begin{array}{c}\text{CH}=\!=\text{CH}\\ \big|\qquad\text{>CH}\cdot(\text{CH}_2)_4\cdot\text{COOH}\\ \text{CH}_2-\text{CH}_2\end{array}\qquad\qquad\begin{array}{c}\text{CH}=\!=\text{CH}\\ \big|\qquad\text{>CH}\cdot(\text{CH}_2)_5\cdot\text{COOH}\\ \text{CH}_2-\text{CH}_2\end{array}$$

Carpotrochinsäure ?   Carpotrochasäure ?

Der Schmelzpunkt der Carpotrochasäure liegt nach Machado bei 26°; ihr Drehungsindex ($[\alpha]_D$) beträgt $+54°$, ihre Jodzahl 139,2 und ihre Sättigungszahl 128,2, während die Carpotrochinsäure schon bei 18° schmelzen, ein Drehungsvermögen $[\alpha]_D = +69,4°$, eine Jodzahl von 150,4 und eine Sättigungszahl von 168,3 aufweisen soll.

Im Gegensatz zu diesen Angaben von Machado steht nun aber Dias da Silva[4] auf Grund seiner Untersuchungen auf dem Standpunkt, daß es sich bei den von Peckolt beschriebenen Fettsäuren nicht um einheitliche Substanzen, sondern um Fettsäuregemische von verschiedener Zusammensetzung handelte, in denen vor allem Chaulmoogra- und Hydnocarpussäure in wechselnden Mengen enthalten waren. Auf dem Gehalt der Mischungen an diesen beiden Säuren beruht nach Dias da Silva ihre optische Aktivität und ihre von Machado festgestellte Wirkung auf säurefeste Bacillen. Die Angabe von Dias da Silva, daß im Sapucainhaöl ebenso wie im Chaulmoograöl Chaulmoogra- und Hydnocarpussäure enthalten sind und anscheinend die wirksamen Bestandteile darstellen, wurde in der Folgezeit dann noch von Rothe und Surerus[5], die aus dem Öl von Carpotroche brasiliensis beträchtliche Mengen von Chaulmoograsäure isolieren konnten und deren Identität mit der Carpotrochasäure von Peckolt für wahrscheinlich halten, von Kariyone und Hasagawa[6], von Paget, Trevan und Attwood[7], nach deren Befunden nahezu 60% der Gesamtfettsäuren des Sapucainhaöls aus Chaulmoogra- und Hydnocarpussäure bestehen, sowie von Paget[8] bestätigt (vgl. S. 36).

[1] Peckolt, T.: Z. österr. Apothekervereins 4, 100, 141 (1866) — Ber. dtsch. pharmaz. Ges. 9, 43, 73, 162, 222, 326 (1899). — [2] Machado, A.: Brazil Medico 40 I, 275 (1926) — Ann. Soc. med. e cir. do Rio de Janeiro 40, 189 (1926) — Em torno da therapeutica da lepra. Minas: Leopoldina 1931 — Rev. de Leprol. de S. Paulo 1, 130 (1934). — [3] Pierini, L. E.: Semana méd. 35, 1122 u. 1183 (1928). — [4] Dias da Silva, R. A.: Rev. brasileira Med. e Pharm. 2, 399, 627 (1926). — [5] Rothe, O., u. D. Surerus: Zit. S. 22. — [6] Kariyone, T., u. Y. Hasagawa: Zit. S. 22. — [7] Paget, H., J. W. Trevan u. A. M. P. Attwood: Zit. S. 22. — [8] Paget, H.: Zit. S. 36.

Neuerdings gelang es PAGET[1], im Sapucainhaöl mittels fraktionierter Krystallisation und auf dem Wege über die in Aceton und Äther verschieden löslichen Kupfersalze einige flüssige Fettsäuren, nämlich die *Ketochaulmoograsäure* $C_{18}H_{30}O_3$ (Schmelzpunkt 116°), die *Ketohydnocarpussäure* $C_{16}H_{26}O_3$ (Schmelzpunkt 108°)

$$\begin{array}{ll} CO{-}CH & \\ \quad\diagdown C\cdot(CH_2)_{12}\cdot COOH & \\ CH_2{-}CH_2 & \end{array} \qquad \begin{array}{l} CH{=}CH \\ \quad\diagdown CH\cdot(CH_2)_6\cdot CH=CH\cdot(CH_2)_4\cdot COOH \\ CH_2{-}CH_2 \end{array}$$

Ketochaulmoograsäure　　　　　　　　　　　　Dehydrochaulmoograsäure

und die *Dehydrochaulmoograsäure* $C_{18}H_{30}O_2$ nachzuweisen. Die erste der beiden isolierten, optisch nicht aktiven Ketosäuren gab bei katalytischer Hydrogenierung ein Gemisch von Dihydrochaulmoograsäure (s. Formel S. 33) und einer Dihydroketosäure, und bei Oxydation große Mengen der γ-Keto-n-pentadecan-α,α'-dicarbonsäure (s. Formel VI auf S. 32); PAGET nimmt deshalb an, daß die Autooxydation der Chaulmoograsäure über ein bis jetzt noch nicht isoliertes Ketol (s. folgende Formel) und die Ketochaulmoograsäure zur γ-Keto-n-pentadecan-

$$\begin{array}{l} CO{-}CH(OH) \\ \quad\diagdown CH\cdot(CH_2)_{12}\cdot COOH \\ CH_2{-}CH_2 \end{array}$$

Ketooxydihydrochaulmoograsäure

α,α'-dicarbonsäure erfolgt. Die Dehydrochaulmoograsäure $C_{18}H_{30}O_2$, deren Isolierung bis jetzt noch nicht gelang, ist allem Anschein nach mit der oben (S. 37) erwähnten Taraktogenossäure, die von WRENSHALL und DEAN aus Chaulmoograöl erhalten wurde, und der von ANDRÉ und JOUATTE aus dem Gorliöl isolierten Gorlisäure identisch.

Die nach Abtrennung der Ketochaulmoograsäure und der Ketohydnocarpussäure aus der flüssigen Fraktion des Sapucainhaöls verbliebenen Fettsäuren ließen sich nach den Befunden von PAGET leicht hydrogenieren und lieferten dabei Dihydrochaulmoograsäure und wegen ihres Ölsäureanteils auch Stearinsäure. Bei der Oxydation der Säuren mittels Kaliumpermanganat entstand außer Dioxystearinsäure (aus Ölsäure) noch eine von PAGET als Tetraoxydihydrochaulmoograsäure angesehene linksdrehende wasserlösliche Säure (Schmelzpunkt 111—113°; $[\alpha]_D = -17,9°$), die offenbar in mehreren stereoisomeren

$$\begin{array}{l} CH(OH){-}CH(OH) \\ \quad\diagdown CH\cdot(CH_2)_6\cdot(CH[OH])_2\cdot(CH_2)_4\cdot COOH \\ CH_2{-\!\!-\!\!-}CH_2 \end{array}$$

Tetraoxydihydrochaulmoograsäure

Formen auftritt und durch das Chromsäuregemisch von BECKMANN rasch zu Adipinsäure $[COOH\cdot(CH_2)_4\cdot COOH]$ und n-Nonan-α,α',γ-tricarbonsäure $[COOH\cdot(CH_2)_2\cdot CH(COOH)\cdot(CH_2)_6\cdot COOH]$ oxydiert wird. Außerdem ist in der Fraktion der flüssigen Fettsäuren des Sapucainhaöls aber offenbar noch eine Dehydroisochaulmoograsäure (vgl. die Formel der Isochaulmoograsäure auf S. 34) enthalten, da in dem Oxydationsgemisch auch noch das Semicarbazon $C_{13}H_{23}O_5N_3$ einer Ketosäure nachzuweisen war, die wahrscheinlich als δ-Keto-n-decan-α,ω-dicarbonsäure $[COOH\cdot(CH_2)_3\cdot CO\cdot(CH_2)_6\cdot COOH]$ anzusehen ist.

Nach den Befunden von PAGET bestehen die Fettsäuren des Sapucainhaöls zu 65—70% aus Chaulmoogra-, Hydnocarpus- und Palmitinsäure, zu 4% aus Ölsäure, zu 9% aus Dehydrochaulmoograsäure, zu 4% aus Ketochaulmoogra- und Ketohydnocarpussäure und zu 9% aus Teersäuren. PAGET nimmt an, daß auch die Hydnocarpusöle ähnlich zusammengesetzt sind.

---

[1] PAGET, H.: Zit. S. 36.

Außer den optisch aktiven ungesättigten Fettsäuren, die in den verschiedenen Flacourtiaceenölen bis zu 95% der Gesamtfettsäuren ausmachen, finden sich darin noch wechselnde Mengen zahlreicher acyclischer normaler Fettsäuren (Laurin-, Myristin-, Stearin-, Palmitinsäure u. a.). Hashimoto[1] konnte im Chaulmoograöl (von Taraktogenos kurzii) ferner unter anderem zwei optisch inaktive Fettsäuren: die Taraktogenossäure[2] $C_{36}H_{60}O_6$ (Schmelzpunkt 113,5°; Jodzahl 42,51) und die Isogadoleinsäure $C_{20}H_{38}O_2$ (Schmelzpunkt 65,5°—66°; Jodzahl 78,13) nachweisen; außerdem glaubt er, in dem genannten Öl neben harzigen Stoffen noch Arachinsäure $C_{20}H_{40}O_2$, sowie zwei andere feste Säuren und eine lactonähnliche Substanz $C_{18}H_{32}O_2$ (Schmelzpunkt —11,6°) aufgefunden zu haben.

Nach den Angaben von Stévenel[3] findet sich in den therapeutisch wirksamen Flacourtiaceenölen (Hydnocarpus anthelmintica, H. laurifolia s. wightiana u. a., doch nicht im Öl von H. saigonensis) eine aus der Samenschale, nicht aus dem eigentlichen Kern stammende, für Eidechsen und Frösche sehr giftige, für Warmblüter dagegen fast unschädliche Substanz, die er zuerst für ein Alkaloid hielt, jetzt aber als ein den Phytosterinen nahestehendes Lipoid ansieht (vgl. S. 79). Nach den Befunden von Uchida[4] enthält das Chaulmoograöl 0,144% Cholesterin (Lebertran enthält 0,7% und Olivenöl 0,115% Cholesterin). Derselbe Autor hat im Chaulmoograöl sodann noch Vitamin A (Uchida[5]) und Vitamin B (Uchida und Kotsuka[6]) nachgewiesen. Das Vorkommen von Vitamin B im Chaulmoograöl wurde von Otsuka und Kawasome[7] durch Versuche an Tauben bestätigt, dagegen konnte Koiwa[8] Vitamin A im Chaulmoograöl nicht feststellen.

Weiter kommen im Chaulmoograöl und in den anderen ihm nahestehenden Flacourtiaceenölen auch noch *lactonähnliche Substanzen* (Hashimoto[9], Paget, Trevan und Attwood[10]), sowie Glykoside vor, die Blausäure abspalten und dadurch zu Vergiftungen führen können (Chatel[11], Desprez[12], Henry[13], Perrot[14], Peirier[15] u. a.). Derartige Cyanglykoside wurden unter anderem im Öl von Taraktogenos kurzii, von Hydnocarpus anthelmintica und von Hydnocarpus venenata, sowie von Caloncoba glauca nachgewiesen (vgl. S. 79). Daß nach den Befunden von Paget, Trevan und Attwood[10] nicht reizend wirkende Äthylester der krystallinischen Säurefraktion des Sapucainhaöls (Chaulmoogra-, Hydnocarpus- und Palmitinsäure) durch längere Bestrahlung (Sonnenlicht) sich zum Teil in Lactonkörper umwandeln, wurde bereits oben (s. S. 33) kurz angedeutet. Über das Auftreten eines Dicarbonsäurelactons bei der Oxydation der Chaulmoograsäure (Barrowcliff und Power[16], Perkins[17]) wurde ebenfalls schon oben (s. S. 34) berichtet.

Während man sich früher darauf beschränkt hatte, die in den verschiedenen Flacourtiaceenölen enthaltenen und als Träger der therapeutischen Wirksamkeit angesehenen cyclischen Fettsäuren in Form ihrer Salze oder Ester von den übrigen, vermutlich therapeutisch wertlosen Bestandteilen zu trennen, wird seit einer

---

[1] Hashimoto, T.: J. amer. chem. Soc. **47**, 2325 (1925); **49**, 1119 (1927). — [2] Nicht zu verwechseln mit der oben (s. S. 37) erwähnten, von Wrenshall und Dean isolierten Taraktogenossäure. — [3] Stévenel, L.: Bull. Soc. Path. exot. Paris **17**, 108 (1924); **22**, 338 (1929). — [4] Uchida, M.: Hifuka Hinyôka Zasshi **27**, Nr 5 (1927). — [5] Uchida, M.: Hifuka Hinyôka Zasshi **30**, Nr 5 (1930) — La Lepro **3**, 63 (1932). — [6] Uchida, M., u. R. Kotsuka: La Lepro **5**, 54 (1934). — [7] Otsuka, R., u. N. Kawasome: 8. Tagung der japan. Gesellsch. für Lepraforschung, Osaka, Nov. 1935. — [8] Koiwa, N.: 8. Tagung der japan. Gesellsch. für Lepraforschung, Osaka, Nov. 1935. — [9] Hashimoto, T.: S. Fußnote 1. — [10] Paget, H., J. W. Trevan u. A. M. P. Attwood: Zit. S. 22. — [11] Chatel, R.: Zit. S. 4. — [12] Desprez, G.: Zit. S. 3. — [13] Henry, T. A.: Kew Bull. **1926**, 17. — [14] Perrot, E.: Bull. Sci. pharmacol. **35**, 260 (1928) — Quart. J. Pharm. **1**, 233 (1929). — [15] Peirier: J. Pharmacie [8] **10**, 124 (1929). — [16] Barrowcliff, M., u. F. B. Power: Zit. S. 10. — [17] Perkins, G. A.: Zit. S. 34.

Reihe von Jahren von mehreren Autoren versucht, die Chaulmoogra- und die Hydnocarpussäure sowie deren niedere und höhere Homologen auch auf synthetischem Wege darzustellen und durch chemische Modellierung dieser Substanzen sowie durch Synthese sonstiger ähnlich gebauter Verbindungen zu maximal wirksamen Heilmitteln gegen die Lepra zu gelangen. Daß PERKINS und CRUZ die Synthese der Chaulmoograsäure erfolgreich durchgeführt haben, daß aber die Bemühungen, auch die Hydnocarpussäure synthetisch darzustellen, bis jetzt negativ verlaufen sind, wurde bereits oben (s. S. 32) erwähnt. Dagegen gelang es vor allem ROGER ADAMS und seinen Mitarbeitern, eine Reihe weiterer hierher gehöriger Fettsäuren zu synthetisieren, die hier kurz besprochen werden sollen.

Zunächst wären hier einige niedere und höhere Homologe der Chaulmoogra- und der Hydnocarpussäure, nämlich die *Chaulmoogrylessigsäure* (VAN DYKE und ADAMS[1]), die *Homochaulmoogra-* und die *Homohydnocarpussäure* (SACKS und ADAMS[2]) und die dl-Δ^2-*Cyclopentenylessigsäure* (NOLLER und ADAMS[3]) zu erwähnen (vgl. auch Tabelle 4).

Die Chaulmoogrylessigsäure wurde durch Reduktion des Chaulmoograsäureäthylesters zu Chaulmoogrylalkohol und daraus über das Bromid durch eine

$$\begin{matrix} CH\!\!=\!\!CH \\ | \qquad\quad \diagdown \\ CH_2\!\!-\!\!CH_2 \end{matrix}\!\!\!CH\cdot(CH_2)_{14}\cdot COOH \qquad\qquad \begin{matrix} CH\!\!=\!\!CH \\ | \qquad\quad \diagdown \\ CH_2\!\!-\!\!CH_2 \end{matrix}\!\!\!CH\cdot CH_2\cdot COOH$$

Chaulmoogrylessigsäure Δ^2-Cyclopentenylessigsäure

$$\begin{matrix} CH\!\!=\!\!CH \\ | \qquad\quad \diagdown \\ CH_2\!\!-\!\!CH_2 \end{matrix}\!\!\!CH\cdot(CH_2)_{11}\cdot COOH \qquad\qquad \begin{matrix} CH\!\!=\!\!CH \\ | \qquad\quad \diagdown \\ CH_2\!\!-\!\!CH_2 \end{matrix}\!\!\!CH\cdot(CH_2)_{13}\cdot COOH$$

Homohydnocarpussäure   Homochaulmoograsäure

Malonsäureester-Synthese gewonnen und weist einen Schmelzpunkt von 72—73° und ein Drehungsvermögen $[\alpha]_D = 43{,}34°$ auf. Bei der Darstellung der Homochaulmoograsäure (Schmelzpunkt 66—67°, $[\alpha]_D = +54°$) und der Homohydnocarpussäure (Schmelzpunkt 56—57°; $[\alpha]_D = +56{,}7°$) wurde der Chaulmoogryl- bzw. Hydnocarpylalkohol über das Bromid in das Chaulmoogryl- bzw. Hydnocarpylcyanid übergeführt, aus denen dann mittels Natronlauge die gesuchten beiden Säuren erhalten wurden:

$$\begin{matrix} CH\!\!=\!\!CH \\ | \qquad\quad \diagdown \\ CH_2\!\!-\!\!CH_2 \end{matrix}\!\!\!CH\cdot(CH_2)_{12}\cdot CO_2\cdot C_2H_5 \;\rightarrow\; \begin{matrix} CH\!\!=\!\!CH \\ | \qquad\quad \diagdown \\ CH_2\!\!-\!\!CH_2 \end{matrix}\!\!\!CH\cdot(CH_2)_{12}\cdot CH_2OH \;\rightarrow\; \begin{matrix} CH\!\!=\!\!CH \\ | \qquad\quad \diagdown \\ CH_2\!\!-\!\!CH_2 \end{matrix}\!\!\!CH\cdot(CH_2)_{12}\cdot CH_2Br \;\rightarrow$$

Chaulmoograsäureäthylester   Chaulmoogrylalkohol   Chaulmoogrylbromid

$$\begin{matrix} CH\!\!=\!\!CH \\ | \qquad\quad \diagdown \\ CH_2\!\!-\!\!CH_2 \end{matrix}\!\!\!CH\cdot(CH_2)_{12}\cdot CH_2CN \qquad \begin{matrix} CH\!\!=\!\!CH \\ | \qquad\quad \diagdown \\ CH_2\!\!-\!\!CH_2 \end{matrix}\!\!\!CH\cdot(CH_2)_{13}\cdot NH_2 \qquad \begin{matrix} CH\!\!=\!\!CH \\ | \qquad\quad \diagdown \\ CH_2\!\!-\!\!CH_2 \end{matrix}\!\!\!CH\cdot(CH_2)_{13}\cdot N(C_2H_5)_2$$

Chaulmoogrylcyanid   Chaulmoogrylamin   Chaulmoogryldiäthylamin

Durch Kondensation des Chaulmoogrylbromids mit Phthalimidkalium und Hydrolyse wurde das Chaulmoogrylaminchlorhydrat (Schmelzpunkt 114°; $[\alpha]_D = +44{,}2°$) und durch Kondensation des Chaulmoogrylbromids mit Diäthylamin das Chaulmoogryldiäthylamin (Schmelzpunkt 99°; $[\alpha]_D = +34{,}5°$) dargestellt.

---

[1] VAN DYKE, R. H., u. R. ADAMS: J. amer. chem. Soc. **48**, 2393 (1926). — [2] SACKS, J., u. R. ADAMS: J. amer. chem. Soc. **48**, 2395 (1926). — [3] NOLLER, C. R., u. R. ADAMS: J. amer. chem. Soc. **48**, 2444 (1926).

Tabelle 4. Übersicht über die bisher aus Flacourtiaceenölen isolierten Cyclofettsäuren und ihre synthetisch dargestellten Homologen.

Gruppe	Summen-formel	Bezeichnungen der Säuren	Konstitution	Autoren	Beschrieben auf Seite	Sicher-gestellt
$C_nH_{2n-4}O_2$	$C_7H_{10}O_2$	Δ^2-Cyclopentenylessigsäure	$-CH_2 \cdot COOH$	Noller u. Adams	43	ja
	$C_{10}H_{16}O_2$	Carpotrochinsäure	$-(CH_2)_4 \cdot COOH$	Machado	38	nein
	$C_{11}H_{18}O_2$	Carpotrochasäure	$-(CH_2)_5 \cdot COOH$	Machado	38	nein
	$C_{14}H_{24}O_2$	—	$-(CH_2)_8 \cdot COOH$	Power u. Barrowcliff	37	nein
	$C_{16}H_{28}O_2$	Hydnocarpussäure	$-(CH_2)_{10} \cdot COOH$	Power u. Mitarbeiter	30	ja
	$C_{17}H_{30}O_2$	Homohydnocarpussäure	$-(CH_2)_{11} \cdot COOH$	Sacks u. Adams	41	ja
	$C_{18}H_{32}O_2$	Chaulmoograsäure	$-(CH_2)_{12} \cdot COOH$	Power u. Mitarbeiter u. a.	30	ja
	$C_{19}H_{34}O_2$	Homochaulmoograsäure	$-(CH_2)_{13} \cdot COOH$	Sacks u. Adams	41	ja
	$C_{20}H_{36}O_2$	Chaulmoogrylessigsäure	$-(CH_2)_{14} \cdot COOH$	van Dyke u. Adams	41	ja
$C_nH_{2n-6}O_2$	$C_{18}H_{30}O_2$	Gorlisäure Taraktogenossäure	$-(CH_2)_x \cdot CH = CH \cdot (CH_2)_y \cdot COOH$ $(x + y = 10)$	André u. Jouatte Wrenshall u. Dean	37	nein
		Dehydrochaulmoograsäure	$-(CH_2)_6 \cdot CH = CH \cdot (CH_2)_4 \cdot COOH$	Paget	39	ja

Die von Noller und Adams ausgeführte Synthese der dl-Δ^2-Cyclopentenylessigsäure geht vom Cyclopentadien (I) aus, das mit trockenem Chlorwasserstoff das Δ^2-Cyclopentenylchlorid (II) gibt; dieses läßt sich dann mit Malonsäureester zu Δ^2-Cyclopentenylmalonsäureester (III) kondensieren, der durch Verseifung

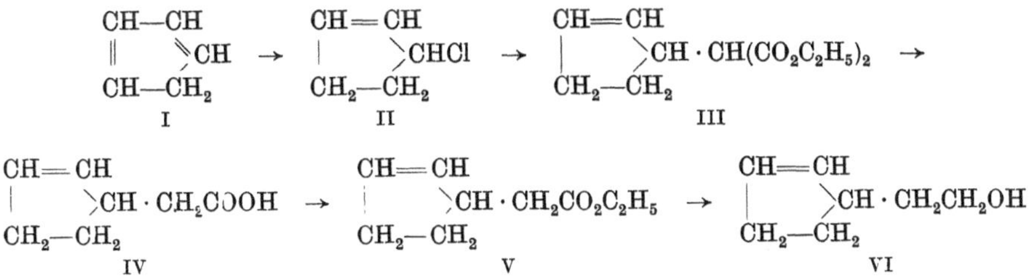

$$\begin{array}{ccccc}
\mathrm{CH{-}CH} & & \mathrm{CH{=}CH} & & \mathrm{CH{=}CH} \\
\parallel \quad {\diagdown}\mathrm{CH} \rightarrow & & \mid \quad {\diagup}\mathrm{CHCl} \rightarrow & & \mid \quad {\diagup}\mathrm{CH\cdot CH(CO_2C_2H_5)_2} \rightarrow \\
\mathrm{CH{-}CH_2} & & \mathrm{CH_2{-}CH_2} & & \mathrm{CH_2{-}CH_2} \\
\mathrm{I} & & \mathrm{II} & & \mathrm{III}
\end{array}$$

$$\begin{array}{ccccc}
\mathrm{CH{=}CH} & & \mathrm{CH{=}CH} & & \mathrm{CH{=}CH} \\
\mid \quad {\diagup}\mathrm{CH\cdot CH_2COOH} \rightarrow & & \mid \quad {\diagup}\mathrm{CH\cdot CH_2CO_2C_2H_5} \rightarrow & & \mid \quad {\diagup}\mathrm{CH\cdot CH_2CH_2OH} \\
\mathrm{CH_2{-}CH_2} & & \mathrm{CH_2{-}CH_2} & & \mathrm{CH_2{-}CH_2} \\
\mathrm{IV} & & \mathrm{V} & & \mathrm{VI}
\end{array}$$

und anschließendes vorsichtiges Erhitzen unter Abspaltung von Kohlendioxyd die dl-Δ^2-Cyclopentenylessigsäure (IV; Siedepunkt 94—95° bei 3 mm) liefert. Der Äthylester dieser Säure (V) läßt sich mittels metallischen Natriums und Alkohol in das Δ^2-Cyclopentenyläthanol (VI) überführen.

Nachdem, wie bereits erwähnt (s. S. 31), Perkins und Cruz[1] eine Anzahl von Δ^2-Cyclopentenylalkylessigsäuren des nachstehenden Typus mit kürzeren Seitenketten (R: Äthyl, n-Propyl, n-Butyl, Allyl) dargestellt hatten, wurden von Arvin und Adams[2] die entsprechenden Säuren mit höheren Alkylresten

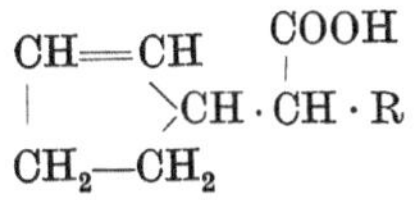

$$\begin{array}{cc}
\mathrm{CH{=}CH} \quad \mathrm{COOH} & \mathrm{CH{=}CH} \quad \mathrm{COOH} \\
\mid \quad {\diagdown}\mathrm{CH\cdot CH\cdot R} \qquad & \mid \quad {\diagdown}\mathrm{CH\cdot(CH_2)_2\cdot CH\cdot R} \\
\mathrm{CH_2{-}CH_2} & \mathrm{CH_2{-}CH_2}
\end{array}$$

Δ^2-Cyclopentenylalkylessigsäuren Δ^2-Cyclopentenylathylalkylessigsauren
(R: Äthyl bis n-Lauryl)   (R: n-Hexyl bis n-Lauryl)

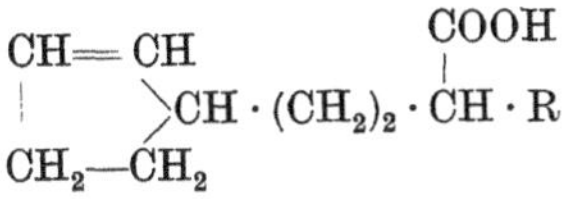

(R: n-Amyl bis n-Lauryl), sowie zahlreiche Δ^2-Cyclopentenyläthylalkylessigsäuren (R: n-Hexyl bis n-Lauryl) synthetisiert. Ferner haben Yohe und Adams[3] eine Anzahl von *Cyclopentylalkylessigsäuren* (R: n-Heptyl bis n-Undecyl) und von *β-Cyclopentyläthylalkylessigsäuren* (R: Äthyl bis n-Oktyl), denen also die

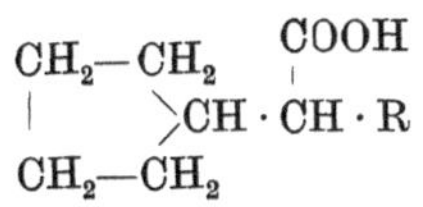

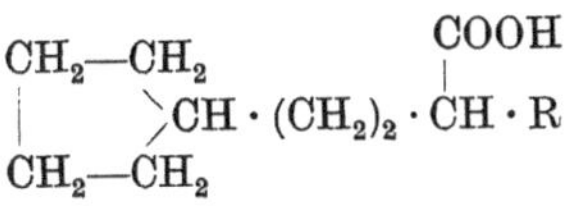

$$\begin{array}{cc}
\mathrm{CH_2{-}CH_2} \quad \mathrm{COOH} & \mathrm{CH_2{-}CH_2} \quad \mathrm{COOH} \\
\mid \quad {\diagdown}\mathrm{CH\cdot CH\cdot R} \qquad & \mid \quad {\diagdown}\mathrm{CH\cdot(CH_2)_2\cdot CH\cdot R} \\
\mathrm{CH_2{-}CH_2} & \mathrm{CH_2{-}CH_2}
\end{array}$$

Cyclopentylalkylessigsäuren   β-Cyclopentyläthylalkylessigsauren
(R: n-Heptyl bis n-Undecyl)   (R: Äthyl bis n-Oktyl)

doppelte Bindung in dem Kohlenstoffring fehlt, dargestellt. Außerdem gelang aber dann noch die Synthese zahlreicher Fettsäuren, die an Stelle der Cyclopentenyl- oder Cyclopentylgruppe eine *Cyclohexyl-* (Hiers und Adams[4], Adams, Stanley, Ford und Peterson[5], Adams, Stanley und Stearns[6], Davies und Adams[7], Coleman[8], Coleman und Adams[9]), eine *Phenyl-* (Stanley, Coleman,

[1] Perkins, G. A., u. A. O. Cruz: J. amer. chem. Soc. **49**, 517 (1927). — [2] Arvin, J. A., u. R. Adams: J. amer. chem. Soc. **49**, 2940 (1927); **50**, 1790 (1928) — s. auch U. S. Pat. 1 677 123 vom 17. Juli 1928 [Chem. Abstr. **22**, 3266 (1928)] u. U. S. Pat. 1 678 175 vom 24. Juli 1928 [Chem. Abstr. **22**, 3491 (1928)]. — [3] Yohe, G. R., u. R. Adams: J. amer. chem. Soc. **50**, 1503 (1928). — [4] Hiers, G. S., u. R. Adams: J. amer. chem. Soc. **48**, 1089 u. 2385 (1926). — [5] Adams, R., W. M. Stanley, S. G. Ford u. W. R. Peterson: J. amer. chem. Soc. **49**, 2934 (1927). — [6] Adams, R., W. M. Stanley u. H. A. Stearns: J. amer. chem. Soc. **50**, 1475 (1928). — [7] Davies, L. A., u. R. Adams: J. amer. chem. Soc. **50**, 2297 (1928). — [8] Coleman, G. H.: Dissert. (Ph. D.), University of Illinois, Urbana Ill. 1928. — [9] Coleman, G. H., u. R. Adams: J. amer. chem. Soc. **54**, 1982 (1932).

Greer, Sacks und Adams[1]), eine *Cyclobutyl-* (Ford und Adams[2]) oder eine *Cyclopropylgruppe* (Arvin und Adams[3]) enthalten, sowie zum Vergleich verschiedener Reihen *acyclischer* gesättigter und ungesättigter Fettsäuren (Dodecyl-, Tridecyl-, Tetradecyl-, Pentadecyl-, Hexadecyl, Heptadecyl-, Oktadecyl- und Nonadecylsäuren, sowie Dialkylessigsäuren) (Stanley, Jay und Adams[4], Browning, Woodrow und Adams[5], Armendt und Adams[6], Greer und Adams[7]).

Bei den vom Cyclohexan sich ableitenden Säuren befindet sich die Carboxylgruppe zum Teil in ω-Stellung, d. h. am Ende der Seitenkette. Zum Teil ist aber

$$H_2C \underset{CH_2-CH_2}{\overset{CH_2-CH_2}{\diagup \diagdown}} CH-(CH_2)_n \cdot COOH \qquad H_2C \underset{CH_2-CH_2}{\overset{CH_2-CH_2}{\diagup \diagdown}} CH-(CH_2)_x \cdot NR_2'' \cdot HCl$$

ω-Cyclohexylsäuren (n = 0—12) $\qquad$ ω-Cyclohexylalkylamine ($x = 2$—6; $R'' = C_2H_5$ bis C_4H_9)

eineAlkylessigsäuregruppe direkt am Kern verankert oder mit diesem durch eine oder mehrere CH_2-Gruppen verbunden, so daß die Carboxylgruppe am 2., 3., 4., 5. oder 6. Kohlenstoffatom der Seitenkette erscheint. Im einzelnen wurden demgemäß von R. Adams und seinen Mitarbeitern neben den ω-Cyclohexylsäuren (n = 0—12; Hiers und Adams), hydroxylierten ω-Cyclohexylsäuren [C_6H_{11} $\cdot (CH_2)_2 \cdot CHOH \cdot (CH_2)_7 COOH$; $C_6H_{11} \cdot CHOH \cdot (CH_2)_8 \cdot COOH$; $C_6H_{11} \cdot CHOH$ $\cdot (CH_2)_{11} \cdot COOH$; Coleman], ω-Cyclohexylalkylmalonsäuren [$C_6H_{11}(CH_2)_x \cdot CH$ $\cdot (COOH)_2$; $x = 0$—6; Coleman] und ω-Cyclohexylalkylaminen ($x = 2$—6; $R'' = C_2H_5$ bis C_4H_9; Coleman und Adams) noch folgende Typen von Cyclohexylsäuren synthetisiert:

Cyclohexylalkylessigsäuren $C_6H_{11} \cdot CH(COOH)R$ (R: Äthyl bis Lauryl) (Adams, Stanley und Stearns),

α-Cyclohexylmethylalkylessigsäuren $C_6H_{11} \cdot CH_2 \cdot CH(COOH)R$ (R: Äthyl bis n-Octyl) (Adams, Stanley und Stearns),

β-Cyclohexyläthylalkylessigsäuren $C_6H_{11} \cdot (CH_2)_2 \cdot CH(COOH)R$ (R: Äthyl bis n-Octyl) (Adams, Stanley, Ford und Peterson),

γ-Cyclohexylpropylalkylessigsäuren $C_6H_{11} \cdot (CH_2)_3 \cdot CH(COOH)R$ (R: Äthyl bis n-Heptyl) (Adams, Stanley, Ford und Peterson),

δ-Cyclohexylbutylalkylessigsäuren $C_6H_{11} \cdot (CH_2)_4 \cdot CH(COOH)R$ (R: Äthyl bis n-Hexyl) (Adams, Stanley, Ford und Peterson),

Di-(cyclohexylalkyl-)essigsäuren, die also 2 Cyclohexylringe im Molekül aufweisen (s. nachstehende Formel; $x = 0$—3, $y = 2$—4; Davies und Adams).

$$H_2C \overset{CH_2}{\diagup \diagdown} CH-(CH_2)_x \cdot \underset{COOH}{CH} \cdot (CH_2)_y-HC \overset{CH_2}{\diagup \diagdown} CH_2$$

Di-(cyclohexylalkyl-)essigsäuren ($x = 0$—3; $y = 2$—4)

Einen Benzolring enthalten die beiden folgenden, von Martin[1] synthetisierten Typen von Säuren:

Phenylalkylessigsäuren $C_6H_5 \cdot CH(COOH)R$ (R: Pentyl bis Octyl),

Phenyläthylalkylessigsäuren $C_6H_5 \cdot (CH_2)_2 \cdot CH(COOH)R$ (R: Äthyl bis Heptyl).

<hr>

[1] Stanley, W. M., G. H. Coleman, C. M. Greer, J. Sacks u. R. Adams: J. of Pharmacol. **45**, 121 (1932) — s. auch L. F. Martin: Dissert. (Ph. D.), University of Illinois, Urbana Ill. 1928. — [2] Ford, S. G., u. R. Adams: J. amer. chem. Soc. **52**, 1259 (1930). — [3] Arvin, J. A., u. R. Adams: J. amer. chem. Soc. **50**, 1983 (1928). — [4] Stanley, W. M., M. S. Jay u. R. Adams: J. amer. chem. Soc. **51**, 1261 (1929). — [5] Browning, E., H. W. Woodrow u. R. Adams: J. amer. chem. Soc. **52**, 1281 (1930). — [6] Armendt, B. F., u. R. Adams: J. amer. chem. Soc. **52**, 1289 (1930). — [7] Greer, C. M., u. R. Adams: J. amer. chem. Soc. **52**, 2540 (1930).

Ferner wurde von STANLEY, COLEMAN, GREER, SACKS und ADAMS noch eine Anzahl von Säuren, die einen Benzolring und eine Olefinbindung in der Seitenkette aufwiesen [$C_6H_5 \cdot CH = CH \cdot CH_2 \cdot COOH$; $C_6H_5 \cdot CH = CH \cdot (CH_2)_2 \cdot COOH$; $C_6H_5 \cdot CH_2 \cdot CH = CH \cdot CH_2 \cdot COOH$; $C_6H_5 \cdot (CH_2)_2 \cdot CH = CH \cdot COOH$; $C_6H_5 \cdot CH = CH \cdot CH = CH \cdot COOH$; $C_6H_5 \cdot (CH_2)_4 \cdot COOH$] dargestellt.

Einen aus 4 bzw. aus 3 Kohlenstoffatomen bestehenden Ring weisen schließlich die Cyclobutylmethylalkylessigsäuren (R: n-Octyl bis n-Dodecyl; FORD und

$$
\begin{array}{cc}
\begin{array}{l}
CH_2\!-\!CH \cdot CH_2 \cdot CH\!-\!R \\
\ \,|\qquad\ |\qquad\qquad | \\
CH_2\!-\!CH_2\qquad\ COOH
\end{array}
&
\begin{array}{l}
CH_2 \\
\ \ |\!\!\searrow\!\!CH \cdot CH_2 \cdot CH \cdot R \\
CH_2\qquad\quad\ \ | \\
\qquad\qquad\ COOH
\end{array}
\end{array}
$$

Cyclobutylmethylalkylessigsäuren   Cyclopropylmethylalkylessigsäuren
(R: n-Octyl bis n-Dodecyl)   (R: n-Pentyl bis n-Tetradecyl)

ADAMS) und die Cyclopropylmethylalkylessigsäuren (R: n-Pentyl bis n-Tetradecyl; ARVIN und ADAMS) auf.

Erwähnt sei hier noch, daß neuerdings WAGNER-JAUREGG und ARNOLD[1] eine Reihe von Cycloalkylterpenylessigsäuren (Cyclopentenyl-geranylessigsäure, Cyclopentyl-geranyl-essigsäure, Cyclopentyl-citronellyl-essigsäure, Cyclohexyl-cytronellyl-essigsäure, n-Hexyl-citronellyl-essigsäure) und deren Äthylester, außerdem einige Benzylester solcher disubstituierter Essigsäuren (Cyclopentyl-geranyl-essigsäure-benzylester, Cyclohexyl-citronellyl-essigsäure-benzylester, Cyclopentyl-dihydrocitronellyl-benzylester, Cyclohexyl-n-nonyl-essigsäure-benzylester, Cyclohexyläthyl-n-octyl-essigsäure-benzylester) und Cyclohexylterpenylalkohole dargestellt haben.

Die zahlreichen von PERKINS und CRUZ sowie ADAMS und seinen Mitarbeitern dargestellten Säuren wurden zunächst im Reagensglasversuch auf ihre bactericiden Eigenschaften gegenüber säurefesten Bakterien untersucht (s. S. 69). Bis jetzt wurde eine der dabei als besonders wirksam befundenen synthetischen Fettsäuren, die Di-n-heptylessigsäure $CH_3\!-\!(CH_2)_6\!-\!CH(COOH)\!-\!(CH_2)_6\!-\!CH_3$ (vgl. STANLEY, COLEMAN, GREER, SACKS und ADAMS[2]) in Form des Äthylesters experimentell (bei Rattenlepra; s. S. 93 u. 105) und klinisch (bei menschlicher Lepra; s. S. 117) eingehender erprobt (vgl. auch S. 64 u. 123). An einem kleineren Krankenmaterial wurde aber außerdem die $\varDelta_2$-Cyclopentenylessigsäure (s. S. 43; als

$$
\begin{array}{c}
CH = CH \qquad\qquad\qquad CH = CH \\
\ |\qquad\ \searrow\!CH \cdot CH \cdot CH\!\swarrow\qquad\ | \\
CH_2\!-\!CH_2\quad\ \ \ |\qquad\quad CH_2\!-\!CH_2 \\
\qquad\qquad\ COONa
\end{array}
$$

Dicyclopentenylessigsaures Natrium.

Natriumsalz) und das ebenfalls von ADAMS dargestellte dicyclopentenylessigsaure Natrium auf ihren Heilwert bei Lepra klinisch geprüft (LARA[3]; s. S. 117 u. 124).

IV. Therapeutische Anwendung des Chaulmoograöls und der ihm nahestehenden vegetabilischen Fette.

Schon oben (s. S. 9) wurde darauf hingewiesen, daß eine länger dauernde Behandlung lepröser Patienten durch stomachale oder parenterale Anwendung

[1] WAGNER-JAUREGG, TH., u. H. ARNOLD: Liebigs Ann. **529**, 274 (1937). — [2] STANLEY, W. M., G. H. COLEMAN, C. M. GREER, J. SACKS u. R. ADAMS: Zit. S. 44 — s. auch U. S. Pat. 1873732 vom 23. Aug. 1932 [Chem. Abstr. **26**, 6072 (1932)]. — [3] LARA, C. B.: Answers to some questions in the questionnaire sent by the League of Nations (Health Organization). Culion Leper Colony o. J. (1930?).

des ungereinigten Chaulmoograöls wegen seiner irritierenden Eigenschaften meist undurchführbar ist, und daß man deshalb auf die verschiedenste Weise versucht hat, durch Ausschaltung dieser gewebsreizenden Wirkungen die Einverleibung größerer Mengen der wirksamen Bestandteile zu ermöglichen. Auf Grund dieser Bestrebungen wurde im Laufe der Jahre eine Reihe von Kombinationen und Präparaten des Chaulmoograöls und der anderen therapeutisch in Frage kommenden Flacourtiaceenöle angegeben und erprobt, die teils durch Ausschaltung der für die Behandlung als wertlos angesehenen, aber entzündungserregend wirkenden Ballaststoffe, teils durch geeignete Zusätze und dergleichen die Verträglichkeit und die Heilwirkung der Pflanzenöle zu steigern suchen.

So hat man das Chaulmoograöl beispielsweise zusammen mit Milch [Bhau Daji (s. bei Boyd[1]), Vinson[2], Young[3], Murrell[4], Hillis[5], Desprez[6], Hallopeau[7], Danlos[8], Patron Espada[9], Dyer[10], Jeanselme[11], Labernadie und Laffitte[12] u. a.], Tee oder Pfefferminztee (Brocq[13]), Chinawein (Desprez[6]), Palmwein (Lenz[14]), Mango- oder Sarsaparillaabkochungen (Meier Flégel[15], Lobo[16]), auch in Lebertran oder Mandelöl (Murrell[4], Editorial im Brit.med.J.[17]), in Eigelb mit Kognak oder Rum (de Azua[18]), ferner in Kombination mit Strychnin (oder Extractum nucis vomicae; Piffard[19], Hopkins[20], Dyer[21], Unna[22], Montel[23], Diaz[24]) oder mit Gerbsäure, die nach Defillo[25] die Nebenerscheinungen von seiten des Magen-Darmkanals verhindern soll, peroral, ferner auch in Form von Klysmen (Hallopeau[7], de Petrini[26], Levy[27]; z. B. in Milch) gegeben. Für innerlichen Gebrauch wurde von de Petrini[26] folgende Zubereitung empfohlen: Ol. Chaulmoograe 1,0, Natr. bicarbon. 2,0, Ol. Menth. pip. gtts V, Aq. Melissae, Tct. Cinnamomi, Tct. Aurantii aa 15,0; zur Hälfte bei jeder Mahlzeit zu nehmen. Zu nennen ist hier auch noch das von Leboeuf[28] angegebene Gemisch, das aus 925 ccm Chaulmoograöl, 60 ccm Oliven- oder Arachisöl und 15 g Sulfur praecip. besteht und in täglichen Dosen von 1—2 Eßlöffeln per os verabreicht wird. Ferner wurde das Chaulmoograöl schon in Form verschiedenartig zusammengesetzter Pillen und Tabletten (Mouat[29], Marçon[30], Desprez[6], Tashiro[31], Black[32], Valenti[33], Levy[27], Soetopo[34] u. a.), sowie, wie bereits oben (s. S. 9) angedeutet wurde, von manchen Autoren in Gelatine-, Gelodurat- oder Keratinkapseln, die sich erst im Darm auflösen (Murrell[4], Hillis[5], Startin[35], Brocq[13], Savill[36],

[1] Boyd, S.: Zit. S. 6. — [2] Vinson, A.: Arch. Méd. nav. **30**, 39 (1878). — [3] Young, D.: Zit. S. 8. — [4] Murrell, W.: Brit. med. J. **1880 II**, 844. — [5] Hillis, J. D.: Brit. med. J. **1881 I**, 559. — [6] Desprez, G.: Zit. S. 3. — [7] Hallopeau: Lepra (Lpz.) **2**, 103 (1902). — [8] Danlos, M.: Ann. de Dermat. [4] **4**, 422 (1903) — Bull. génér. Thér. **145**, 69 (1903). — [9] Patron Espada, J.: Lepra (Lpz.) **3**, 185 (1903). — [10] Dyer, J.: N. Y. med. News **87**, 199 (1905) — Lepra (Lpz.) **6**, 49 (1906). — [11] Jeanselme, E.: Presse méd. **19**, 989 (1911) — Gaz. méd. de Paris **82**, 989 (1911) — Lepra (Lpz.) **12**, 237 (1912). — [12] Labernadie, V., u. N. Laffitte: Bull. Soc. Path. exot. Paris **20**, 710 (1927). — [13] Brocq, L.: Zit. S. 10. — [14] Lenz: Arch. Schiffs- u. Tropenhyg. **13**, 365 (1909) — Lepra (Lpz.) **9**, 19 (1910). — [15] Meier Flégel, E.: Gac. méd. de Caracas **24**, 94 (1917). — [16] Lobo, M. N.: Gac. méd. de Caracas **25**, 59 (1918). — [17] Brit. med. J. **1881 I**, 475. — [18] de Azua, J.: Lepra (Lpz.) **9**, 144 (1910). — [19] Piffard: Brit. med. J. **1887 II**, 843. — [20] Hopkins, R.: Lepra (Lpz.) **5**, 187 (1905). — [21] Dyer, J.: N. Y. med. News **87**, 199 (1905) — Lepra (Lpz.) **6**, 49 (1906) — New Orleans med. J. **73**, 57 (1920). — [22] Unna, P. G.: Geneesk. Tijdschr. Nederl.-Indië **60**, 683 (1920). — [23] Montel, L. R.: Bull. Soc. Path. exot. Paris **4**, 48 (1911). — [24] Diaz, J. A.: New Orleans med. J. **73**, 33 (1930). — [25] Defillo, F. A.: Presse méd. **34**, 363 (1926). — [26] de Petrini: Lepra (Lpz.) **14**, 174 (1914). — [27] Levy, D. M.: Nederl. Tijdschr. Geneesk. **69 I**, 1422 (1925). — [28] Leboeuf, A.: Bull. Soc. Path. exot. Paris **7**, 535 (1914). — [29] Mouat, F. J.: Zit. S. 7. — [30] Marçon: Zit. S. 8. — [31] Tashiro, Y.: Lepra (Lpz.) **3**, 65 (1903). — [32] Black, R. S.: S. afric. med. Rec. **1903**, 15. Juni — J. trop. Med. **6**, 296 (1903) — Lepra (Lpz.) **4**, 140 (1904). — [33] Valenti, A.: Riforma med. **35**, Nr 46 (1919). — [34] Soetopo: Geneesk. Tijdschr. Nederl.-Indië **73**, 885 (1933). — [35] Startin, J.: Zit. S. 8. — [36] Savill, T. D.: Brit. med. J. **1900 I**, 1087.

BLACK[1], DYER[2], THOMPSON[3], DE AZUA[4], MONTEL[5], JEANSELME[6], DE PE-
TRINI[7], McCOY und HOLLMANN[8], VALENTI[9], DENNEY[10], DE MELLO[11] u. a.),
innerlich angewandt. Ein gereinigtes Chaulmoograöl (vgl. auch S. 50) wird von
der Chemischen Fabrik Dr. Brunnengräber in Rostock in den Verkehr gebracht;
es stellt „ein lockeres gelbliches Pulver mit leichtem Fettgeruch und etwas
bitterem Geschmack" dar und wird zur innerlichen Behandlung (teelöffelweise)
der Tuberkulose empfohlen (KÜHN[12], BAHN und TOMAŠEVIČ[13]). Viel gebraucht
wurde früher das von dem Apotheker BORIES auch in Gelatinekapseln
(„Globules Bories") in den Handel gebrachte „Huile de Chaulmoogra gynocardée", eine Mischung von Chaulmoograöl mit Chaulmoograsäure (s. BORIES
und DESPREZ[14], DESPREZ[15], BROUSSE und VIRES[16], SÉE[17] u. a.). Hinsichtlich
der keratinierten Pillen aus „Gynocardiaseife" von UNNA vgl. S. 51.

Zu erwähnen wäre hier weiterhin, daß auch nach älteren *indischen* und
chinesischen Rezepten verfertigte Zubereitungen der Chaulmoogra- bzw. Hydnocarpuskerne zur innerlichen Behandlung der Lepra heute noch vielfach Verwendung finden. So werden bei der von dem Rev. P. J. Rieu im Rangoon Leper
Asylum, Kemendine erprobten Behandlungsmethode Pillen (zu je 0,2 g; 12 bis
15 Pillen täglich) aus pulverisierten Chaulmoograkernen (8 Teile), Pulvis Rhei
comp. (1 Teil) und wasserfreiem Kochsalz (2 Teile) benützt (READ[18]). Bei der
chinesischen Ta-fung-chi- oder Ta-fung-tse-Behandlung (vgl. S. 4) finden Pulver
Anwendung, die aus 2 Teilen feinstzerstoßener Samen von Hydnocarpus anthelmintica (oder auch von Taraktogenos kurzii, nicht aber von Hydnocarpus laurifolia s. wightiana, wegen deren reizender Wirkung auf die Magenschleimhaut),
1 Teil feinstpulverisierten Samens der Zygophyllee Tribulus terrestris (Pak-chut-
lai) und 1 Teil gekochten, getrockneten und dann feinstzerriebenen Hanfsamens
(Cannabis indica; Toh-mah-jan) bestehen; die tägliche Dose beträgt 2,0—4,0 g,
für Kinder entsprechend weniger, kurz nach dem Essen (TRAVERS[19], READ[18],
WILSON[20], RYRIE[21]). Nach einer anderen, aus der altchinesischen Rezeptsammlung
„Po-tsi-fang" entnommenen und im „Pên-ts'ao-kang-mu" (s. S. 4) aufgeführten
Vorschrift wird 1 Liang (= $\frac{1}{16}$ chinesisches Pfund = etwa 55 g) des nach der
chinesischen Methode hergestellten Öls von Hydnocarpus anthelmintica („Ta-
fung-tse"; s. S. 29) mit 3 Liang pulverisierter Bitterwurzel („Ko-sen"; Sophora
flavescens Ait. var. galegoides Hmsl.) und etwas Reiswein, evtl. unter Zugabe
von Calomel, vermengt und das Gemisch zu Pillen von etwa 3 mm Durchmesser
verarbeitet; der Kranke soll täglich 50 solcher Pillen in lauwarmem Reiswein
vor dem Essen nehmen und Tee von „Ko-sen" nachtrinken (vgl. auch STUART[22],
READ[18]).

Zur parenteralen Anwendung wurden durch Zusätze zum rohen Chaulmoograöl
zahlreiche Zubereitungen gewonnen, von denen die wichtigsten nachstehend
aufgeführt seien:

---

[1] BLACK, R. S.: Zit. S. 46. — [2] DYER, J.: Zit. S. 46. — [3] THOMPSON, J. A.: Lepra
(Lpz.) 7, 17 (1908). — [4] DE AZUA, J.: Zit. S. 46. — [5] MONTEL, L. R.: Zit. S. 46. —
[6] JEANSELME, E.: Zit. S. 46. — [7] DE PETRINI: Zit. S. 46. — [8] McCOY, G. W., u. H. T.
HOLLMANN: U. S. Publ. Health Bull. 75, 3 (1916). — [9] VALEENTI, A.: Zit. S. 46. —
[10] DENNEY, O. E.: Publ. Health Rep. 41, 2593 (1926). — [11] DE MELLO, J. F.: Verh. 9.
internat. Kongr. Dermat. (Budapest 1935) 2, 570 (1936). — [12] KUHN, A.: Fortschr. Ther.
5, 110 (1929). — [13] BAHN, C., u. V. M. TOMAŠEVIČ: Beitr. Klin. Tbk. 76, 715 (1931). —
[14] BORIES, A., u. G. DESPREZ: Zit. S. 9. — [15] DESPREZ, G.: Zit. S. 3. — [16] BROUSSE,
A., u. VIRES: Lepra (Lpz.) 1, 155 (1901). — [17] SÉE, M.: Zit. S. 3. — [18] READ, B. E.:
Chinese med. J. 39, 619 (1925). — [19] TRAVERS, E. A. O.: Far eastern Assoc. trop. Med.,
5. Congr. Singapore 1923, 352 — Proc. roy. Soc. Med., Sect. trop. Dis. 19, 1 (1926). —
[20] WILSON, C. J.: Ann. Rep. Med. Dept., Federated Malay States for 1928 and 1929.
Kuala Lumpur: Government Press 1929 u. 1930. — [21] RYRIE, G. A.: Leprosy Rev. 4, 138
(1933). — [22] STUART, G. A.: Zit. S. 5.

Gemisch von Dohi[1]: gleiche Teile sterilisierten Chaulmoogra- und Oliven-[oder Kamelien- (vermutlich von Camellia sasanqua)] Öls für intramuskuläre Injektion (vgl. auch Black[2], Tôyama[3]).

Gemisch von Jeanselme[4]: 1 Teil mit Alkohol gewaschenes, durch Baumwolle filtriertes und bei 100° sterilisiertes Chaulmoograöl + 1 Teil der nachstehenden Mischung: Guajacol 0,5 g; Campher 0,25 g; filtriertes und sterilisiertes Paraffinöl und Vaseline $\overline{aa}$ 5,0 g. 1 ccm dieses Gemisches enthält etwa 23 Tropfen Chaulmoograöl; etwa 6 ccm (= 140 Tropfen) pro Injektion (3 mal wöchentlich) (vgl. auch McCoy und Hollmann[5], Ribón[6]).

Gemisch von Brocq und Pomaret[7]: durch Wärme verflüssigtes Chaulmoograöl 70,0; Eucalyptol ad 100,0; die Mischung, die durch Papier filtriert und zu je 2 ccm in Ampullen abgefüllt wird, bleibt flüssig und ist bei Injektion weniger schmerzhaft als reines Chaulmoograöl (vgl. auch Jeanselme[8]). Die im Hôpital St. Louis in Paris neuerdings gebräuchliche Mischung enthält nach Le Forestier[9] außer Chaulmoograöl 70,0 und Eucalyptol 30,0 noch Guajacol 10,0, Campher 10,0 und Cocain. basic. 1,0; das Gemisch wird bei 100° sterilisiert und in Mengen von 1—5 ccm injiziert.

Gemisch von Heiser[10]: Sterilisiertes Chaulmoograöl, 10 proz. Ol. camphor. $\overline{aa}$ 60,0, Resorcin 4,0; 1 mal wöchentlich 1—6 ccm intramuskulär (vgl. McCoy und Hollmann[5], Bercovitz[11], Coghill[12], Hall[13], Cadbury[14], Connal[15], Unna[16], Harper[17], Ferreira[18], Wheatley[19], Rutowitcz[20], Pierini[21]).

Gemisch von Mercado y Donato[22]: Sterilisiertes Chaulmoograöl, 10 proz. Oleum camphor. $\overline{aa}$ 60,0, Resorcin 4,0, Äther 2,5; 1 mal wöchentlich 1—6 ccm intramuskulär (vgl. Ribón[6], Perkins[23], Tietze[24], Gavino und Tietze[25], Rodriguez[26], Wade[27], de Vera[28], Lara[29] u. a.). Das sog. Ketonina-Gemisch (Tietze[24]) stellt eine in ihrer Zusammensetzung nicht genau bekannte, der Mercadoschen Mischung aber anscheinend ähnliche Zubereitung des Chaulmoograöls dar; es unterscheidet sich von dieser wahrscheinlich nur dadurch, daß zu seiner Herstellung gereinigtes Chaulmoograöl verwendet wird.

---

[1] Dohi, K.: Hifuka Hinyôka Zasshi 1, 1 (1901) — Chûgai Iji Shimpô No 511 (1901). — [2] Black, R. S.: Zit. S. 46 — s. auch Lancet 170, 1167 (1906). — [3] Tôyama, J.: Iji Shimbun No 773 (1909). — [4] Jeanselme, E.: Zit. S. 46. — [5] McCoy, G. W., u. H. T. Hollmann: Zit. S. 47. — [6] Ribón, V.: Gac. méd. de Caracas 25, 60 (1918). — [7] Brocq, L., u. M. Pomaret: Bull. Soc. franç. Dermat. 24, 70 (1913). — [8] Jeanselme: Bull. Soc. franç. Dermat. 24, 149 (1913). — [9] Le Forestier, R.: Marseille Méd. 69, No 21 (1932). — [10] Heiser, V. G.: Publ. Health Rep. 28, 1855 (1913); 29, 21, 2763 (1914) — Amer. J. trop. Dis. 2, 300 (1914) — N. Y. med. J. 103, 289 (1916) — China med. J. 36, 264 (1922); 39, 591 (1925). — [11] Bercovitz, N.: J. amer. med. Assoc. 68, 1960 (1917). — [12] Coghill, H.: Ann. trop. Med. 11, 205 (1917). — [13] Hall, F.: Treatment of leprosy. Suva: H. Bach, Government Printer 1918. — [14] Cadbury, W. W.: China med. J. 32, 226 (1918); 34, 479 (1920). — [15] Connal, A.: J. trop. Med. 22, 37 (1919). — [16] Unna, P. G.: Geneesk. Tijdschr. Nederl.-Indië 60, 683 (1920). — [17] Harper, B.: Brit. med. J. 1922 II, 39. — [18] Ferreira, C.: Liga Paulista contra a tuberculose. Exercicio de 1923. Sao Paulo: Typ. Cardoso, Irmão y Cia 1924. — [19] Wheatley, A. H.: Far eastern Assoc. trop. Med., 5th Congr., Singapore 1923; Transact. S. 359 — Straits Settlements Med. Rep. for 1926, Appendix B. — [20] Rutowitcz, B. L.: Sciencia med. (Rio de Janeiro) 1, 173 (1923). — [21] Pierini, L. E.: Semana méd. 35, 1122 u. 1183 (1928). — [22] Mercado y Donato, E.: Publ. Health Rep. 28, 1855 (1913) — Mem. y Observ. de la Asamblea Regional de Med. y Farm. de Filipinas 2, 105 (1914) — Leprosy in the Philippines and its treatment. Manila: Tip. Linotype del Col. de Sto. Tomás 1915. — [23] Perkins, G. A.: Philippine J. Sci. 21, 1 (1922). — [24] Tietze, S.: Monthly Bull. Philippine Health Serv. 6, 355 (1926). — [25] Gavino, C., u. S. Tietze: J. Philippine Isl. med. Assoc. 5, 50 (1925). — [26] Rodriguez, J.: J. Philippine Isl. med. Assoc. 5, 40 (1925). — [27] Wade, W. H.: J. Philippine Isl. med. Assoc. 3, 236 (1923) — Far eastern Assoc. trop. Med., 5th Congr., Singapore 1923, Transact. S. 363 — Monthly Bull. Philippine Health Serv. 4, 13 (1924). — [28] de Vera, B.: J. Philippine Isl. med. Assoc. 7, 361 (1927). — [29] Lara, C. B.: J. Philippine Isl. med. Assoc. 8, 56, 263 (1928); 10, 469 (1930).

Gemisch von ROBINEAU[1]: Chaulmoograöl 150,0, 95proz. Alkohol 30,0, Äther 35,0; zur intramuskulären Injektion (1—2 ccm).

Gemisch von HOOPER[2]: Chaulmoograöl 750,0, Äther 250,0, Jod 1,0 (oder Carbolsäure 10,0); zur intravenösen Injektion (täglich 0,6—1,2 ccm).

Gemisch von HARPER[3]: Chaulmoograöl, Äther $\overline{aa}$ 29,5, Jod 0,06; zur intravenösen Injektion (Anfangsdose 0,6 ccm, allmählich ansteigend).

Gemisch von HEGGS[4]: Chaulmoograöl 75,0, Äther 24,0, Carbolsäure 1,0; zur intravenösen Injektion in ansteigenden Mengen.

Gemisch von WILSON[5]: steriles Öl von Hydnocarpus anthelmintica mit 1% Campher; 1mal wöchentlich 3—8 ccm subcutan.

Gemisch von KESSLER[6]: gleiche Teile Chaulmoogra- und Arachisöl; dauernd völlig klare Lösung zur intramuskulären Injektion. Ein Zusatz von 3% Phenol zur Konservierung ist nicht ratsam, da solche Gemische oberflächliche Hautnekrosen hervorrufen und hier außerdem die Gefahr der Carbolsäurevergiftung besteht. Ein jodiertes Gemisch von Chaulmoogra- und Arachisöl (Chaulmoograöl 100 ccm, Arachisöl 200 ccm, Jod 3,0 g) wurde von VAN BREUSEGHEM[7] intramuskulär (1mal wöchentlich 2 ccm) angewendet.

Gemische von PERRIER (s. bei VAN BREUSEGHEM[7]): Chaulmoograöl 30 ccm, Antipyrin 26,5 g, Saccharose 48,0 g oder Glucose 25,0 g, Wasser 1000,0 ccm. Diese als „F. P. No. I" (mit Saccharose) und als „F. P. No. II" (mit Glucose) bezeichneten Gemische werden in der Weise hergestellt, daß zunächst das Öl durch Zusatz von Normalsodalösung lackmusneutral gemacht wird und daß dann erst die übrigen Bestandteile zugesetzt werden. Anwendung intravenös in Dosen von 5—6 ccm 1mal wöchentlich.

Gemisch von JOHANSEN[8]: 90 Teile Chaulmoograöl + 10 Teile einer 30proz. Lösung von Benzocaine (= Anästhesin, p-Aminobenzoesäureäthylester); 2mal wöchentlich 5—8 ccm (evtl. auch mehr, bis 15 ccm) intramuskulär (s. auch DENNEY[9], DENNEY, HOPKINS und JOHANSEN[10]).

Gemisch von ROGERS und MUIR[11]: Reines Öl von Hydnocarpus wightiana mit einem Zusatz von 4% Kreosot; 2mal wöchentlich 4—10 ccm subcutan oder intramuskulär. Die Heilwirkung dieses Gemisches läßt sich nach LABERNADIE[12] durch Bestrahlung mit ultraviolettem Licht oder durch Zusatz von Ergorone (1:2000), eines Ergosterin- (Vitamin D-) Präparates noch steigern. Zur lokalen Infiltrationsmethode der Leprome benützt MUIR[13] Öl von Hydnocarpus wightiana mit einem Zusatz von 1% Campher; um eine Reizwirkung auf die Leprome

---

[1] ROBINEAU, M.: Ann. Méd. Pharm. colon. **20**, 22 (1922) — Bull. Soc. Path. exot. Paris **16**, 231 (1923) — Rev. méd. de Angola (Loanda) **3**, 385 (1923). — [2] HOOPER, P.: J. trop. Med. **24**, 137 (1921). — [3] HARPER, P.: J. trop. Med. **23**, 285 (1920); **25**, 2 (1922); **26**, 7 (1923) — Brit. med. J. **1922 II**, 39. — [4] HEGGS, T. B.: Brit. med. J. **1923 II**, 1253. — — [5] WILSON, R. M.: China med. J. **36**, 265 (1922); **38**, 743 (1924) — J. amer. med. Assoc. **79**, 440 (1922); **87**, 1211 (1926) — South. med. J. **16**, 507 (1923); **19**, 603 (1926). — [6] KESSLER, A.: Klin. Wschr. **4**, 879 (1925). — [7] VAN BREUSEGHEM, R.: Ann. Soc. belge Méd. trop. **16**, 537 (1936). — [8] JOHANSEN, F. A.: Publ. Health Rep. **42**, 3005 (1927). — — [9] DENNEY, O. E.: Publ. Health Rep. **44**, 528, 3169 (1929); **46**, 5 (1931); **47**, 601 (1932); **49**, 1359 (1934) — Internat. J. Leprosy **1**, 399 (1933) — Leprosy Rev. **6**, 102 (1935). — [10] DENNEY, O. E., R. HOPKINS u. F. A. JOHANSEN: Publ. Health Rep. **45**, 667 (1930) — Amer. J. trop. Med. **10**, 83 (1930). — [11] ROGERS, L., u. E. MUIR: Leprosy. Bristol: J. Wright and Sons Ltd. 1925 — MUIR, E.: Indian med. Gaz. **62**, 211 (1927) — Far eastern Assoc. trop. Med., 7th Congr., Calcutta 1927, Transact. **2**, 305 (1929). — [12] LABERNADIE, V.: Bull. Soc. Path. exot. Paris **22**, 759 (1929). — [13] MUIR, E.: China med. J. **37**, 572 (1923); **39**, 575 (1925) — Brit. med. Assoc., South Indian Branch., Transact. **17**, 105 (1925) — J. roy. Sanitary Inst. **46**, 131 (1925) — Indian med. Gaz. **61**, 215 (1926) — Trans. roy. Soc. trop. Med. Lond. **25**, 87 (1931) — Internat. J. Leprosy **1**, 407 (1933) — s. auch E. MUIR, N. K. DE, E. LANDEMAN, T. N. ROY u. J. SANTRA: Indian J. med. Res. **12**, 221 (1924).

auszuüben, werden diese nach dem Vorschlag von Muir außerdem mit 20—25 proz. Trichloressigsäure alle 10 Tage so lange betupft, bis nach Eintrocknen der Flüssigkeit die betreffende Stelle weiß erscheint (s. auch Strachan[1]; vgl. S. 103).

Gemisch von Reeling Knap[2]: Chaulmoograöl, Olivenöl aa 100,0, Jod 2,0, Campher, Thymol aa 10,0, Salol 25,0; zu je 5 ccm intramuskulär.

Gemisch von Feng[3] (s. auch Feng und Chen[4]): Chaulmoograöl 800,0, Olivenöl 200,0, Benzylephedrin (als Analgeticum) 1,0 g; für intramuskuläre Injektion.

„Aiouni"-Mischung des Missionspaters Delord (Neukaledonien): 15 Teile Chaulmoograöl + 100 Teile Olivenöl (Herst.: Alf. Cousin, Chailly-sur-Lausanne). Als „Aiouni-Eucalyptol" wird ein zur intramuskulären Injektion bestimmtes Gemisch von 60 Teilen des Aiouni mit 40 Teilen Eucalyptusöl bezeichnet (vgl. Robineau[5], Le Forestier[6]).

„Chaulmugrin" (Hersteller: Bengal Works, Calcutta): Öl von Hydnocarpus laurifolia s. wightiana mit einem Zusatz von 4% Kreosot (Muir[7], Labernadie und Laffitte[8], Fischl[9]).

Auf Grund der Feststellung, daß die gewebsreizenden Eigenschaften des Chaulmoograöls und der ihm nahestehenden sonstigen Flacourtiaceenöle beim Lagern zunehmen (vgl. z. B. Miquel[10], sowie Paget, Trevan und Attwood[11]), und daß die rohen Öle stärker irritierend wirken als die gereinigten Produkte, wurde für die Injektionsbehandlung von zahlreichen Autoren raffiniertes Chaulmoograöl verwendet. Eine solche Methode zur *Reinigung der Öle* wurde von Perkins, Cruz und Reyes[12] angegeben; diese besteht darin, daß das rohe Öl mit Alkali versetzt wird, die Seifen durch wiederholtes Waschen mit heißem Wasser gewaschen, und daß dann nach Abscheidung des Öls die flüchtigen Verunreinigungen durch einstündiges Durchleiten von Dampf entfernt werden. Das gereinigte Öl, welches nicht mehr als 0,3% freie Fettsäure enthalten soll, übt nach Injektion ohne jeden Zusatz keine Reizwirkung auf das Gewebe aus (Lara[13], Muir[14], Cole[15], Wilson[16], Portugal[17]). Nach Muir ist es zweckmäßig, derartiges gereinigtes Chaulmoograöl vor der Injektion auf etwa 45° zu erwärmen, damit es möglichst dünnflüssig wird. Von Labernadie und André[18] (s. auch Labernadie[19]) wurde das reine Öl von Hydnocarpus laurifolia s. wightiana sogar intravenös (in Dosen bis zu 1 ccm) injiziert (s. auch de Mello und Loyola Pereira[20]). Demgegenüber lehnt Stévenel[21] die therapeutische Verwendung raffinierten Chaulmoograöls ab, da seiner Ansicht nach durch den Reinigungsprozeß auch wirksame Bestandteile aus dem Öl entfernt werden (vgl. S. 79).

[1] Strachan, P. D.: S. afric. med. J. 7, 210 (1933) — Leprosy Rev. 5, 16 (1934). — [2] Reeling Knap, C.: Geneesk. Tijdschr. Nederl-Indië 73, 866 (1933). — [3] Feng, C. T.: China med. J. 48, 563 (1934). — [4] Feng, C. T., u. C. L. Chen: Far eastern Assoc. trop. Med., 9th Congr., Nanking; Transact. 1, 741 (1935). — [5] Robineau, M.: Ann. Méd. Pharm. colon. 20, 22 (1922) — Congrès de la Santé publ., Marseille 1922, Compt. rend., S. 142. — [6] Le Forestier, R.: Marseille Méd. 69, No 21 (1932). — [7] Muir, E.: Indian med. Gaz. 62, 211 (1927). — [8] Labernadie, V., u. N. Laffitte: Bull. Soc. Path. exot. Paris 20, 710 (1927). — [9] Fischl, V.: Z. Immun.forsch. 85, 71 (1935). — [10] Miquel: 13e Congrès de Méd., Sect. de Méd. et de Chir. milit. 1901. — [11] Paget, H., J. W. Trevan u. A. M. P. Attwood: Zit. S. 33. — [12] Perkins, G. A., A. O. Cruz u. M. O. Reyes: J. Ind. a. Eng. Chem. 19, 939 (1927). — [13] Lara, C. B.: J. Philippine Isl. med. Assoc. 8, 263 (1928). — [14] Muir, E.: Indian med. Gaz. 67, 121 (1932). — [15] Cole, H. J.: Internat. J. Leprosy 1, 159 (1933). — Cole, H. J., u. H. Cardoso: Internat. J. Leprosy 4, 455 (1936). — [16] Wilson, R. M.: Leprosy Rev. 5, 166 (1934). — [17] Portugal, H.: Arch. de Hyg. (Rio de Janeiro) 6, 75 (1936). — [18] Labernadie, V., u. Z. André: Bull. Soc. Path. exot. Paris 26, 988 (1933). — [19] Labernadie, V.: Ann. Méd. Pharm. colon. 32, 328 (1934). — [20] de Mello, F., u. O. Loyola Pereira: Bull. Soc. Path. exot. Paris 28, 700 (1935) — s. auch J. F. de Mello: Verh. 9. internat. Kongr. Dermat. (Budapest 1935) 2, 570 (1936). — [21] Stévenel, L.: Bull. Soc. Path. exot. Paris 28, 14 (1935).

Chaulmoograölemulsionen wurden von LAWRIE[1], COTTLE[2], ALFONSO[3], VAHRAM[4], STÉVENEL[5], VITTORIO[6], PERKINS[7], VAN DRIEL[8], NOEL[9], LION[10], BAUJEAN[11], FAVA[12], RAGAZZI[13], SÉZARY und ROUDINESCO[14], FÉRON[15], ANDRÉ und LABERNADIE[16], CARRILLO[17], GOURVIL[18], R. und G. MONTEL[19], SOREL[20] u. a. zur intravenösen, intramuskulären und peroralen Behandlung der Lepra empfohlen und werden z. B. von den Laboratoires pharmaceutiques de Dausse, Paris, als „Collobiasis of Chaulmoogra" (in 1 Liter 0,72 g Chaulmoograöl und 14,4 g Gummi arabicum) in den Handel gebracht. Ähnlich zusammengesetzt ist die Chaulmoograemulsion S des Bureau of Science in Manila P. I., während als „Chausol" eine mit Nebennierenextrakt versetzte Chaulmoograölemulsion bezeichnet wird (RAGAZZI). Nach den Erfahrungen mancher Autoren ist die Heilwirkung derartiger Zubereitungen indessen nur eine beschränkte (vgl. BEJARANO und MEDINA[21], COLE[22]).

Bereits oben (s. S. 10) wurde erwähnt, daß schon bald nach Auffindung der Chaulmoograsäure („Gynocardiasäure") durch Moss die Auffassung, daß es sich hierbei um den therapeutisch wirksamen Bestandteil des Öls handle, ziemlich weit verbreitet war, und daß dementsprechend zahlreiche Ärzte die Fettsäuren des Chaulmoograöls in Form der *Natrium*- oder *Magnesiumsalze* zur Leprabehandlung benützten. Zu diesem Zweck wurden die Salze vielfach auch als Pillen, z. B. in Kombination mit Gentianaextrakt u. dgl. (COTTLE[23], ROUX[24], SÉE[25], BLACK[26], DYER[27]) oder in Form keratinierter Pillen, teilweise unter Zusatz von Anästhesin und Menthol („Pilulae gynocardiae mitigatae", UNNA[28]; s. auch GOMEZ[29], DE AZUA[30], TÔYAMA[31]), ferner subcutan in Paraffinöl (ROUX[24]) gegeben. Auf das „Huile de chaulmoogra gynocardée" des Apothekers BORIES wurde schon oben hingewiesen (s. S. 47). Alle diese Präparate scheinen sich aber nicht besonders bewährt zu haben (vgl. DO AMARAL und PARANHOS[32] u. a.; vgl. S. 10).

Eine ausgedehntere therapeutische Anwendung haben die Salze der ungesättigten Fettsäuren des Chaulmoograöls im Anschluß an die von L. ROGERS[33] durchgeführte klinische Erprobung der von GHOSH[34] isolierten Fettsäurefraktionen der Öle verschiedener Flacourtiaceenarten (Taraktogenos kurzii, Hydnocarpus venenata, H. wightiana, H. anthelmintica, Asteriastigma macrocarpa) gefunden. Derartige aus dem Chaulmoograöl, aus den Ölen von Hydnocarpusarten und dem Sapucainhaöl hergestellte wasserlösliche Natriumsalze einzelner Fettsäurefraktionen und auch der Gesamtfettsäuren (Herstellung s. bei BRILL und WILLI-

---

[1] LAWRIE, E.: Zit. S. 8. — [2] COTTLE, W.: Brit. med. J. **1879** I, 968. — [3] ALFONSO, M. F.: Rev. méd. Cubana (Habana) **1903**, Juli, S. 18. — [4] VAHRAM, M.: Bull. Soc. méd. Hôp. Paris **32**, 4 (1916) — Progrès méd. **44**, 19 (1916) — New Orleans med. J. **69**, 230 (1916). — [5] STÉVENEL, L.: Bull. Soc. Path. exot. Paris **10**, 684 (1917); **13**, 490 (1920); **28**, 14 (1935). — [6] VITTORIO, P.: Rev. internat. de Méd. et de Chir. **33**, 45 (1922). — [7] PERKINS, G. A.: Philippine J. Sci. **21**, 1 (1922). — [8] VAN DRIEL, B. M.: Geneesk. Tijdschr. Nederl.-Indië **62**, 149 (1922). — [9] NOEL, P.: Ann. de Dermat. [6] **3**, 644 (1922). — [10] LION, G.: Bull. Soc. méd. Hôp. Paris **49**, 36 (1925). — [11] BAUJEAN, R.: Bull. Soc. Path. exot. Paris **18**, 90 (1925) — Ann. Méd. Pharm. colon. **23**, 115 (1925). — [12] FAVA, A.: Atti Congr. Soc. ital. Oftalm. **1928**, 331. — [13] RAGAZZI, C. A.: Il Dermosifilogr. **5**, 320 (1930). — [14] SÉZARY, A., u. ROUDINESCO: Bull. Soc. franç. Dermat. **1931**, 230. — [15] FÉRON, J.: Progrès méd. **60**, Nr 19 (1932). — [16] ANDRÉ, Z., u. V. LABERNADIE: Bull. Soc. Path. exot. Paris **26**, 1234 (1933) — s. auch Z. ANDRÉ: Bull. Soc. Path. exot. Paris **26**, 991 (1933). — [17] CARRILLO: Rev. méd. lat.-amer. **20**, 197 (1935). — [18] GOURVIL, E.: Bull. Soc. Path. exot. Paris **28**, 7 (1935). — [19] MONTEL, R., u. G. MONTEL: Bull. Soc. Path. exot. Paris **29**, 857 (1936).— [20] SOREL: Bull. Acad. Méd. **117**, 489 (1937). — [21] BEJARANO, J., u. R. G. MEDINA: Actas dermo-sifilogr. **19**, 379 (1927). — [22] COLE, H. J.: Internat. J. Leprosy **1**, 159 (1933). — [23] COTTLE, W.: Brit. med. J. **1881** I, 999; **1889** II, 12. — [24] ROUX, L.: Zit. S. 9. — [25] SÉE, M.: Zit. S. 3. — [26] BLACK, R. S.: Zit. S. 10. — [27] DYER, J.: Zit. S. 46. — [28] UNNA, P. G.: Mh. Dermat. **30**, 139 (1900) — Lepra (Lpz.) **6**, 141 (1906). — [29] GOMEZ, A.: Lepra. Bucaramanga: L. Núñez e Hijos 1910. — [30] DE AZUA, J.: Zit. S. 10. — [31] TÔYAMA, J.: Zit. S. 10. — [32] DO AMARAL, E., u. U. PARANHOS: Zit. S. 9. — [33] ROGERS, L.: Zit. S. 10. — [34] GHOSH, S.: Zit. S. 10.

Ams[1], Gardner[2], Greenbaum[3], Gelarie und Greenbaum[4]) sind unter verschiedenen Namen im Handel, wie *„Natriumgynocardat A"* [„Natriumhydnocarpat"; Natriumsalze der durch Alkohol aus dem Chaulmoograöl und durch Auskrystallisieren gewonnenen Fettsäuren (Schmelzpunkt etwa 37°) nach Ghosh[5] und Rogers[6] (Hersteller: Smith Stanistreet and Co. Ltd., Calcutta, und Bureau of Science, Manila)], *„Natriumgynocardat S"* [Natriumsalze der Gesamtfettsäuren des Chaulmoograöls, nach Ghosh[5] und Rogers[6] (Hersteller wie bei Natriumgynocardat A)] und *„Natriumgynocardat D"* [Natriumsalze der durch Destillation im Vakuum gereinigten Gesamtfettsäuren des Chaulmoograöls, nach Ghosh[5] und Rogers[6] (Hersteller wie bei Natriumgynocardat A)] (Peacock[7] Biesenthal[8], Cadbury[9], de Mello und de Souza[10], Connal[11], Muir[12], Ganguli[13], Kamikawa[14], Maples[15], Carthew[16], Neve[17], Leuret[18], Wheatley[19], Ogilvie[20], Harper[21], Aoki, Kawamura, Kamikawa und Fukumachi[22], Gavino und Tietze[23], Balbi[24], Ohara[25], Bejarano und Medina[26], Lara, de Vera und Eubanas[27], Hernández[28], Rose[29], Neff[30], Nolasco[31], Schneider[32], Phipson[33] u. a.), *Alepol* [„Natriumhydnocarpat" (Natriumsalze der bei 30°—35° schmelzenden ungesättigten Fettsäuren des Öls von Hydnocarpus laurifolia s. wightiana) mit Zusatz von 4% Kreosot, peroral, auch als Tabletten, und parenteral (Hersteller: Burroughs Wellcome and Co. Ltd., London)] (Amies[34], Mayer[35], Wilson[36], Markianos[37], Copanaris[38], Cochrane[39], Nolasco[31], Paldrock[40], Lichtwardt[41], Davison[42], Neff[30], Rose[43], Dikshit[44], Dikshit und

[1] Brill, H. C., u. R. R. Williams: Philippine J. Sci. **12**, 307 (1917). — [2] Gardner, H. C. T.: Pharmaceutic. J. **55**, 154 (1922). — [3] Greenbaum, F.: Österr. Chemikerztg **28**, 109 (1925). — [4] Gelarie, A. J., u. F. R. Greenbaum: Amer. J. Pharmacy **98**, 411 (1926). — [5] Ghosh,, S.: Zit. S. 10. — [6] Rogers, L.: Zit. S. 10. — [7] Peacock, P. M. C.: Indian med. Gaz. **53**, 95 (1918). — [8] Biesenthal, M.: Amer. Rev. Tbc. **4**, 84 (1920). — [9] Cadbury, W. W.: China med. J. **32**, 226 (1918); **34**, 479 (1920). — [10] de Mello, F., u. L. de Souza: Boletim Geral de Med. e Farm. (Nova Goa) **5**, 263 (1919). — S. auch F. Mello: Presse méd. **29**, 861 (1921). — [11] Connal, A.: Zit. S. 48. — [12] Muir, E.: Indian med. Gaz. **55**, 121 u. 139 (1920) — Handbook on leprosy. Cuttack: R. J. Grundy 1921 — Indian J. med. Res. **15**, 501 (1927). — [13] Ganguli, P.: Indian med. Gaz. **55**, 284 (1920). — [14] Kamikawa, Y.: Chinzei Ihô No **194** (1921) — Nagasaki Igakukwai Zasshi **4**, No 3 (1926). — [15] Maples, E. E.: Nigeria Ann. Med. a. Sanit. Rep. for the period 1919—1921, S. 33; desgl. 1922, S. 31. — [16] Carthew, M.: Indian med. Gaz. **53**, 407 (1918); **55**, 134 (1920). — [17] Neve, E. F.: Indian med. Gaz. **55**, 128 (1920). — [18] Leuret, F.: J. Méd. Bordeaux **94**, 789 (1922). — [19] Wheatley, A. H.: Zit. S. 48. — [20] Ogilvie, D. C.: Fiji ann. med. report for the year ending 31st December 1923, S. 24. — [21] Harper, P.: J. trop. Med. **26**, 7 (1923). — [22] Aoki, T., M. Kawamura, Y. Kamikawa u. T. Fukumachi: Hifuka Hinyôka Zasshi **24**, 1, 111 u. 364 (1924). — [23] Gavino, C., u. S. Tietze: J. Philippine Isl. med. Assoc. **5**, 50 (1925). — [24] Balbi, E.: Giorn. ital. Dermat. **67**, 623 (1926). — [25] Ohara, M.: Jap. med. World **2**, 1 (1922). — [26] Bejarano, J., u. R. G. Medina: Zit. S. 51. — [27] Lara, C. B., B. de Vera u. F. Eubanas: J. Philippine Isl. med. Assoc. **8**, 261 (1928). — [28] Hernández, J. G.: Archivos Lepra **1**, 215 (1929). — [29] Rose, F. G.: Brit. med. J. **1929 I**, 148. — [30] Neff, M. E. A.: J. trop. Med. **32**, 241 (1929) — Fiji ann. med. a. health rep. for the year **1929**, 48. — [31] Nolasco, J. O.: J. Philippine Isl. med. Assoc. **10**, 277 (1930). — [32] Schneider, O.: Arch. Schiffs- u. Tropenhyg. **35**, 145 (1931). — [33] Phipson, E. S.: Leprosy Rev. **5**, 4 (1934). — [34] Amies, C. R.: Ann. Rep. Federat. Malay States, Med. Dept. for 1928, S. 166. — [35] Mayer, T. F. G.: Nigera Ann. Med. a. Sanit. Rep. 1929, Appendix H, S. 95. — [36] Wilson, C. J.: Ann. Rep. of the Med. Dept. of the Federated Malay States for the year 1928. Kuala Lumpur: Federat. Malay States, Government Press 1929 — desgl. for the year 1929. Ibid. 1930. — [37] Markianos, J.: Bull. Soc. Path. exot. Paris **22**, 17, 155 (1929). — [38] Copanaris, Ph.: Bull. Office Internat. d'Hyg. publ. **22**, 2131 (1930). — [39] Cochrane, R. G.: Leprosy Rev. **1**, 19 (1930); **2**, 94 (1931) — Brit. J. Dermat. **42**, 125 (1930) — J. State Med. **39**, 583 (1931). — [40] Paldrock, A.: Arch. Schiffs- u. Tropenhyg. **34**, 237 (1930); **35**, 298 (1931). — [41] Lichtwardt, H. A.: Leprosy Rev. **1**, No 3, 12 (1930). — [42] Davison, A. R.: Leprosy Rev. **2**, 147 (1931). — [43] Rose, F. G.: Zit. Fußnote [29] — s. auch F. G. Rose: Brit. Guiana Med. Ann. for 1932, S. 35 — Leprosy Rev. **4**, 4 (1933) — Internat. J. Leprosy **1**, 337 (1933). — [44] Dikshit, B. B.: Indian J. med. Res. **19**, 775 (1932) — Indian med. Gaz. **67**, 7 (1932).

Row[1], Bhandari[2], Badenoch und Alfred[3], Read[4], Emerson, Anderson und Leake[5], Moiser[6], Sharp[7], Tomb[8], Fidanza[9], Fidanza, Schujman und Fernández[10], Hueck[11], Souza Lima[12] u. a.), *Leprol* [nach Shimoyama (Hersteller: Sankyo u. Co., Tokyo), peroral und parenteral] (Kinoshita[13], Tôyama[14], Asahi[15], Aoki, Kawamura, Kamikawa und Fukumachi[16], Omichi[17] u. a.), *Antileptin* (Aoki, Kawamura, Kamikawa und Fukumachi[16]), *Savons de Krabao* (Natriumsalze des Öls von Hydnocarpus anthelmintica; Boëz, Guillerm und Marneffe[18], Guillerm, Banos und Nguyen-van-Lien[19], Souchard[20], Souchard und Ramijean[21], Souchard und Roton[22]), *Protocarpol* [„Natriumcarpotrochat" (aus dem Öl von Carpotroche brasiliensis) mit Jodzusatz für intramuskuläre Injektion (Hersteller: Dr. Raul Leite & Co., Rio de Janeiro)] (de Souza-Araujo[23]), *Carpol*-Tabletten [„Natriumcarpotrochat", jodiert, mit Zusatz von Calciumphosphocaseinat für innerlichen Gebrauch (Hersteller: Dr. Raul Leite & Co., Rio de Janeiro)] (de Souza-Araujo[23]). Zu nennen wären hier auch die Chaulmoograseifenemulsionen von Stévenel[24] (s. auch Lamoureux[25]), sowie von Carrillo, Schujman und Fernández[26], die vorwiegend intravenös angewandt werden, ferner das von de Mello und de Souza[27] angewandte Gemisch von Peacock und Bayrns (Natriumchaulmoograt 3,55 g, Acid. carbol. pur. 0,6 g, Aq. dest. ad 28,4 g; 0,75—8,0 ccm intramuskulär), die von denselben Autoren benützte Kombination des Natriumchaulmoograts (3 proz. Lösung) mit Natrium citricum (1%) für intravenöse Injektion (Einzeldosen: 0,5—12,0 ccm) und die mit Antipyrin hergestellten Chaulmoografettsäureemulsionen von Calcagno[28]. Wegen ihrer schädigenden Wirkung auf die Gefäßwände (s. S. 76) und der damit verbundenen Gefahr der obliterierenden Phlebitis, zum Teil auch wegen ihrer geringeren Wirksamkeit im Vergleich mit anderen Chaulmoograpräparaten (do Amaral und Paranhos[29], Cadbury[30], Marchoux[31], Harper[32], Wade[33], Wilson[34],

---

[1] Dikshit, B. B., u. R. S. T. M. Row: Indian med. Gaz. **66**, 317 (1931). — [2] Bhandari, A. D.: Indian med. Gaz. **67**, 244 (1932). — [3] Badenoch, A. G., u. E. S. R. Alfred: Leprosy Rev. **3**, 134 (1932). — [4] Read, B. E.: Internat. J. Leprosy **1**, 293 (1933). — [5] Emerson, G. A., H. H. Anderson u. Ch. D. Leake: Proc. Soc. exper. Biol. a. Med. **31**, 18, 272, 274 (1933) — Arch. internat. Pharmacodynamie **48**, 247 (1934). — [6] Moiser, B.: Leprosy Rev. **4**, 149 (1933) — Internat. J. Leprosy **2**, 423 (1935). — [7] Sharp, L. E. S.: Leprosy Rev. **4**, 151 (1933); **6**, 72 (1935). — [8] Tomb, J. W.: J. trop. Med. **36**, 170, 186, 201 (1933). — [9] Fidanza, E. P.: Semana méd. **40**, 1325 (1933). — [10] Fidanza, E. P., S. Schujman u. J. M. Fernández: Rev. argent. Dermato-Sifilol. **16**, 568 (1932) — Rev. méd. lat.-amer. **20**, 205, 206 (1935). — [11] Hueck, O.: Arch. Schiffs- u. Tropenhyg. **39**, 464 (1935). — [12] Souza Lima, L.: Rev. Leprolog. de S. Paulo **1**, 81 (1934). — [13] Kinoshita, T.: Hifuka Hinyôka Zasshi **7**, No 3 u. 4 (1907). — [14] Tóyama, J.: Zit. S. 48. — [15] Asahi, K.: Hifuka Hinyôka Zasshi **23**, 11 (1923). — [16] Aoki, T., M. Kawamura, Y. Kamikawa u. T. Fukumachi: Zit. S. 52. — [17] Omichi, N.: Okayama-Igakkai-Zasshi Nr **439** (1926) — Hifuka Hinyôka Zasshi **27**, No 4 (1927). — [18] Boëz, L., J. Guillerm u. H. Marneffe: Arch. Inst. Pasteur Indochine **11**, 27 (1930) — Bull. Soc. méd.-chir. Indochine 8, No 10/11 (1930). — [19] Guillerm, J., M. Banos u. Nguyen-van-Lien: Arch. Inst. Pasteur Indochine **18**, 171 (1933). — [20] Souchard, L.: Arch. Inst. Pasteur Indochine **18**, 267 (1933). — [21] Souchard u. Ramijean: Arch. Inst. Pasteur Indochine **18**, 187 (1933). — [22] Souchard u. Roton: Bull. Soc. Path. exot. Paris **26**, 769 (1933). — [23] de Souza-Araujo, H. C.: Tratamento moderno da lepra. Rio de Janeiro: Typ. do Instituto Oswaldo Cruz 1928 — Bruxelles Méd. **11**, 630 (1931) — Trans. roy. Soc. trop. Med. Lond. **24**, 599 (1931) — Rev. med. cir. do Brazil **41**, 329 (1933) — Internat. J. Leprosy **3**, 49 (1935). — [24] Stévenel, L.: Zit. S. 51. — [25] Lamoureux, A.: Bull. Soc. Path. exot. Paris **16**, 227 (1923). — [26] Carrillo, F., S. Schujman u. J. M. Fernández: Rev. argent. Dermato-Sifilol. **16**, 557 (1932). — [27] de Mello, F., u. L. de Souza: Zit. S. 52. — [28] Calcagno, O.: Semana méd. (Buenos Aires) **43**, 798 (1936). — [29] do Amaral, E., u. U. Paranhos: Zit. S. 9. — [30] Cadbury, W. W.: Zit. S. 52. — [31] Marchoux, E.: Bull. Soc. Path. exot. Paris **14**, 520 (1921). — [32] Harper, P.: J. trop. Med. **26**, 7 (1923). — [33] Wade, W. H.: J. Philippine Isl. med. Assoc. **3**, 236 (1923). — [34] Wilson, R. M.: South. med. J. (Nashville, Tenn.) **16**, 507 (1923).

Medina[1], Asahi[2], Rouillard[3], Lara, de Vera und Eubanas[4], Neff[5], Paldrock[6], Ryrie[7] u. a.), ist die Anwendung dieser Natriumsalze der ungesättigten Chaulmoografettsäuren heute eine ziemlich beschränkte. Ein von Peirier[8] dargestelltes Natriumchaulmoograt soll sich von den vorgenannten Präparaten durch seine geringere Alkalität unterscheiden und infolgedessen nach intravenöser Injektion keine unerwünschten Reaktionen und keine Verödung der Venen verursachen; das chaulmoograsaure Natrium wird dabei entweder in Kombination mit Glycerin (Natriumchaulmoograt 10,0, Glycerin 50,0, Aq. dest. ad 1000,0) oder mit Rohrzucker und Antipyrin (Natriumchaulmoograt 10,0, Saccharose 47,0, Antipyrin 25,0, Aq. dest. ad 1000,0) eingespritzt (2 intravenöse, subcutane oder intramuskuläre Injektionen zu je 0,003 g Natriumchaulmoograt; de Raymond[9]). Um die nach subcutaner Injektion der Natriumsalze auftretenden Schmerzen zu vermindern, empfiehlt Jackson[10], 3proz. Lösungen des Hydnocarpats mit einem Zusatz von 0,5% Carbolsäure und 2,5% doppelt destilliertem Glycerin zu verwenden.

Außer den Natriumsalzen wurden auch schon die *Magnesiumsalze* (Sée[11], de Azua[12], Cole[13], de Souza-Araujo[14]) sowie *Barium-, Blei- und Zinnsalze* (Cole[13], Hübschmann[15]) der Fettsäuren des Chaulmoogra- und des Sapucainhaöls [die Magnesiumsalze z. B. als Tabletten des Magnesiumjodocarpotrochats unter dem Namen Carpoidil (Hersteller: Laboratorio Chimico Leopoldinense, Minas Geraes)], sowie weitere Schwermetallverbindungen dieser Fettsäuren therapeutisch verwendet. Zu nennen sind hier das „*α-Kupfergynocardat*" („α-Cuprum gynocardicum") von Ostromysslenski und Petrow[16], ferner die von Hübschmann[15] benützten Kupfersalze der Chaulmoografettsäuren und das von Sust[17] dargestellte und in Salbenform (10—25proz.) zur Trachombehandlung empfohlene *Chaulmoograto cúprico*, sowie verschiedene, z. B. als „*Karpotran*" (Hersteller: Instituto Therapeutico Orlando Rangel, Rio de Janeiro), im Handel befindliche Kupferverbindungen der Fettsäuren des Sapucainhaöls (Valverde[18], de Aguiar Pupo[19], de Mello[20], Seabra[21], Ramos e Silva[22], Rangel[23], de Parreiras Horta[24], Coelho[25], Rogers, Cummins und Wheaterall[26], Paget, Trevan und Attwood[27] u. a.). Von Quecksilberverbindungen wären das *chaulmoograsaure Quecksilber* (Bender und De Witt[28]), das *Oxymercuriäthoxychaulmoograanhydrid* (Dean, Wrenshall und Fujimoto[29]) und der *Chaulmoograsäureester des Oxymercuri-m-*

[1] Medina, P. G.: Gaz. méd. de Caracas **30**, 56 (1923). — [2] Asahi, K.: Zit. S. 53. — [3] Rouillard, J.: Presse méd. **32**, 929 (1924). — [4] Lara, C. B., B. de Vera u. F. Eubanas: Zit. S. 52. — [5] Neff, M. E. A.: Zit. S. 52. — [6] Paldrock, A.: Zit. S. 52. — [7] Ryrie, G. A.: Leprosy Rev. **4**, 138 (1933). — [8] Peirier, M.: Bull. Soc. Path. exot. Paris **24**, 772, 778 (1931) — Bull. Soc. méd.-chir. Indochine **9**, 595, 602 (1931) — J. Pharmacie [8] **14**, 426 (1931) — Ann. Méd. Pharm. colon. **29**, 852 (1931). — [9] de Raymond, A.: Bull. Soc. Path. exot. Paris **24**, 770 u. 780 (1931) — Bull. Soc. méd.-chir. Indochine **9**, 592 (1931). — [10] Jackson, J. T.: Leprosy Rev. **3**, 67 u. 121 (1932) — Quart. J. Pharm. **6**, 288 (1934). — [11] Sée, M.: Zit. S. 3. — [12] de Azua, J.: Zit. S. 10. — [13] Cole, H. J.: Philippine J. Sci. **47**, 351 (1932). — [14] de Souza-Araujo, H. C.: Zit. S. 53. — [15] Hübschmann, K.: Česká Dermat. **15**, 154 (1934). — [16] Ostromysslenski, J., u. D. Petrow: J. russ. phys.-chem. Ges. **47**, 335 (1915). — [17] Sust, F.: Afinidad (Barcelona) **15**, 248 (1935). — [18] Valverde, B.: Brazil Medico **36 II**, 353 (1922) — Presse méd. **31**, 1105 (1923). — [19] de Aguiar Pupo, J.: Ann. Paulist. Med. e Cir. **16**, 1 (1925) — Brazil Medico **40 II**, 69, 85 (1926) — Sciencia med. (Rio de Janeiro) **4**, 679 (1926). — [20] de Mello, F.: Presse méd. **33**, 1348 (1925). — [21] Seabra, P.: Brazil Medico **40 I**, 268 (1926) — J. Pharmacie [8] **5**, 100 (1927). — [22] Ramos e Silva, J.: Ann. brasil. Dermat. **2**, 17 (1926). — [23] Rangel, M.: Rev. med.-cir. do Brazil **34**, 383 (1926). — [24] de Parreiras Horta: Bull. Soc. franç. Dermat. **33**, 365 (1926). — [25] Coelho, J. G.: Presse méd. **34**, 1357 (1926). — [26] Rogers, L., S. L. Cummins u. C. Wheaterall: Zit. S. 11. — [27] Paget, H., J. W. Trevan u. A. M. P. Attwood: Zit. S. 33. — [28] Bender, L., u. L. M. De Witt: Amer. Rev. Tbc. **9**, 65 (1924). — [29] Dean, A. L., R. Wrenshall u. G. Fujimoto: J. amer. chem. Soc. **47**, 403 (1925).

oxybenzaldehyds (HENRY, SHARP und BROWN[1]) hier anzuführen. Schließlich sind dann noch die Goldverbindungen der Fettsäuren des Chaulmoogra- und des Sapucainhaöls, z. B. das von KLEEBERG[2], sowie von TISSEUIL[3] angewandte *chaulmoograsaure Gold*, ferner ein von S. HORIBA dargestelltes und als „*Gold-organosol*" bezeichnetes Goldsalz der Chaulmoografettsäuren (OGASAWARA[4], MUNEUCHI und TAKAHASHI[5]), das Goldkolloidpräparat von UENO[6] (Lösung der Goldsalze der Chaulmoografettsäuren in Chaulmoograöl mit Zusatz von Cholesterin, sowie Vitamin A und D; SATANI und SAKURAI[7], HODA und UCHIYAMA[8]), sowie das *Aurocarpol* [jodiertes Gold-Natriumcarpotrochat (Hersteller: Dr. Raul Leite e Co., Rio de Janeiro)] (DE SOUZA-ARAUJO[9] u. a.) zu erwähnen. Da Kupfer- und besonders Goldverbindungen der verschiedensten Art eine therapeutische Wirksamkeit bei Lepra und Tuberkulose entfalten (s. bei FISCHL und SCHLOSSBERGER[10]), nahm man offenbar an, durch Kombination dieser Metalle mit den Chaulmoografettsäuren einen gesteigerten Heileffekt bei den genannten Erkrankungen erzielen zu können. Die klinischen Befunde haben den gehegten Erwartungen anscheinend nicht entsprochen.

Dagegen haben sich die erstmals von POWER und GORNALL[11] gewonnenen und hauptsächlich von ENGEL-BEY[12] in die Leprabehandlung eingeführten *Äthylester der ungesättigten Fettsäuren* des Chaulmoograöls anscheinend recht gut bewährt (vgl. S. 10). Während früher zum Teil Äthylester einzelner Fettsäurefraktionen der therapeutisch wirksamen Öle verwendet wurden (vgl. HOLLMANN[13], DEAN und WRENSHALL[14], McDONALD[15], McDONALD und DEAN[16], HENRY[17], JEANSELME und MARQUÈS[18], DE MELLO[19], BEASLEY[20], DE LANGEN[21], HAGMAN[22], GALLI-VALERIO[23], BINFORD[24]; s. auch S. 11), stellen die heute unter den verschiedensten Namen im Handel befindlichen Präparate wohl ausnahmslos Äthylester der Gesamtfettsäuren des Chaulmoograöls, eines Hydnocarpusöls oder des Sapucainha-öls dar. Nach den klinischen Befunden von DE VERA und LARA[25] sollen allerdings die Äthylester der reinen Chaulmoogra- oder Hydnocarpussäure den Äthylestern der Gesamtfettsäuren der Flacourtiaceenöle hinsichtlich ihrer therapeutischen Wirksamkeit überlegen sein (vgl. S. 120). Hinsichtlich der Herstellung dieser Produkte sei insbesondere auf die Veröffentlichungen von POWER und GORNALL[11], DEAN und WRENSHALL[14], PERKINS[26], VALENTI[27], WOOD[28], KAKU[29], ITÔ[30], DEL-VECCHIO[31], BOULAY[32], MUIR, DE, LANDEMAN, ROY und SANTRA[33], READ[34], READ

[1] HENRY, T. A., T. M. SHARP u. M. BROWN: Biochemic. J. **19**, 518 (1925). — [2] KLEE-BERG, J.: Klin. Wschr. **10**, 509 (1931). — [3] TISSEUIL, J.: Bull. Soc. Path. exot. Paris **26**, 579 (1933). — [4] OGASAWARA, N.: Acta dermat. (Kioto) **22**, 145 (1933). — [5] MUNEUCHI, T., u. T. TAKAHASHI: Hifuka Hinyôka Zasshi **38**, 41 (1935) — Lepro (Osaka) **6**, Nr 5 (1935). — [6] UENO, S.: J. Soc. chem. Ind. Japan, Suppl. **39**, 151 B (1936). — [7] SATANI, Y., u. H. SAKURAI: 8. Tagg. japan. Ges. f. Lepraforsch., Osaka, Nov. 1935. — [8] HODA, K., u. R. UCHIYAMA: 8. Tagg. japan. Ges. f. Lepraforsch., Osaka, Nov. 1935. — [9] DE SOUZA-ARAUJO, H. C.: Zit. S. 53. — [10] FISCHL, V., u. H. SCHLOSSBERGER: Zit. S. 2. — [11] POWER, F. B., u. F. H. GORNALL: Zit. S. 10. — [12] ENGEL-BEY, F.: Zit. S. 10. — [13] HOLLMANN, H. T.,: Zit. S. 11. — [14] DEAN, A. L., u. R. WRENSHALL: Zit. S. 11. — [15] McDONALD, J. T.: Zit. S. 11. — [16] McDONALD, J. T., u. A. L. DEAN: Zit. S. 11. — [17] HENRY, T. A.: Zit. S. 11. — [18] JEANSELME u. MARQUÈS: Bull. Acad. Méd. Paris [3] **85**, 393 (1921). — [19] DE MELLO, F.: Presse méd. **29**, 861 (1921). — [20] BEASLEY, J. T.: N. Y. med. J. **114**, 396 (1921). — [21] DE LANGEN, C. D.: Geneesk. Tijdschr. Nederl.-Indië **62**, 212 (1922). — [22] HAGMAN, G. L.: China med. J. **37**, 568 (1923). — [23] GALLI-VALERIO, B.: Virchows Arch. **254**, 765 (1925). — [24] BINFORD, C. H.: Zit. S. 11. — [25] DE VERA, B., u. C. B. LARA: J. Philippine Isl. med. Assoc. **9**, 307 (1929). — [26] PERKINS, G. A.: J. Philippine Isl. med. Assoc. **1**, 62 (1921); **5**, 369 (1925) — Philippine J. Sci., Ser. B **21**, 1 (1922); **24**, 621 (1924). — [27] VALENTI, A.: Zit. S. 35. — [28] WOOD, R. A.: Zit. S. 11. — [29] KAKU, T.: Chôsen Igakukwai Zasshi **1922**, No 39. — [30] ITÔ, K.: Iji Shimbun No **1092** (1922). — [31] DELVECCHIO: Brazil Medico **37 II**, 294 (1923). — [32] BOULAY, A.: Bull. Soc. Path. exot. Paris **16**, 151 (1923). — [33] MUIR, E., N. K. DE, E. LANDEMAN, T. N. ROY u. J. SANTRA: Indian J. med. Res. **12**, 221 (1924) — s. auch E. MUIR: China med. J. **39**, 575 (1925). — [34] READ, B. E.: China med. J. **38**, 25 (1924).

und Feng[1], Henry, Morin und Goulard[2], Alexis und Menaut[3], Pomaret[4],
Herrera-Batteke und West[5], de Souza-Araujo[6], Delgado Palacios[7],
Kondo und Kobayashi[8], Kondo, Inoue und Tanaka[9], Zilberg[10], Cole[11],
Masuzawa[12], Paget, Trevan und Attwood[13], Arcos[14] verwiesen.

Zahlreiche Autoren verwenden zur Leprabehandlung die von ihnen selbst
oder nach ihren Anweisungen aus den verschiedenen Flacourtiaceenölen hergestellten Äthylester. Außer dem eigentlichen Chaulmoograöl von Taraktogenos
kurzii finden hierbei besonders die Öle von Hydnocarpus anthelmintica (Alexis
und Menaut[3], Abbatucci[15], O'Brien und Runchaiyon[16], Audibert[17],
McKean[18] u. a.) und von Hydnocarpus laurifolia s. wightiana (Bantug[19],
Muir[20], Rao[21] u. a.; s. auch unten), sowie das Sapucainhaöl von Carpotroche
brasiliensis (de Aguiar Pupo[22], Dias da Silva[23], Martins[24], de Parreiras
Horta[25], Pierini[26], Souza Lima[27], de Souza-Araujo[28] u. a.) Verwendung, während sich die Äthylester der Fettsäuren des Gorliöls von Caloncoba echinata, das
zwar Chaulmoogra-, aber keine Hydnocarpussäure enthält, anscheinend nicht
bewährt haben (vgl. Henry[29]; s. auch S. 36). Vor allem werden aber in einigen
größeren Instituten und Leproserien Äthylester der Chaulmoografettsäuren in
größerem Umfange hergestellt, so z. B. in der Calcutta School of tropical Medicine
and Hygiene in Calcutta (s. Muir, De, Landeman, Roy und Santra[30]), im
Bureau of Science in Manila und in der Culion Leper Colony P. I. (Lara[31], Wade[32],
Tietze[33], Bantug[19], de Vera[34], de Vera und Lara[35], Nolasco[36], Wilson[37],

[1] Read, B. E., u. C. T. Feng: China med. J. 39, 612 (1925). — [2] Henry, M., Morin
u. Goulard: Marseille Méd. 61, Nr 36 (1924). — [3] Alexis, M. L., u. B. Menaut: Ann.
Méd. Pharm. colon. 23, 201 (1925). — [4] Pomaret, M.: Progrès méd. 53, 567 (1925). —
[5] Herrera-Batteke, P. P., u. A. P. West: Philippine J. Sci. 31, 161 (1926). — [6] de Souza-
Araujo: Zit. S. 53. — [7] Delgado Palacios, G.: Rev. Diplomática de Colombia 1932,
Nr 34. — [8] Kondo, T., u. T. Kobayashi: Eiseishikenjo-Iho 40, 231 (1932). — [9] Kondo, T.,
Y. Inoue u. Y. Tanaka: Eiseishikenjo-Iho 46, 68 (1935). — [10] Zilberg, J. G.: Khim.
Farm. Prom. 1932, 419. — [11] Cole, H. J.: Internat. J. Leprosy 1, 159 (1933); 3, 81 (1935) —
Cole, H. J., u. H. Cardoso: Internat. J. Leprosy 4, 455 (1936). — [12] Masuzawa, T.: Hifuka
Hinyôka Zasshi 34, 432 (1933). — [13] Paget, H., J. W. Trevan u. A. M. P. Attwood:
Zit. S. 33. — [14] Arcos, G.: Anal. Univ. Central (Quito) 57, 203 (1936). — [15] Abbatucci, S.:
Presse méd. 33, 723 (1925); 34, 476 (1926). — [16] O'Brien, H. R., u. Runchaiyon: China
med. J. 39, 600 (1925). — [17] Audibert: Ann. Méd. Pharm. colon. 23, 227 (1925) — Bull.
Off. internat. Hyg. publ. 18, 521 (1926). — [18] McKean, J. W.: Technical and Scientific
Supplement to the Record, Nr 7, 16. Ministry of Commerce and Communications of Siam,
Bangkok 1930. — [19] Bantug, J. P.: Monthly Bull. Philippine Health Serv. 4, 545 (1924).
— [20] Muir, E.: Transact., South Indian Branch, Brit. med. Assoc. 17, 105 (1925) — J. roy.
Sanit. Inst. 46, 131 (1925). — [21] Rao, G. R.: Indian J. med. Res. 19, 993 (1932) —
Leprosy Rev. 6, 120 (1935). — [22] de Aguiar Pupo: Ann. Paulist. Med. e Cir. 16, 1 (1925) —
Brazil Medico 40 II, 69 u. 85 (1926). — [23] Dias da Silva, R. A.: Rev. brasil. Med. e Pharm.
2, 399 (1926). — [24] Martins, Th.: C. r. Soc. Biol. Paris 96, 474 (1927). — [25] de Parreiras
Horta: Bull. Soc. franç. Dermat. 33, 365 (1926). — [26] Pierini, L. E.: Semana méd. 35,
1122 u. 1183 (1928). — [27] Souza Lima, L.: Zit. S. 53. — [28] de Souza-Araujo, H. C.:
Internat. J. Leprosy 3, 49 (1935). — [29] Henry, T. A.: Proc. roy. Soc. Med., Sect. trop.
Dis. 20, 995 (1927). — [30] Muir, E., N. K. De, E. Landeman, T. N. Roy u. J. Santra:
Zit. S. 55. — [31] Lara, C. B.: J. Philippine Isl. med. Assoc. 3, 241 (1923); 8, 56, 263
(1928); 9, 336 (1929); 10, 469 (1930); 12, 476, 537, 552 (1932). — [32] Wade, H. W.: J.
Philippine Isl. med. Assoc. 3, 236 (1923) — Far eastern Assoc. trop. Med., 5th Congr.,
Singapore 1923, Transact., S. 363 — Philippine J. Sci. 25, 693 (1924); 26, 21 (1925). —
S. auch H. W. Wade u. C. B. Lara: Proc. roy. Soc. Med., Sect. trop. Dis. 20, 136 (1927). —
Wade, H. W., C. B. Lara u. C. Nicolas: Philippine J. Sci. 25, 661 (1924). — Wade, H. W.,
u. F. Solis: J. Philippine Isl. med. Assoc. 7, 111 (1927). — Wade, H. W., u. J. N. Rodri-
guez: A description of leprosy; its etiology, pathology, diagnosis and treatment. Manila:
Bureau of Printing 1927. — [33] Tietze, S.: J. Philippine Isl. med. Assoc. 3, 247 (1923) —
Monthly Bull. Philippine Health Serv. 6, 355 (1926). — [34] de Vera, B.: J. Philippine Isl.
med. Assoc. 7, 361 (1927); 9, 318 (1929). — [35] de Vera, B., u. C. B. Lara: J. Philippine
Isl. med. Assoc. 9, 307 (1929). — [36] Nolasco, J. O.: J. Philippine Isl. med. Assoc. 11,
219 (1931) — Far eastern Assoc. trop. Med., 8th Congr., Bangkok 1930, Transact. 2, 612
(1932). — [37] Wilson, R. M.: Leprosy Rev. 5, 166 (1934).

LAGROSA und IGNACIO[1]), im Peking Union medical College (HUIZENGA[2]), im Government Laboratory (Ministry of Economic Affairs, früher Ministry of Commerce and Communications) in Bangkok (Siam)[3] und im Instituto Oswaldo Cruz in Rio de Janeiro (RANGEL[4]); hierfür wird sowohl in Calcutta wie auch in den Laboratorien auf den Philippinen hauptsächlich das Öl von Hydnocarpus laurifolia s. wightiana, in Bangkok das Öl von Hydnocarpus anthelmintica benützt.

Besonders ausgedehnte Anwendung bei der Lepratherapie finden ferner die von zahlreichen Firmen fabrikmäßig hergestellten Äthylester der Fettsäuren verschiedener Flacourtiaceenöle. Zu nennen sind hier folgende Präparate:

Antileprol nach ENGEL-BEY[5] (I.G.-Farbenindustrie AG., Leverkusen); vgl. SERRA[6], PICCARDI[7], MERCADO Y DONATO[8], BLOCH und BOUVELOT[9], KAMIKAWA[10], CAPUTO[11], AOKI, KAWAMURA, KAMIKAWA und FUKUMACHI[12], RODRIEGUEZ ARJONA[13], RANGEL[14], NÄGELSBACH[15], TREUHERZ[16], HOFFMANN[17], FAVA[18], WAYSON[19], SÜLK[20], PANETH[21], MOISER[22], LOMHOLT[23], KRIECH[24], HUECK[25], OPPENHEIM[26], SEMON[27], v. ORTENBERG[28].

Moogrol und *Jodised Moogrol* (mit 0,5% Jodzusatz) (Burroughs Wellcome and Co., London); vgl. FRENDO[29], FOWLER[30], HARPER[31], OGILVIE[32], YOUNG[33], NEFF[34], DE LANGEN[35], HUECK[25].

Chaulmestrol (Winthrop Chemical Company, New York[36]); vgl. MORROW, WALKER und MILLER[37], FOWLER[30], BRONFIN und MARKEL[38], HOLLENBECK[39].

---

[1] LAGROSA, M., u. J. IGNACIO: J. Philippine Isl. med. Assoc. 15, 220 (1935). — [2] HUIZENGA, L. S.: China med. J. 37, 567 (1923). — [3] Government Laboratory, Bangkok (Siam), Reports, zit. S. 19. — [4] RANGEL, M.: Rev. med.-cir. do Brazil 34, 295, 383 (1926). — [5] ENGEL-BEY, F.: Zit. S. 10. — [6] SERRA, A.: Giorn. ital. Mal. ven. 53, 734 (1912) — Lepra (Lpz.) 14, 63 (1914). — [7] PICCARDI, G.: Lepra (Lpz.) 12, 210 (1912). — [8] MERCADO Y DONATO, E.: Zit. S. 48. — [9] BLOCH, A., u. M. BOUVELOT: Ann. Méd. Pharm. colon. 19, 181 (1921). — [10] KAMIKAWA, Y.: Chinzei Ihô Nr 194 (1921) — Nagasaki Igakukwai Zasshi 4, Nr 3 (1926). — [11] CAPUTO, V.: Giorn. ital. Mal. ven. 64, 1126 (1923). — [12] AOKI, T., M. KAWAMURA, Y. KAMIKAWA u. T. FUKUMACHI: Zit. S. 52. — [13] RODRIEGUEZ ARJONA, V.: Arch. Schiffs- u. Tropenhyg. 29, 334 (1925). — [14] RANGEL, M.: Rev. med.-cir. do Brazil 34, 295, 383 (1926); 35, 43 (1927). — [15] NÄGELSBACH, E.: Arch. Schiffs- u. Tropenhyg. 30, 656 (1926). — [16] TREUHERZ, W.: Dermat. Wschr. 84, 394 (1927). — [17] HOFFMANN, W. H.: Dermat. Wschr. 86, 394 (1928) — J. trop. Med. 32, 328 (1929). — S. auch W. H. HOFFMANN u. P. RAMOS BÁEZ: J. dos Clinicos (Rio de Janeiro) 11, 225 (1930). — [18] FAVA, A.: Atti Congr. Soc. ital. Oftalm. 1928, 331. — [19] WAYSON, N. E.: Publ. Health Rep. 44, 3095 (1929). — [20] SÜLK, N.: Dermat. Wschr. 88, 99 (1929). — [21] PANETH, O.: Arch. Schiffs- u. Tropenhyg. 35, 467 (1931). — [22] MOISER, B.: Leprosy Rev. 4, 149 (1933) — Internat. J. Leprosy 2, 423 (1935). — [23] LOMHOLT, S.: Hosp.tid. (dän.) 77, 187 (1934); 78, 793 (1935) — Bull. Soc. franç. Dermat. 41, 1354 (1934) — Arch. f. Dermat. 170, 467 (1934) — Zbl. Hautkrkh. 50, 103 (1935); 52, 133, 407, 482 (1936) — Dermat. Z. 70, 57 (1934) — Dermat. Wschr. 100, 541 (1935); 101, 817 (1935). — [24] KRIECH, H.: Med. Klin. 31, 450 (1935). — [25] HUECK, O.: Arch. Schiffs- u. Tropenhyg. 39, 464 (1935). — [26] OPPENHEIM, M.: Verh. 9. internat. Kongr. Dermat. (Budapest 1935) 2, 574 (1936). — [27] SEMON, H.: Proc. roy. Soc. Med. 29, 90 (1936). — [28] v. ORTENBERG: Arch. Schiffs- u. Tropenhyg. 40, 503 (1936). — [29] FRENDO, J. A.: Rep. Surgeon Gen. Brit. Guiana 1922, 28. Georgetown: Argosy Co. Ltd. 1924. — [30] FOWLER, H.: China med. J. 36, 115 (1922); 39, 594 (1925). — [31] HARPER, P.: J. trop. Med. 26, 7 (1923). — [32] OGILVIE, D. C.: Fiji Ann. Med. Rep. 1923, 24. — [33] YOUNG, W. A.: Ann. Rep., Med. Res. Inst. Nigeria 1922, 36. — [34] NEFF, E. A.: J. trop. Med. 29, 146 (1926); 32, 241 (1929) — Fiji Ann. Med. a Health Rep. 1929, 48. — [35] DE LANGEN, C. D.: Acta Leidensia 2, 143 (1927) — Nederl. Tijdschr. Geneesk. 70 II, 1948 (1926). — [36] Das Präparat Chaulmestrol entspricht hinsichtlich seiner Herstellung und seiner Zusammensetzung dem Antileprol der I.G. Farbenindustrie AG.; das amerikanische Antileprol-Patent war während des Weltkriegs von der Regierung der Vereinigten Staaten konfisziert und von der Firma Winthrop Chemical Company erworben worden (vgl. MORROW, WALKER u. MILLER[37]). — [37] MORROW, H., E. L. WALKER u. H. E. MILLER: J. amer. med. Assoc. 79, 434 (1922). — [38] BRONFIN, J. D., u. C. MARKEL: Amer. Rev. Tbc. 8, 214 (1923). — [39] HOLLENBECK, H. S.: Trans. roy. Soc. trop. Med. Lond. 28, 655 (1935).

Hydnastryle (Smith Stanisstreet and Co. Ltd., Calcutta); vgl. Kamat und Ranadive[1].

Hyrganol (Poulenc Frères und Usines du Rhône, Paris), auch mit Zusatz von 5% Guajacol oder 0,5 oder 2% Jod in Ampullen (für intramuskuläre Injektion) und in Kapseln (für innerliche Anwendung); vgl. de Mello[2], Baujean[3], Genevray[4], Schwetz[5], Le Forestier[6].

Graumanyl-Meurice (Union chimique belge S. A., Bruxelles); vgl. Schwetz[5].

Gynol (Laboratoires pharmaceutiques de Dausse, Paris).

Gynocarin (japanisches Fabrikat); vgl. Kamikawa[7], Homma[8], T. Aoki und Y. Aoki[9].

Hydnocarin (Nihon Seiyaku Co., Tokyo); vgl. Kamikawa[7], Aoki, Kawamura, Kamikawa und Fukumachi[10], T. Aoki und Y. Aoki[9].

Hydnol (japanisches Fabrikat); vgl. Kamikawa[7], T. Aoki und Y. Aoki[9].

Äthylester des Chaulmoograöls nach Okamura (japanisches Fabrikat); vgl. Kobayashi[11].

Periglol (vermutlich russisches Präparat, Äthylester der Fettsäuren des Öls von Hydnocarpus laurifolia s. wightiana); vgl. Pawlow[12].

Esperol (10proz. Emulsion der Äthylester von Hydnocarpus anthelmintica; Firma Sankyo, Tokyo); vgl. Ota, Sato, Ishibashi und Miura[13], Ota, Sato und Matsuzawa[14].

Hydnocreol, vgl. Mohanty[15], Sharp[16], Wilson[17].

Carpotrenol L. C. L. (Äthylester der Fettsäuren des Sapucainhaöls; Laboratorio Chimico Leopoldinense de A. Machado e Cia, Minas Geraes, Brasilien); vgl. Machado[18], de Souza-Araujo[19].

Tarakthyl (Äthylester der Fettsäuren des Sapucainhaöls; Rangel Pestana in Sao Paulo, Brasilien); vgl. Gomes[20], de Mello[2].

Um die nach intramuskulären Einspritzungen auch der reinen Äthylester auftretenden Schmerzen und Infiltrationen an der Injektionsstelle (Muir[21], Corlett[22], Ortiz[23], Read[24], Young[25], Wilson[26], Rodriguez[27], Callaway[28] u. a.) zu mildern, gleichzeitig aber die Haltbarkeit, Resorbierbarkeit und auch

---

[1] Kamat, D. D., u. V. Y. Ranadive: Far eastern Assoc. trop. Med., 7th Congr., Brit. India **2**, 329 (1927). — [2] de Mello, F.: Presse méd. **33**, 1348 (1925). — [3] Baujean, R.: Zit. S. 51. — [4] Genevray, J.: Bull. Soc. Path. exot. Paris **19**, 441 (1926). — [5] Schwetz, J.: Ann. Soc. belge Méd. trop. **9**, 319 (1929). — [6] Le Forestier, R.: Zit. S. 50. — [7] Kamikawa, Y.: Zit. S. 52. — [8] Homma, T.: Nippon Iji Shimpô Nr 58 (1922). — [9] Aoki, T., u. Y. Aoki: Untersuchungen über die Frühdiagnose und Therapie der Lepra unter besonderer Berücksichtigung der Behandlung mit Leprosin. Hifuka Hinyôka Zasshi (Jap. Z. Dermat.) **1930**, Erg.-H. — [10] Aoki, T., M. Kawamura, Y. Kamikawa u. T. Fukumachi: Zit. S. 52. — [11] Kobayashi, W.: Hifuka Hinyôka Zasshi **22**, Nr 5 (1922). — [12] Pawlow, N.: Sovet. Vestn. Venerol. i Dermat. **3**, 236 (1936). — [13] Ota, M., S. Sato, T. Ishibashi u. O. Miura: Kwansai Iji Nr **135** (1933). — S. auch M. Ota, S. Sato u. T. Ishibashi: Far eastern Assoc. trop. Med., 9th Congr., Nanking 1934, **1**, 729 (1935). — [14] Ota, M., S. Sato u. T. Matsuzawa: Kwansai Iji Nr **147** (1933) — Lepro (Osaka) **5**, 209 (1934) — Internat. J. Leprosy **3**, 153 (1935). — [15] Mohanty, L. N.: Indian med. Gaz. **64**, 694 (1929). — [16] Sharp, L. E. S.: Leprosy Rev. **6**, 72 (1935). — [17] Wilson, R. P.: 7th Ann. Rep. of the Giza Mem. Ophthalmic Lab., Cairo 1932. — [18] Machado, A.: Brazil Medico **40 I**, 275 (1926) — Rev. Leprol. de Sao Paulo **1**, 130 (1934). — [19] de Souza-Araujo, H. C.: Zit. S. 53. — [20] Gomes, J. M.: Bol. Soc. Med. Cir. Sao Paulo [3] **6**, 140 (1924) — Ann. Paulistas Med. e Cir. **15**, 77 (1924). — [21] Muir, E.: Zit. S. 52. — S. auch E. Muir: Leprosy in India **6**, 160 (1934). — [22] Corlett, W. T.: J. amer. med. Assoc. **79**, 440 (1922). — [23] Ortiz, P. N.: Bol. Assoc. méd. de Puerto Rico (San Juan) **17**, 27 (1923). — [24] Read, B. E.: J. of Pharmacol. **24**, 221 (1924). — [25] Young, W. A.: Ann. Rep. Med. Res. Inst. Nigeria **1922**, 36. Lagos: Government Printer 1923. — [26] Wilson, R. M.: China med. J. **38**, 743 (1924). — [27] Rodriguez, J.: J. Philippine Isl. med. Assoc. **5**, 40 (1925); **6**, 42 (1926) — Far eastern Assoc. trop. Med., 6th Congr., Tokyo 1925, **2**, 699 (1926). — [28] Callaway, J. L.: Arch. of Dermat. **35**, 1138 (1937).

die therapeutische Wirksamkeit der Präparate zu erhöhen, hat man die Ester vielfach mit 0,5—2% *Jod* [McDonald und Dean[1], Kamikawa[2], Wayson[3], Hasseltine[4], Wade[5], Muir, De, Landeman, Roy und Santra[6], McCants[7], Rodriguez[8], Gavino und Tietze[9], Kerr[10], Labernadie[11], Shiga[12], Nicolas und Roxas-Pineda[13], Lara und Nicolas[14], Lara und de Vera[15], Lara und Lagrosa[16], Lagrosa[17], Pottier[18], Ambrogio[19] („Jodomoogrina J. B. J."), Nolasco[20], Wilson[21], Rao[22], Takeda[23], Moiser[24], Keil[25] (Antileprol mit $^{1}/_{2}$—10% Jod), Portugal[26], Mochtar und Sardjito[27] (jodiertes „Chaulmoogras aethylicus") u. a.], mit *Kreosot* (Muir[28], Samson und Limkako[29], Wade[30], Fowler[31], Gavino und Tietze[9], Kerr[10], Cochrane[32], Pottier[18], Bernard[33], Tisseuil[34], Portugal[26]), mit *Campher* (Muir[28], Samson und Limkako[29], Fowler[31], de Parreiras Horta[35]), *Guajacol* (de Parreiras Horta[35]), *Eucalyptusöl* (de Vera[36]), *Thymol* (Muir, De, Landeman, Roy und Santra[6], de Vera[36]), *Calciumsalzen* (Young[37]), *Olivenöl* (Muir[38]), *Cholesterin* (Ogawa und Harada[39]) versetzt. Nach Ansicht der Mehrzahl der Autoren wird durch diese Beimischungen, vor allem durch die Zugabe von Jod, die therapeutische Wirksamkeit der Ester entgegen der ursprünglichen Annahme nicht gesteigert (Wade[40], Lara und Samson[41]), nach manchen Autoren (McDonald und Dean[1], Asahi[42], McCants[7]) sogar vermindert; in neuerer Zeit nimmt nur Keil[25] eine Erhöhung der Heilwirkung der Äthylester (Antileprol) durch Jodzusatz an. Zweifellos werden aber durch den Zusatz von Jod und auch der anderen erwähnten Substanzen die gewebsreizenden Eigenschaften der Ester mehr oder weniger herabgesetzt. Hin-

---

[1] McDonald, J. T., u. A. L. Dean: Zit. S. 11. — [2] Kamikawa, Y.: Zit. S. 57. — [3] Wayson, J. T.: Arch. of Dermat. **3**, 45 (1921). — [4] Hasseltine, H. E.: Publ. Health Bull. **141**, 1 (1924). — [5] Wade, H. W.: Zit. S. 56. — [6] Muir, E., N. K. De, E. Landeman, T. N. Roy u. J. Santra: Zit. S. 55. — S. auch E. Muir: Leprosy in India **6**, 160 (1934). — [7] McCants, J. M.: U. S. Naval Med. Bull. **20**, 705 (1924). — [8] Rodriguez, J.: J. Philippine Isl. med. Assoc. **5**, 40 (1925); **6**, 42 (1926) — Far eastern Assoc. trop. Med., 6th Congr., Tokyo 1925, Transact. **2**, 699 (1926). — [9] Gavino, C., u. S. Tietze: J. Philippine Isl. med. Assoc. **5**, 50 (1925). — [10] Kerr, J.: Lancet **209**, 373 (1925). — [11] Labernadie, V.: Ann. Méd. Pharm. colon. **23**, 314 (1925) — Bull. Soc. Path. exot. Paris **20**, 623, 771 (1927). — [12] Shiga, K.: Chûgai Iji Shimpô Nr **6097** (1926). — [13] Nicolas, C., u. E. Roxas-Pineda: J. Philippine Isl. med. Assoc. **8**, 135 u. 314 (1928). — [14] Lara, C. B., u. C. Nicolas: J. Philippine Isl. med. Assoc. **9**, 321 (1929). — [15] Lara, C. B., u. B. de Vera: Far eastern Assoc. trop. Med., 8th Congr., Bangkok 1930, Transact. **2**, 548 (1932). — [16] Lara, C. B., u. M. Lagrosa: J. Philippine Isl. med. Assoc. **12**, 599 (1932). — [17] Lagrosa, M.: J. Philippine Isl. med. Assoc. **12**, 604 (1932). — S. auch M. Lagrosa, J. M. Alonso, J. O. Tiong u. A. Parras: J. Philippine Isl. med. Assoc. **15**, 87 (1935). — Lagrosa, M., J. O. Tiong u. D. Disini: J. Philippine Isl. med. Assoc. **15**, 312 (1935). — [18] Pottier, R.: Ann. Soc. belge Méd. trop. **12**, 143 (1932). — [19] Ambrogio, A.: Arch. Ist. biochim. ital. **5**, 321 (1933). — [20] Nolasco, J. O.: J. Philippine Isl. med. Assoc. **13**, 552 (1933); **14**, 421 (1934). — [21] Wilson, R. M.: Leprosy Rev. **5**, 166 (1934). — [22] Rao, G. R.: Leprosy Rev. **6**, 120 (1935). — [23] Takeda, M.: Lepro (Osaka) **6**, 57 (1935). — [24] Moiser, B.: Internat. J. Leprosy **2**, 423 (1935). — [25] Keil, E.: Arch. Schiffs- u. Tropenhyg. **39**, 188 (1935). — [26] Portugal, H.: Arch. de Hyg. (Rio de Janeiro) **6**, 75 (1936). — [27] Mochtar, A., u. M. Sardjito: Geneesk. Tijdschr. Nederl.-Indië **7**, 973 (1936). — [28] Muir, E.: Handbook on Leprosy. Cuttack: R. J. Grundy 1921. — S. auch E. Muir, E. Landeman, T. N. Roy u. J. Santra: Indian J. med. Res. **11**, 543 (1923). — [29] Samson, J. G., u. G. Limkako: Philippine J. Sci. **23**, 515 (1923). — [30] Wade, H. W.: Philippine J. Sci. **26**, 21 (1925). — [31] Fowler, H.: China med. J. **39**, 594 (1925). — [32] Cochrane, R. G.: Lancet **1926 II**, 95. — [33] Bernard, P.: Bull. Soc. Path. exot. Paris **26**, 1235 (1933) — Rev. colon. Méd. Chir. **1933**, Nr 43. — [34] Tisseuil, J.: Bull. Soc. Path. exot. Paris **26**, 579 (1933). — [35] de Parreiras Horta: Bull. Soc. franç. Dermat. **33**, 365 (1926). — [36] de Vera, B.: J. Philippine Isl. med. Assoc. **7**, 361 (1927). — [37] Young, W. A.: Zit. S. 58. — [38] Muir, E.: S. Fußnote 28, sowie Leprosy Rev. **1**, 20 (1930) — Internat. J. Leprosy **1**, 407 (1933). — [39] Ogawa, N., u. A. Harada: Jap. J. of Dermat. (Hifuka Hinyôka Zasshi) **39**, 96 (1936). — [40] Wade, H. W.: Philippine J. Sci. **25**, 693 (1924). — [41] Lara, C. B., u. J. G. Samson: J. Philippine Isl. med. Assoc. **12**, 485 (1932). — [42] Asahi, K.: Hifuka Hinyôka Zasshi **23**, 11 (1923).

sichtlich der Herstellung der mit Jod und der mit Kreosot versetzten Äthylester vgl. insbesondere Perkins[1], Cole[2] sowie Cole und Cardoso[3]; bezüglich bromierter und chlorierter Ester vgl. Read[4]. In diesem Zusammenhang wäre noch zu erwähnen, daß manche Autoren (Muir[5], Harper[6], Ogilvie[7], Ortiz[8], Bejarano und Medina[9]) angeben, daß sie durch intravenöse Injektion der Ester eine gesteigerte Heilwirkung erzielen konnten. Diese Behandlung führt aber leicht zu sehr unangenehmen Hustenanfällen und wird deshalb nur selten angewendet (Kerr[10], de Mello[11]).

Von Äthylestern mit Kreosotzusatz wäre insbesondere das *E.C.C.O.-Gemisch* von Muir[5] zu nennen, das aus 1 Teil Äthylester der Fettsäuren von Hydnocarpus wightiana, 1 Teil reinem, doppelt destilliertem Kreosot, 1 Teil Campher und $2^1/_2$ Teilen sterilisiertem reinstem Olivenöl besteht (hinsichtlich der Herstellung vgl. auch Perkins[1], Cole[2]). Im allgemeinen wird es 2mal wöchentlich in allmählich steigenden Dosen von 1—5 ccm intramuskulär injiziert (betr. der klinischen Anwendung vgl. Nicholls[12], de Langen[13], Wheatley[14], Pestonjee, Nicholls und Felix[15], Kerr[10], Scanlon[16], de Mello[17], Matarangas[18], R. M. Wilson[19], Parra[20], Kamat und Ranadive[21], C. J. Wilson[22], Rogers[23], Dutta[24]). Ähnliche Mischungen wurden von Samson und Limkako[25] erprobt; am besten bewährte sich diesen Autoren ein Zusatz von 10% Kreosot zu den Äthylestern (ohne Campher), während Portugal[26] einen Gehalt der Ester von nur 4% Kreosot bevorzugt. In Französisch-Westafrika finden ebenfalls Äthylester mit einem Zusatz von 4% Kreosot, oder Gemische von 30,0 Chaulmoograäthylestern, 50,0 neutralem Olivenöl und 4,0 bidestilliertem Kreosot Verwendung (Le Forestier[27]). Äthylester des Chaulmoograöls mit 0,5% Jod sind nach den Befunden von Gavino und Tietze[28] besser wirksam als die gleichen Äthylester mit 10% Kreosot oder mit 0,5% Jod und 10% Kreosot und als die oben (s. S. 48) erwähnte Mercado-Mischung. Das Gemisch von Fowler[29] besteht aus 100 Teilen Äthylestern der Gesamtfettsäuren, 95 Teilen 20proz. Campheröl (Pharm. britann.) und 5 Teilen Kreosot. Ein als „*Antilebrina Valenti-Rivolta*" (auch als „Antileprin" und „Antileptina") bezeichnetes italienisches Präparat besteht nach den

[1] Perkins, G. A.: J. Philippine Isl. med. Assoc. **1**, 62 (1921) — Philippine J. Sci. **21**, 1 (1922). — [2] Cole, H. J.: Philippine J. Sci. **40**, 503 (1929); **46**, 377 (1931) — Leprosy Rev. **2**, 109 (1931) — Internat. J. Leprosy **1**, 159 (1933). — [3] Cole, H. J., u. H. Cardoso: Internat. J. Leprosy **4**, 455 (1936). — [4] Read, B. E.: Chinese J. Physiol. **1**, 345 (1927). — [5] Muir, E.: Zit. S. 59. — [6] Harper, P.: J. trop. Med. **26**, 7 (1923). — [7] Ogilvie, D. C.: Fiji Ann. Med. Rep. **1923**, 24. — [8] Ortiz, P. N.: Zit. S. 58. — [9] Bejarano, J., u. R. G. Medina: Actas dermo-sifilogr. **19**, 379 (1927). — [10] Kerr, J.: Zit. S. 59. — [11] de Mello, F.: Bol. Geral de Med. e Farm. (Nova Goa) [10] Nr **3/6**, 62 (1925). — S. auch F. de Mello u. O. Loyola Pereira: Bull. Soc. Path. exot. Paris **28**, 700 (1935). — [12] Nicholls, L.: Brit. med. J. **1922 II**, 892. — [13] de Langen, C. D.: Geneesk. Tijdschr. Nederl.-Indië **62**, 212 (1922). — [14] Wheatley, A. H.: Far eastern Assoc. trop. Med., 5th Congr., Singapore 1923, Transact. S. 359 — Straits Settlements Med. Rep. **1926**, Appendix B. — [15] Pestonjee, R., L. Nicholls u. J. E. Felix: Ceylon J. Sci., Sect. D **1**, 41 (1924). — [16] Scanlon, R. W.: Somaliland Protectorate, Ann. Med. a. Sanit. Rep. **1935**, 33. — [17] de Mello, F.: Presse méd. **33**, 1348 (1925) — Rev. españ. Urol. **28**, 513 (1926). — S. auch Fußnote 11. — [18] Matarangas, G.: Bull. Office internat. Hyg. publ. **18**, 57 (1926). — [19] Wilson, R. M.: South. med. J. (Birmingham, Alab.) **19**, 603 (1926) — J. amer. med. Assoc. **87**, 1211 (1926). — [20] Parra, R. F.: Rep. de Med. y Cir. (Bogotá) **17**, 260 (1926) — Gac. Med. de Caracas **33**, 156 (1926). — S. auch R. F. Parra u. J. E. Santos: Rep. de Med. y Cir. (Bogotá) **15**, 124 (1923). — [21] Kamat, D. D., u. Ranadive, V. Y.: Far eastern Assoc. trop. Med., 7th Congress, Brit. India 1927. Transactions **2**, 329. — [22] Wilson, C. J.: Ann. Rep. Med. Dept. Federated Malay States 1928 u. 1929. Kuala Lumpur: Government Press 1929 u. 1930. — [23] Rogers, L.: Leprosy Rev. **5**, 54 u. 108 (1934). — [24] Dutta, N. Ch.: Indian med. Gaz. **69**, 688 (1934). — [25] Samson, J. G., u. G. Limkako: Zit. S. 59. — [26] Portugal, H.: Zit. S. 50. — [27] Le Forestier, R.: Zit. S. 50. — [28] Gavino, C., u. S. Tietze: Zit. S. 59. — [29] Fowler, H.: China med. J. **39**, 594 (1925).

Angaben von Rangel[1] und de Souza-Araujo[2] aus 75 Teilen Äthylestern der Chaulmoografettsäuren, 20 Teilen Lebertran und 5 Teilen Thymol und Anaesthetica (hinsichtlich der klinischen Anwendung vgl. auch Carrera[3]). Als „*Chaulmusil*" wird ein aus Chaulmoograestern mit Zusatz einer Siliciumverbindung bestehendes Präparat (vgl. Harper[4]), und als „*Durotan*" (nach Unna; Hersteller: P. Beiersdorf u. Co. AG., Hamburg) eine Mischung von gereinigten Chaulmoograäthylestern (25%: Durotan mite, 50%: Durotan fortius) mit Campheröl und Thymol (hinsichtlich der klinischen Anwendung vgl. Levy[5]) bezeichnet. Für innerlichen Gebrauch wird von Wayson und Badger[6] ein Gemisch empfohlen, das eine mittels Gummi arabicum und Sirupus simplex bereitete und mit geringen Jodmengen versetzte Emulsion von gleichen Teilen Chaulmoogra-Äthylestern und Lebertran darstellt.

Zur Tuberkulosebehandlung verwendet Pomaret[7] gemischte Äthylester des Chaulmoograöls und des Lebertrans, die als „*Chaulmorrhuate*" bezeichnet werden. Das Präparat wird in der Weise bereitet, daß eine Mischung gleicher Teile der Gesamtfettsäuren des Chaulmoograöls und des Lebertrans mit Äthylalkohol verestert, und daß dann die so erhaltenen Äthylester in derselben Menge oder in dem doppelten Quantum eines mit 2% Cholesterin versetzten Lebertrans gelöst werden. Das Ganze stellt eine klare, ölige, bräunlich gefärbte und aromatisch riechende Flüssigkeit dar, die sich leicht injizieren läßt (vgl. Pernet, Minvielle und Pomaret[8], Juge[9]). Gemische von Äthylestern des Chaulmoogra- und des Sapucainhaöls wurden von de Parreiras Horta[10] bei Leprösen angeblich mit Erfolg angewandt.

Außer den Äthylestern wurden noch die Propyl-, Butyl- und Amylester (Walker, MacArthur und Sweeney[11], Morrow, Walker und Miller[12], Perkins[13]), ferner die Capryl-, Allyl-, Phenyl-, o-, m- und p-Kresolester (Herrera-Batteke und West[14]), Aralkyl- (z. B. Benzyl-, Phenethyl-, p-Methoxyphenethyl-) Ester der Chaulmoografettsäuren (I.G.-Farbenindustrie AG.[15]; hinsichtlich der als „*Antileprol-By*" im Handel befindlichen Benzylester vgl. Taub[16], Keil[17], Portugal[18], Alwens[19]), Diäthylaminoäthanolester der Chaulmoografettsäuren (F. Hoffmann-La Roche u. Co. AG.[20], Lagoudaky[21]), sowie Chaulmoogryl-o- und -p-chlorphenol, Chaulmoogryl-o-bromphenol, Chaulmoogryltribromphenol (Santillan und West[22]), Chaulmoogryl-2,4-dichlorphenol, Chaulmoogryl-2,4-dibromphenol, der Hydrochinonester der Chaulmoograsäure und der Chaulmoogryl-m-oxybenzoesäureäthylester (de Santos und West[23]), das Chaulmoogrylresorcin (Hinegardner und Johnson[24]) und schließlich noch die Chole-

---

[1] Rangel, M.: Rev. med.-cir. do Brazil **34**, 383 (1926). — [2] de Souza-Araujo, H. C.: Tratamento moderno da Lepra. Rio de Janeiro: Typ. do Instituto Oswaldo Cruz 1928. — [3] Carrera, J. L.: Prensa méd. argent. **13**, 802, 839, 954 (1927). — [4] Harper, P.: Brit. med. J. **1922 II**, 39. — [5] Levy, D. M.: Nederl. Tijdschr. Gencesk. **69 I**, 1422 (1925). — [6] Wayson, N. E., u. L. F. Badger: Publ. Health Rep. **43**, 2883 (1928). — [7] Pomaret, M.: Progrès méd. **53**, 567 (1925). — [8] Pernet, J., M. Minvielle u. M. Pomaret: Bull Soc. méd. Hôp. Paris **49**, 32 (1925) — La Vie méd. **1926**, Nr 23. — [9] Juge, J.: De l'application de l'huile de chaulmoogra en général et du chaulmorhuate en particulier au traitement des tuberculoses. Thèse, Paris 1927. — [10] de Parreiras Horta: Zit. S. 59. — [11] Walker, E. L., G. H. MacArthur u. M. A. Sweeney: Trans. 18. ann. meeting Nat. Tbc. Assoc. **1922**, 553. — [12] Morrow, H., E. L. Walker u. H. E. Miller: J. amer. med. Assoc. **79**, 434 (1922). — [13] Perkins, A. G.: Philippine J. Sci. **24**, 621 (1924). — [14] Herrera-Batteke, P. P., u. A. P. West: Philippine J. Sci. **31**, 161 (1926). — [15] I.G. Farbenindustrie AG.: Brit. Pat. 311 236 vom 7. Mai 1928 [Chem. Abstr. **24**, 920 (1930)]. — [16] Taub, L.: Zit. S. 10. — [17] Keil, E.: Zit. S. 59. — [18] Portugal, H.: Zit. S. 50. — [19] Alwens, W.: Beitr. Klin. Tbk. **89**, 711 (1937). — [20] F. Hoffmann-La Roche u. Co. AG.: Zit. S. 36. — [21] Lagoudaky, S.: J. trop. Med. **39**, 81 (1936). — [22] Santillan, P., u. A. P. West: Philippine J. Sci. **40**, 493 (1929). — [23] de Santos, J., u. A. P. West: Philippine J. Sci. **38**, 293, 445 (1929); **43**, 409 (1930). — [24] Hinegardner, W. S., u. T. B. Johnson: Zit. S. 35.

sterinester der Chaulmoogra- und Hydnocarpussäure (BOCKMÜHL und KNOLL[1], FLANDIN, BARANGER und RAGU[2], FLANDIN und RAGU[3]) dargestellt. Die drei erstgenannten Ester erwiesen sich nach WADE[4], RODRIGUEZ[5], HASSELTINE[6]

$$\begin{array}{c}\mathrm{CH}\!\!=\!\!\mathrm{CH}\\[-2pt]\mathrm{CH_2}\!\!-\!\!\mathrm{CH_2}\end{array}\!\!\!>\!\!\mathrm{CH}\cdot(\mathrm{CH_2})_{12}\cdot\mathrm{COO}\cdot\overset{\mathrm{CH_3}}{\mathrm{CH}}\cdot(\mathrm{CH_2})_5\cdot\mathrm{CH_3}$$

Caprylester der Chaulmoograsäure

$$\begin{array}{c}\mathrm{CH}\!\!=\!\!\mathrm{CH}\\[-2pt]\mathrm{CH_2}\!\!-\!\!\mathrm{CH_2}\end{array}\!\!\!>\!\!\mathrm{CO}\cdot(\mathrm{CH_2})_{12}\cdot\mathrm{COO}\!\!-\!\!\langle\text{—CH}_3\rangle$$

o-Kresolester der Chaulmoograsäure

$$\begin{array}{c}\mathrm{CH}\!\!=\!\!\mathrm{CH}\\[-2pt]\mathrm{CH_2}\!\!-\!\!\mathrm{CH_2}\end{array}\!\!\!>\!\!\mathrm{CH}\cdot(\mathrm{CH_2})_{12}\cdot\mathrm{COO}\!\!-\!\!\langle\text{—Br}\rangle$$

Chaulmoogryl-o-bromphenol

$$\begin{array}{c}\mathrm{CH}\!\!=\!\!\mathrm{CH}\\[-2pt]\mathrm{CH_2}\!\!-\!\!\mathrm{CH_2}\end{array}\!\!\!>\!\!\mathrm{CH}\cdot(\mathrm{CH_2})_{12}\cdot\mathrm{COO}\!\!-\!\!\langle\text{—COO}\cdot\mathrm{C_2H_5}\rangle$$

Chaulmoogryl-m-oxybenzoesäureäthylester

$$\begin{array}{c}\mathrm{CH}\!\!=\!\!\mathrm{CH}\\[-2pt]\mathrm{CH_2}\!\!-\!\!\mathrm{CH_2}\end{array}\!\!\!>\!\!\mathrm{CH}\cdot(\mathrm{CH_2})_{12}\cdot\mathrm{COO}\!\!-\!\!\langle\text{—Cl, —Cl}\rangle$$

Chaulmoogryl-2,4-dichlorphenol

$$\begin{array}{c}\mathrm{CH}\!\!=\!\!\mathrm{CH}\\[-2pt]\mathrm{CH_2}\!\!-\!\!\mathrm{CH_2}\end{array}\!\!\!>\!\!\mathrm{CH}\cdot(\mathrm{CH_2})_{12}\cdot\mathrm{COO}\!\!-\!\!\langle\rangle\!\!-\!\!\mathrm{OOC}\cdot(\mathrm{CH_2})_{12}\cdot\mathrm{CH}\!\!\!<\!\!\!\begin{array}{c}\mathrm{CH}\!\!=\!\!\mathrm{CH}\\[-2pt]\mathrm{CH_2}\!\!-\!\!\mathrm{CH_2}\end{array}$$

Hydrochinonester der Chaulmoograsäure

sowie SHIGA[7] in therapeutischer Hinsicht nicht als ein Fortschritt, während MILLER[8] (s. auch MORROW, WALKER und MILLER) angibt, daß die Propyl- und besonders die Butylester zwar nicht wirksamer sind, aber besser vertragen werden, insbesondere weniger Leprareaktionen (s. S. 100) hervorrufen als die Äthylester. Nach den Mitteilungen von FLANDIN, BARANGER und RAGU sollen sich auch die Cholesterinester der Chaulmoografettsäuren durch eine gute Verträglichkeit auszeichnen (intravenöse Dosen von 2—4 ccm); über die Ergebnisse einer klinischen Erprobung der anderen Präparate ist bis jetzt noch nichts bekannt. Eine Mischung von Äthyl- und Benzylestern der Chaulmoografettsäuren wurde nach PERNET, MINVIELLE und POMARET[9] bei Lungentuberkulose angewandt; ein anderes, aus Äthyl-, Allyl-, Cinnamyl- und Benzylestern der Chaulmoografettsäuren mit einem Zusatz von 2% Jod bestehendes Gemisch ist als „Ginoilo" im Handel (FIDANZA[10]). Während die gewebsreizenden Eigenschaften der Äthylester der Chaulmoografettsäuren durch Jodzusatz eine Verminderung erfahren (s. S. 59), sollen die Benzylester („Antileprol-By") nach den Angaben von KEIL[11] nach Jodzusatz eine erhebliche Steigerung ihrer Giftigkeit aufweisen. Als „Leprapräparat Höchst 4828a" wird ein von der I.G.-Farbenindustrie hergestellter, in Öl löslicher Chaulmoograester bezeichnet, der von SATANI, TANIMURA und MINAMI[12], sowie von VAN BREUSEGHEM[13] klinisch erprobt wurde und sich durch eine gute Verträglichkeit auszeichnet.

[1] BOCKMÜHL, M., u. R. KNOLL: Zit. S. 36. — [2] FLANDIN, CH., P. BARANGER u. J. RAGU: C. r. Acad. Sci. Paris **203**, 502 (1936). — [3] FLANDIN, CH., u. J. RAGU: Bull. Acad. Méd. Paris [3] **117**, 337 (1937). — [4] WADE, W. H.: Monthly Bull. Philippine Health Serv. **4**, 13 (1924). — [5] RODRIGUEZ, J.: J. Philippine Isl. med. Assoc. **5**, 40 (1925). — [6] HASSELTINE, H. E.: Publ. Health Bull. **141**, 1 (1924). — [7] SHIGA, K.: Chûgai Iji Shimpô Nr **6097** (1926). — [8] MILLER, H. E.: Med. Clin. N. America **6**, 377 (1923). — [9] PERNET, J., M. MINVIELLE u. M. POMARET: Zit. S. 61. — [10] FIDANZA, E. P.: Actos 3. Congr. med. **4**, 766 (1927). — [11] KEIL, E.: Zit. S. 59. — [12] SATANI, Y., CH. TANIMURA u. H. MINAMI: Lepro (Osaka) **5**, 229 (1934). — [13] VAN BREUSEGHEM, R., Ann. Soc. belge Méd. trop. **16**, 115 (1936).

Um eine gesteigerte Beeinflussung der in den Krankheitsherden befindlichen Leprabacillen zu erreichen, wurde von einer durch den Director of Health in Manila (Philippinen) am 3. Mai 1920 eingesetzten Leprosy Investigation Commission[1] unter anderem auch ein zuerst als „subdermal method", später als *Plancha- oder Infiltrationsmethode* bezeichnetes Behandlungsverfahren in Vorschlag gebracht, das darin besteht, daß gewöhnlich je etwa 5 Tropfen des Chaulmoograpräparates im Bereich der Läsionen unter die Haut gespritzt werden; diese Injektionen werden mehrfach an verschiedenen Stellen wiederholt, so daß die Haut über den Lepromen ein weißliches Aussehen bekommt. Gleichzeitig soll dann noch etwa 1 ccm des Präparates in das Leprom selbst injiziert werden. Schon im Jahre 1917 hatten ROGERS[2], und im Jahre 1920 McDONALD und DEAN[3] in einigen Fällen von Lepra ein ähnliches Verfahren angewandt. Später hat dann MUIR[4] auch eine subcutane Infiltrationsmethode beschrieben (vgl. auch S. 49). Seit dem Jahre 1925 ist die PLANCHA-Methode in der Culion Leper Colony (Philippinen) offiziell in Gebrauch[5]; im Jahre 1927 hat sie eine Modifikation erfahren, die darin besteht, daß das Chaulmoograpräparat nicht subcutan, sondern intracutan injiziert wird. In dieser Form hat die Methode, bei der hauptsächlich Chaulmoogra-Äthylester (mit und ohne Jodzusatz), neuerdings auch Benzylester (vgl. PORTUGAL[6]) benützt werden, bei der Leprabehandlung eine ausgedehnte Anwendung gefunden [LARA und NICOLAS[7], NOLASCO[8], VELASCO, ALONSO, LIMKAKO, FERNÁNDEZ und DEL ROSARIO[9], SATO[10], COCHRANE[11], LARA und LAGROSA[12], LAGROSA[13] (s. auch LAGROSA, TIONG und DISINI[14]), JACKSON[15], BERNARD[16], BIGNE[17], FERNÁNDEZ und SCHUJMAN[18] (s. auch SCHUJMAN und FERNÁNDEZ[19]), ONISHI[20], ROY[21], DE MELLO[22], LAGROSA und IGNACIO[23]]. Von ROGERS, CUMMINS und WEATHERALL[24] wurde das Verfahren auch bei Lupus vulgaris erprobt. Bei leprösen Augenaffektionen wird von KING[25] die subconjunctivale Injektion der Chaulmoograäthylester empfohlen.

[1] DE JÉSUS, V.: Report of the Philippine Health Service for the fiscal year from January 1 to December 31, 1920, S. 41 (vgl. insbesondere S. 44). — [2] ROGERS, L.: Indian J. med. Res. 5, 277 (1917) — Verh. 9. internat. Kongr. f. Dermat. (Budapest, Sept. 1935) 2, 558 (1936). — [3] McDONALD, J. T., u. A. L. DEAN: Publ. Health Rep. 35, 1959 (1920). — [4] MUIR, E.: Zit. S. 49. — s. außerdem: Ann. Rep. Calcutta School trop. Med. 1923, 35 — Indian med. Gaz. 59, 297 (1924); 67, 121 (1932) — Leprosy. Diagnosis, treatment and prevention. Cuttack: Orissa Mission Press 1924 (2. Aufl. 1925; 5. Aufl. Calcutta: Indian Council of the British Empire Leprosy Relief Assoc. 1930) — Trans. far eastern Assoc. trop. Med., 7th Congr., Calcutta 1927, 2, 305 (1929). — [5] Annual Rep. of the med. Sect., Culion Leper Colony for 1925, Appendix A, S. 11. — [6] PORTUGAL, H.: Arch. de Hyg. (Rio de Janeiro) 6, 75 (1936). — [7] LARA, C. B., u. C. NICOLAS: J. Philippine Isl. med. Assoc. 9, 321 (1929). — S. auch C. B. LARA: J. Philippine Isl. med. Assoc. 8, 56 (1928); 9, 336 (1929). — [8] NOLASCO, J. O.: J. Philippine Isl. med. Assoc. 9, 347 (1929); 10, 273 u. 277 (1930); 12, 147 (1932); 14, 421 (1934) — Trans. Meeting Leprosy Advisory Board, Philippine Health Service, Manila, S. 12 (1932) — Internat. J. Leprosy 2, 159 (1934). — [9] VELASCO, F. J., J. M. ALONSO, G. LIMKAKO, G. FERNÁNDEZ u. F. T. DEL ROSARIO: J. Philippine Isl. med. Assoc. 9, 327 (1929). — [10] SATO, T.: Okayama Igakkai Zasshi 42, Nr 486 (1930). — [11] COCHRANE, R. G.: Leprosy Rev. 2, 94 (1931). — [12] LARA, C. B., u. M. LAGROSA: J. Philippine Isl. med. Assoc. 12, 599 (1932). — [13] LAGROSA, M.: J. Philippine Isl. med. Assoc. 12, 604 (1932). — [14] LAGROSA, M., J. O. TIONG u. D. DISINI: J. Philippine Isl. med. Assoc. 15, 312 (1935). — [15] JACKSON, J. T.: Leprosy Rev. 3, 67 u. 121 (1932) — Quart. J. Pharm. 6, 288 (1934). — [16] BERNARD, P.: Bull. Soc. Path. exot. Paris 26, 1235 (1933). — [17] BIGNE, J.: Actas dermo-sifilogr. 28, 68 (1935). — [18] FERNÁNDEZ u. SCHUJMAN: Rev. méd. lat.-amer. 20, 199 (1935). — [19] SCHUJMAN, S., u. J. M. M. FERNÁNDEZ: Semana méd. 42, 790 (1935). — [20] ONISHI, F.: Lepro (Osaka) 6, 60 (1935). — [21] ROY, A. T.: Leprosy India 7, 124 (1935). — [22] DE MELLO, J. F.: Verh. 9. internat. Kongr. f. Dermat. (Budapest, Sept. 1935) 2, 570 (1936). — [23] LAGROSA, M., u. J. IGNACIO: J. Philippine Isl. med. Assoc. 15, 220 (1935). — [24] ROGERS, L., S. L. CUMMINS u. C. WEATHERALL: Brit. med. J. 1933 I, 47. — [25] KING, E. F.: Brit. J. Ophthalm. 20, 561 (1936).

Zu erwähnen wäre ferner, daß die von DEAN und WRENSHALL[1] dargestellten *Äthylester der Dihydrochaulmoograsäure* (s. S. 33) nach den klinischen Feststellungen von HASSELTINE[2] den Äthylestern der Gesamtfettsäuren des Chaulmoograöls in therapeutischer Hinsicht unterlegen sind, aber weniger reizend wirken als diese. Die von FOURNEAU und BARANGER dargestellten Äthylester der Phenyldihydrohydnocarpussäure (Präparat 541) wurden von MARKIANOS[3] bei Rattenlepra ohne Erfolg erprobt (s. S. 105). LARA und FERNÁNDEZ[4] erprobten die Äthylester der von ADAMS und seinen Mitarbeitern dargestellten *Di-n-heptylessigsäure* bei einer Reihe von Leprakranken; das Präparat wirkt stark gewebsreizend und wurde deshalb in Olivenöl mit einem Zusatz von Benzocaine (= Anästhesin; vgl. S. 49) angewandt (Äthylester der Di-n-heptylessigsäure 50,0 ccm, gereinigtes Olivenöl 50,0 ccm, Benzocaine 2,0 g; 1—6 ccm intracutan oder intramuskulär 1 mal wöchentlich), erwies sich aber als therapeutisch ziemlich wirksam (s. S. 45, 75, 93, 105, 117 u. 123, sowie Tabelle 9).

Weiter sind hier noch einige von EMERSON, ANDERSON und LEAKE[5] experimentell erprobte Chaulmoograderivate zu nennen, nämlich das chaulmoogryl-p-phenetidinsulfosaure Natrium (Präparat 921[6]), das dihydrochaulmoogryl-p-phenetidinsulfosaure Natrium (Präparat 923), das Natriumchaulmoogrylglycinat (Präparat 1141), das dichaulmoogroyl-β-glycerinphosphorsaure Natrium (,,*Chaul-*

$$CH_2 \cdot O \cdot CO \cdot (CH_2)_{12}\!\!\diagdown\!\!=$$
$$CH \cdot O \cdot P\!\!\diagup\!\!\begin{matrix} OH \\ =O \\ OH \end{matrix}$$
$$CH_2 \cdot O \cdot CO \cdot (CH_2)_{12}\!\!\diagdown\!\!=$$

α, γ-Dichaulmoogroyl-glycerin-β-phosphorsäure (,,Chaulphosphate''=Natriumsalz).
(Nach WAGNER-JAUREGG und ARNOLD.)

phosphate''), das Kaliumjododihydrochaulmoograt (Präparat 661 K), das Natriumchaulmoogryl-o-aminobenzoat (Präparat 1601; hergestellt von S. SANTIAGO und A. P. WEST), das Natriumdiäthyläthanolammoniumchaulmoograt (Präparat 2001), das Cholinchaulmoograt (Präparat 2211) und das Natriumchaulmoogryl-glutamat (vgl. Tabelle 9, sowie S. 76 und 105). Die Mehrzahl dieser Substanzen war von R. WRENSHALL (Dept. of Chemistry, University of Hawai) dargestellt worden. Hinsichtlich der Darstellung der α, γ-Dichaulmoogroyl-glycerin-β-phosphorsäure (,,Chaulphosphate'' = Natriumsalz) nach dem Verfahren von GRÜN und MEMMEN[7] vgl. WAGNER-JAUREGG und ARNOLD[8].

Schließlich wäre hier dann noch darauf hinzuweisen, daß meist zur Unterstützung einer innerlich oder parenteral durchgeführten Allgemeinbehandlung mit Chaulmoograpräparaten auch durch *äußerliche Anwendung* des Chaulmoograöls in verschiedener Form eine wirksame Beeinflussung der leprösen Krankheitserscheinungen zu erreichen versucht wurde. Zum Teil wurde hierbei das Öl als solches auf die erkrankten Haut- oder Schleimhautpartien aufgetragen oder zu Einreibungen verwendet (YOUNG[9], VINSON[10], STARTIN[11], PIFFARD[12], DE PARREIRAS

[1] DEAN, A. L., u. R. WRENSHALL: Zit. S. 33. — [2] HASSELTINE, H. E.: Zit. S. 59. — [3] MARKIANOS, J.: Bull. Soc. Path. exot. Paris 23, 268 (1930). — [4] LARA, C. B., u. G. FERNÁNDEZ: Far eastern Assoc. trop. Med., 8th Congr., Bangkok 1930, Transact. 2, 575 (1932). — [5] EMERSON, G. A., H. H. ANDERSON u. CH. D. LEAKE: Proc. Soc. exper. Biol. a. Med. 31, 274 (1933) — Arch. internat. Pharmacodynamie 48, 247 (1934). — S. auch H. H. ANDERSON, G. A. EMERSON u. CH. D. LEAKE: Internat. J. Leprosy 2, 39 (1934). — [6] Hinsichtlich des Chaulmoogrylphenetidins vgl. D. M. BIROSEL u. H. L. HUANG: Zit. S. 35. — [7] GRÜN, A., u. F. MEMMEN: DRP. 608074 vom 9. Juli 1932 (F. Hoffmann-La Roche u. Co. AG., Basel). — [8] WAGNER-JAUREGG, TH., u. H. ARNOLD: Ber. dtsch. chem. Ges. 70, 1459 (1937). — [9] YOUNG, D.: Zit. S. 8. — [10] VINSON, A.: Zit. S. 8. — [11] STARTIN, J.: Zit. S. 8. — [12] PIFFARD: Brit. med. J. 1887 II, 843.

HORTA[1], MOHANTY[2]). Nach den Angaben von HOBSON[3] u. a. scheint diese Art der Applikation des Chaulmoograöls die ursprüngliche Form der Anwendung gewesen zu sein, während die Chaulmoograsamen innerlich verabreicht wurden; erst später wurde das Öl dann auch peroral gegeben. Eine solche kombinierte äußerliche und innerliche Behandlung der Leprakranken mit dem Öl von Hydnocarpus inebrians wurde nach den Angaben von BOYD[4] auch von dem indischen Arzt BHAU DAJI durchgeführt (s. S. 6). An Stelle des reinen Öls wurden dann aber später, um die Reizwirkung herabzusetzen, auch für die äußerliche Behandlung besondere Zubereitungen des Chaulmoograöls verwendet; zu erwähnen wären hier die chaulmoograölhaltigen Salben, Linimente, Pflaster und Seifen, die von VIDAL (zit. nach DESPREZ[5]), DESPREZ[5], BROUSSE und VIRES[6], MURATA[7] (Chaulmoograöl-Scharlachrot-Salbe), VALENTI[8], YOUNG[9], READ[10], LEVY[11] angegeben wurden und zum Teil auch bei tuberkulösen Hauterkrankungen Verwendung fanden (FOUQUET[12]). Auch bei leprösen Nasen- und Augenaffektionen fand das Chaulmoograöl in geeigneter Form schon lokale Anwendung (DIMITRY[13], SAMSON[14], SAMSON, LARA und CRUZ[15]). Endlich wäre noch zu erwähnen, daß TÔYAMA[16] bei der Leprabehandlung außer innerlicher oder parenteraler Anwendung von Chaulmoograöl auch Schwefelbäder mit einem Zusatz zerkleinerter Chaulmoograkerne (samt Schalen) anscheinend mit Erfolg verordnete.

V. Pharmakologie und Toxikologie des Chaulmoograöls und der ihm nahestehenden vegetabilischen Fette.

1. Wirkung auf einzellige Organismen.

In Anbetracht der Heilwirkung des Chaulmoograöls und mancher anderer Flacourtiaceenöle, sowie der in diesen Ölen enthaltenen ungesättigten Fettsäuren bei Lepra und auch bei Tuberkulose ist es verständlich, daß sowohl die Öle und die aus diesen gewonnenen, als auch zahlreiche synthetisch dargestellte Fettsäuren im Reagensglas auf ihre abtötende und entwicklungshemmende Wirksamkeit gegenüber bakteriellen Krankheitserregern, vor allem gegenüber den zur Kategorie der sog. säurefesten Bacillen gehörenden Mikroorganismen geprüft wurden. Wenn es auch in dem vorliegenden Fall wenigstens bis zu einem gewissen Grade wohl berechtigt ist, aus der dabei festgestellten elektiven Wirkung der Chaulmoografettsäuren auf Angehörige der genannten Bakteriengruppe gewisse Rückschlüsse hinsichtlich des Wirkungsmechanismus dieser Substanzen beim leprös erkrankten Organismus zu ziehen, so ist bei der Bewertung der im Reagensglas erhaltenen Resultate doch zu beachten, daß die Wirkung chemischer Substanzen in vitro und in vivo vielfach nicht parallel geht, und daß infolgedessen Reagensglasversuche für die Beurteilung der Präparate entgegen der Annahme von ADAMS und seinen Mitarbeitern[17] nur einen beschränkten Wert haben (vgl. SCHLOSSBERGER[18]). Dies gilt nach den später (s. S. 104) zu besprechenden ex-

---

[1] DE PARREIRAS HORTA: Zit. S. 59. — [2] MOHANTY, L. N.: Zit. S. 58. — [3] HOBSON, B.: Zit. S. 5. — [4] BOYD, S.: Zit. S. 6. — [5] DESPREZ, G.: Zit. S. 3. — [6] BROUSSE, A., u. VIRES: Lepra (Lpz.) **1**, 155 (1900). — [7] MURATA, M.: Hifuka Hinyôka Zasshi **12**, Nr 1 (1912). — [8] VALENTI, A.: Zit. S. 46. — [9] YOUNG, W. A.: Ann. Rep. Med. Res. Inst. Nigeria **1922**, 36. Lagos: Government Press 1923. — [10] READ, B. E.: China med. J. **38**, 25 (1924). — [11] LEVY, D. M.: Zit. S. 61. — [12] FOUQUET, CH.: Bull. Soc. franç. Dermat. **32**, 418 (1925) — Gaz. Hôp. **99**, 1061 (1926). — [13] DIMITRY, T. J.: Amer. J. trop. Med. **11**, 65 (1931). — [14] SAMSON, J. G.: Far eastern Assoc. trop. Med., 8th Congr. Bangkok 1930, Transact. **2**, 602 (1932). — [15] SAMSON, J. G., C. B. LARA u. M. C. CRUZ: J. Philippine Isl. med. Assoc. **10**, 291 (1930). — [16] TÔYAMA, J.: Zit. S. 48. — [17] STANLEY, W. M., G. H. COLEMAN, C. M. GREER, J. SACKS u. R. ADAMS: Zit. S. 44. — [18] SCHLOSSBERGER, H.: Arbeitsmethoden der experimentellen Chemotherapie. In: Handbuch der mikrobiol. Technik, herausgeg. von R. KRAUS u. P. UHLENHUTH, **3**, 2225. Berlin u. Wien: Urban & Schwar-

perimentellen und klinischen Befunden zweifellos auch für die hier in Frage stehenden natürlichen und synthetischen Fettsäuren, zumal die Züchtung des Lepraerregers noch nicht mit Sicherheit geglückt ist und die bei einem Teil der hier zu besprechenden Vitroversuche verwendeten sog. „Leprabacillenkulturen" aller Wahrscheinlichkeit nach als saprophytische Bakterienstämme zu betrachten sind, eine Prüfung der Substanzen gegenüber den in Betracht kommenden Krankheitserregern in vitro offenbar also überhaupt nicht möglich ist.

Daß das Chaulmoograöl nach Zusatz von 2% zum Nährboden das Wachstum der Tuberkelbacillen zu verhindern vermag, wurde erstmals von Hernández[1] festgestellt. Hernach haben insbesondere Walker und Sweeney[2], Lindenberg und Rangel Pestana[3], Culpepper und Ableson[4], Kolmer, Davis und Jager[5], Schlossberger und Prigge[6], Schöbl[7] (s. auch Schöbl und Kusama[8]), Toda[9], Adams und seine Mitarbeiter[10], Seabra[11], Advier und Peirier[12], Platonov[13], Dikshit[14], Rogers, Cummins und Weatherall[15], Miura[16], G. Ogawa[17], Lowe[18], Anderson, Emerson und Leake[19], sowie N. Ogawa und Harada[20] eingehende Untersuchungen über die entwicklungshemmende und abtötende Wirkung des Chaulmoograöls und anderer Flacourtiaceenöle, sowie der Salze und Ester der in diesen enthaltenen Fettsäuren gegenüber Tuberkelbacillen der verschiedenen Typen, sog. Leprabacillen und gewöhnlichen saprophytischen säurefesten Bakterien, zum Vergleich auch gegenüber andersartigen Mikroorganismen angestellt. Übereinstimmend geben fast sämtliche Autoren an, daß die genannten Öle, vor allem aber deren ungesättigte Fettsäuren (als Salze oder Ester) im Reagensglasversuch eine außerordentlich starke entwicklungshemmende Wirkung auf die zur Gruppe der säurefesten Bakterien gehörenden Mikroben ausüben, während andersartige Keime kaum beeinflußt werden (vgl. auch Dresel[21], Gundel und Wagner[22], Gasteiger und Hauptmann[23]). Auch das von Hinegardner und Johnson[24] dargestellte Chaulmoogrylresorcin und sein Hydroderivat zeigten gegenüber Typhusbacillen im Reagensglasversuch keine deutliche Wirkung. Abgesehen von den Ölen verschiedener Hydnocarpusarten (Hydnocarpus laurifolia s. wightiana, H. anthelmintica, H. venenata, H. subfalcata,

zenberg 1924 — Chemotherapie der Infektionskrankheiten. In: Handbuch der pathogenen Mikroorganismen, herausgeg. von W. Kolle, R. Kraus u. P. Uhlenhuth, 3, 551. Jena, Berlin u. Wien 1930 — Klin. Wschr. 16, 73 (1937).

[1] Hernández, J.: Rev. Hig. y Tbc. (Valencia) 11, Nr 125 (1918). — [2] Walker, E. L., u. M. A. Sweeney: J. inf. Dis. 26, 238 (1920). — [3] Lindenberg, A., u. B. Rangel Pestana: Brazil Medico 34, 603 (1920) — J. amer. med. Assoc. 75, 1602 (1920) — Z. Immun.forsch. 32, 66 (1921). — S. auch A. Lindenberg: Bol. Acad. Nac. Med., Rio de Janeiro 91, Nr 22 (1920). — [4] Culpepper, W. L., u. M. Ableson: J. Labor. a. clin. Med. 6, 415 (1921). — [5] Kolmer, J. A.. L. C. Davis u. R. Jager: J. inf. Dis. 28, 265 (1921). — [6] Schlossberger, H., u. R. Prigge: Z. Hyg. 99, 186 (1923). — [7] Schöbl, O.: Philippine J. Sci. 23, 533 (1923); 24, 23 (1924); 25, 123, 135 (1934) — Far eastern Assoc. trop. Med., 6th Congr., Tokyo 1925, Transact. 1, 1011 (1926). — [8] Schöbl, O., u. H. Kusama: Philippine J. Sci. 24, 443 (1924). — [9] Toda, T., J. of Oriental Med. 7, 91 (1927). — [10] Adams, R., u. Mitarbeiter: Zit. S. 41 ff.; vgl. insbesondere W. M. Stanley, G. H. Coleman, C. M. Greer, J. Sacks u. R. Adams: J. of Pharmacol. 45, 121 (1932). — [11] Seabra, P.: J. Pharmacie [8] 5, 100 (1927). — [12] Advier u. Peirier: Bull. Soc. Path. exot. Paris 23, 767 (1930). — [13] Platonov, G.: Amer. Rev. Tbc. 21, 362 (1930). — [14] Dikshit, B. B.: Indian J. med. Res. 19, 775 (1932). — [15] Rogers, L., S. L. Cummins u. C. Weatherall: Brit. med. J. 1933 I, 47. — [16] Miura, O.: Hifuka Hinyôka Zasshi 33, 576 (1933). — [17] Ogawa, G.: Acta dermat. (Kioto), jap. Ausg. 24, 142 (1934). — [18] Lowe, J.: Indian J. med. Res. 22, 187 (1934) — Leprosy in India 6, 79 (1934). — [19] Anderson, H. H., G. A. Emerson u. C. D. Leake: Internat. J. Leprosy (Manila) 2, 39 (1934). — Emerson, G. A., H. H. Anderson u. C. D. Leake: Arch. internat. Pharmacodynamie 48, 247 (1934). — [20] Ogawa, N., u. A. Harada: Jap. J. of Dermat. (Hifuka Hinyôka Zasshi) 39, 96 (1936). — [21] Dresel, E. G.: Zbl. Bakter., I Orig. 97, 178 (1926). — [22] Gundel, M., u. W. Wagner: Z. Immun.forsch. 69, 63 (1931). — [23] Gasteiger, H., u. W. Hauptmann: Arch. Augenheilk. 104, 405 (1931). — [24] Hinegardner, W. S., u. T. B. Johnson: Zit. S. 35.

Tabelle 5. Entwicklungshemmende Wirkung verschiedener Öle und fettsaurer Salze gegenüber Tuberkelbacillen, Typhusbacillen, Choleravibrionen und Staphylokokken (nach Schöbl[1]).

Substanzen	Entwicklungshemmend wirkende Konzentrationen gegenüber			
	Tuberkelbacillen Typus humanus	Typhusbacillen	Cholera-vibrionen	Staphylokokken
Öl von Taraktogenos kurzii (s. Tabelle 1)	1:2000—1:10000	1:100 o.W.*	1:100 o.W.	1:100 o.W.
„ „ Hydnocarpus wightiana (s. Tabelle 1)	1:10000	1:100 o.W.	1:100 o.W.	1:100 o.W.
„ „ Hydnocarpus venenata (s. Tabelle 1)	1:2000	1:100 o.W.	1:100 o.W.	1:100 o.W.
„ „ Hydnocarpus subfalcata (s. Tabelle 1)	1:2000	1:100 o.W.	1:100 o.W.	1:100 o.W.
„ „ Hydnocarpus alcalae (s. Tabelle 1)	1:2000	1:100 o.W.	1:100 o.W.	1:100 o.W.
„Natriumgynocardat A" (s. S. 52)	1:30000—1:60000			
„Natriumgynocardat D" (s. S. 52)	1:30000—1:60000			
„Natriumgynocardat S" (s. S. 52)	1:30000—1:60000			
Natriumhydnocarpat (s. S. 30) .	1:6000—1:30000			
Natriumchaulmoograt (s. S. 30) .	1:3000 g.W.**			
Öl von Gynocardia odorata (s. S. 23)	1:100 o.W.	1:100 o.W.	1:100 o.W.	1:100 o.W.
Paraffinum liquidum	1:100 o.W.	1:100 o.W.	1:100 o.W.	1:100 o.W.
Oleum olivarum	1:100 o.W.	1:100 o.W.	1:100 o.W.	1:100 o.W.
Lebertran	1:100 o.W.	1:100 o.W.	1:100 o.W.	1:100 o.W.
Natriummorrhuat (Natriumsalze der Lebertranfettsäuren) . . .	1:3000 g.W.			
Öl von Anacardium occidentale (Akaschuöl)	1:1000	1:200 o.W.	1:200 o.W.	1:200 o.W.
„ „ Citrus microcarpus . . .	1:200	1:200 o.W.	1:200 o.W.	1:200 o.W.
„ „ Citrus aurantium subsp. bergamia	1:1000	1 1:200	1:200 o.W.	1:200 o.W.
„ „ Pinus silvestris	1:200	1:200 o.W.	1:200 o.W.	1:200 o.W.
„ „ Eucalyptus globulosus .	1:200	1:200	1:200 o.W.	1:200 o.W.
„ „ Ricinus communis . . .	wachstumsfördernde Wirkung			
„ „ Andropogon zezanioides .	1:1000	1:200 o.W.	1:200 o.W.	1:200 o.W.
„ „ Jambosa caryophyllus (Nelkenöl)	1:200	1:200	1:200	1:200

H. alcalae u. a.), die nach den Befunden von Schöbl[2] (s. Tabelle 5) das echte Chaulmoograöl (von Taraktogenos kurzii) hinsichtlich der Wirkung auf säurefeste Bakterien noch übertreffen, erwiesen sich auch die Öle von Carpotroche brasiliensis (Lindenberg und Rangel Pestana[3], Seabra[4]) und von verschiedenen Caloncobaarten (Caloncoba echinata, C. glauca, C. welwitschii; Advier und Peirier[5], vgl. Tabelle 6) und deren Fettsäuren als wirksam. Nach den Angaben von Walker und Sweeney[6], sowie Schöbl[2] (vgl. Tabelle 5) ist in dieser Beziehung das chaulmoograsaure Natrium ($C_{17}H_{31}COONa$) dem hydnocarpussauren Natrium ($C_{15}H_{27}COONa$; vgl. S. 30) unterlegen; zum Teil mag dies, entsprechend der Annahme von Stanley, Coleman, Greer, Sacks und Adams[7], damit zusammenhängen, daß in den mit den Salzlösungen versetzten Nährböden die Fettsäuren in verschieden starkem Grade durch

[1] Schöbl, O.: Philippine J. Sci. **23**, 533 (1923); **24**, 23 (1924). — [2] Schöbl, O.: Zit. S. 66. — [3] Lindenberg, A., u. B. Rangel Pestana: Zit. S. 66. — [4] Seabra, P.: Zit. S. 66. — [5] Advier u. Peirier: Zit. S. 66. — [6] Walker, E. L., u. M. A. Sweeney: Zit. S. 66. — [7] Stanley, W. M., G. H. Coleman, C. M. Greer, J. Sacks u. R. Adams: Zit. S. 66.
    * o.W. bedeutet: ohne Wirkung. — ** g.W. bedeutet: geringgradige Wachstumsverzögerung.

hydrolytische Spaltung frei werden und ausfallen. Nach den Angaben von OGAWA und HARADA[1] wirken die Chaulmoograäthylester etwas stärker entwicklungshemmend auf sog. Rattenleprabacillen; durch Zusatz von 5% Cholesterin wird die Wirksamkeit der Äthylester weiter verstärkt. Nicht verwunderlich ist die Mitteilung von SEABRA[2], daß das Kupfersalz der sog. Carpotrochinsäure (vgl. S. 38) eine stärkere Wirkung auf säurefeste Bacillen ausübt als die Äthylester der Chaulmoografettsäuren, da ja gerade Kupferverbindungen auf Bakterien dieser Gruppe an sich schon stark wachstumshemmend und abtötend wirken (Literatur s. bei FISCHL und SCHLOSSBERGER[3]). Bemerkenswert ist dann noch die Feststellung von SCHÖBL (s. Tabelle 5), daß das bei der Leprabehandlung unwirksame Öl der ebenfalls zu den Flacourtiaceen gehörigen Gynocardia odorata (s. S. 23) auch in vitro keine entwicklungshemmenden Eigenschaften gegenüber säurefesten Bakterien erkennen ließ. Hinsichtlich der Gewöhnung säurefester Bacillen an die desinfizierende Wirkung der Chaulmoograpräparate vgl. S. 100.

Tabelle 6. Entwicklungshemmende Wirkung verschiedener Öle gegenüber Tuberkelbacillen (Typus bovinus) (nach ADVIER u. PEIRIER[4]).

	Auf Tuberkelbacillen (Typ. bovinus) entwicklungshemmend wirkende Konzentration
Öl von Caloncoba echinata (s. Tabelle 2)	1:1000
„ „ Caloncoba glauca (s. Tabelle 2)	1:1000
„ „ Caloncoba welwitschii (s. Tabelle 2)	1:1000
„ „ Taraktogenos kurzii (s. Tabelle 1)	1:2000—1:10000
„ „ Hydnocarpus wightiana (s. Tabelle 1)	1:1000—1:2000
„ „ Hydnocarpus anthelmintica (s. Tabelle 1)	1:1000—1:2000
Olivenöl	1:100 wirkungslos

Recht widerspruchsvoll sind die Angaben der Autoren über die Bedeutung des *Sättigungsgrades* der Chaulmoografettsäuren für ihre Wirksamkeit gegenüber säurefesten Bakterien in vitro. Während SCHÖBL[5] angibt, daß Chaulmoograöl, dessen ungesättigte Fettsäuren durch Einführung von Wasserstoff abgesättigt worden sind, selbst in 1 proz. Konzentration das Wachstum der Tuberkelbacillen nicht mehr beeinträchtigt, weisen nach den Befunden von STANLEY, COLEMAN, GREER, SACKS und ADAMS[6] die Dihydrochaulmoogra- und die Dihydrohydnocarpussäure, denen die Doppelbindung im Fünferring fehlt (s. S. 33), trotzdem keine Verminderung ihrer entwicklungshemmenden Eigenschaften gegenüber säurefesten Bakterien auf (hinsichtlich der therapeutischen Wirksamkeit der Dihydrochaulmoograsäure bei Lepra s. HASSELTINE[7]; vgl. S. 64). Durch teilweise Jodierung wird die wachstumshemmende Wirkung des Chaulmoograöls nach LINDENBERG und RANGEL PESTANA[8] sowie SCHÖBL[5] nicht vermindert, durch vollkommene Jodierung aber aufgehoben. Auch nach den Angaben von ROGERS, CUMMINS und WEATHERALL[9] hat jodiertes Natriumhydnocarpat nur noch eine geringe entwicklungshemmende Wirkung auf Tuberkelbacillen. Demgegenüber gibt MIURA[10] an, daß jodierte Äthylester der Chaulmoografettsäuren das Wachstum mancher säurefester Bakterien (Tuberkelbacillen, Rattenleprabacillen, Smegmabacillen) recht erheblich hemmen.

In Anbetracht der Feststellung, daß im Gegensatz zum Chaulmoograöl und zu

---

[1] OGAWA, N., u. A. HARADA: Zit. S. 66. — [2] SEABRA, P.: Zit. S. 66. — [3] FISCHL, V., u. H. SCHLOSSBERGER: Zit. S. 2. — [4] ADVIER u. PEIRIER: Zit. S. 66. — [5] SCHÖBL, O.: Philippine J. Sci. **25**, 135 (1924). — [6] STANLEY, W. M., G. H. COLEMAN, C. M. GREER, J. SACKS u. R. ADAMS: Zit. S. 66. — [7] HASSELTINE, H. E.: U. S. Publ. Health Bull. **141**, 1 (1924). — [8] LINDENBERG, A., u. B. RANGEL PESTANA: Zit. S. 66. — [9] ROGERS, L., S. L. CUMMINS u. C. WEATHERALL: Zit. S. 66. — [10] MIURA, O.: Zit. S. 66.

den ihm nahestehenden, bei Lepra therapeutisch wirksamen Flacourtiaceenölen andere Öle [Öl von Gynocardia odorata (s. S. 23), Leinöl, Cocosnußöl, Maisöl, Kapoköl, Sesamöl, Bagilumbangöl, Lumbangöl, Lebertran, Haifischtran u. a.[1]] trotz höherer Jodzahl, d. h. trotz eines höheren Gehalts an ungesättigten Fettsäuren, und auch diese ungesättigten Fettsäuren selbst (in Form der Natriumsalze oder Äthylester) eine bedeutend schwächere Wirkung auf die zur Gruppe der säurefesten Bacillen gehörenden Mikroorganismen in vitro entfalten, haben vor allem WALKER und SWEENEY[2], sowie SCHÖBL[3] die Meinung vertreten, daß die konstitutionellen Besonderheiten der Chaulmoografettsäuren als Ursache der elektiven Wirksamkeit anzusehen sind. Daß die spezifische wachstumshemmende Wirkung der von Taraktogenos kurzii und gewissen Hydnocarpusarten stammenden Öle nicht etwa auf den in ihnen enthaltenen flüchtigen Stoffen beruht, wurde durch SCHÖBL und KUSAMA[4] in besonderen Versuchen ausgeschlossen. Auf Grund der Ergebnisse ihrer Reagensglasversuche sind WALKER und SWEENEY sowie SCHÖBL der Meinung, daß einerseits der *fünfgliedrige Kohlenstoffring*, andererseits die in ihm enthaltene *Doppelbindung* für die antibakterielle und damit auch für die therapeutische Wirksamkeit der Chaulmoografettsäuren maßgebend sind.

Einen gegenteiligen Standpunkt nehmen ADAMS und seine Mitarbeiter[5] ein. Da sowohl die Dihydrochaulmoograsäure (s. S. 33) als auch die von der Chaulmoograsäure sich ableitenden Amine (z. B. Chaulmoogrylamin, Chaulmoogryldiäthylamin; s. S. 41) eine entwicklungshemmende Wirkung auf sog. Leprabacillen in vitro erkennen ließen, nehmen die genannten Autoren an, daß weder die Olefinbindung —CH=CH—, die in der Dihydrochaulmoograsäure fehlt, noch die Carboxylgruppe, welche in den Aminen nicht vorhanden ist, den wesentlichen Bestandteil der Chaulmoografettsäuren hinsichtlich der antibakteriellen bzw. therapeutischen Eigenschaften darstellen. Der Carboxylgruppe soll danach nur ein Einfluß auf die Löslichkeit der Substanzen zukommen. Da weiter die zahlreichen, im Verlauf ihrer Untersuchungen dargestellten Fettsäuren, die zum Teil ebenso wie die Chaulmoogra- und die Hydnocarpussäure die Cyclopentenylgruppe, zum Teil andere Ringe (Cyclohexyl-, Cyclopentyl-, Cyclobutyl-, Cyclopropylderivate; s. Tabelle 7), zum Teil aber auch gar keine Ringe in ihrem Molekül enthalten (Dodecyl-, Tridecyl-, Tetradecyl-, Pentadecyl-, Hexadecyl-, Heptadecyl-, Oktadecyl- und Nonadecylsäuren; s. Tabelle 8), bei gleichem Molekulargewicht etwa dieselbe wachstumshemmende Wirkung gegenüber säurefesten Bakterien entfalteten, schließen aber ADAMS und seine Mitarbeiter außerdem, daß diese Eigenschaft nicht, wie sonst allgemein angenommen wird, auf eine besondere Molekularstruktur zu beziehen ist, daß vielmehr alle wirksamen Säuren bestimmte *physikalische Eigenschaften* gemeinsam haben, und daß diese ihrerseits mit dem *Molekulargewicht* zusammenhängen. Nach ihren Befunden wird nämlich bei den einzelnen Reihen von Säuren das Maximum der antibakteriellen Eigenschaften gegenüber säurefesten Bacillen bei denjenigen Verbindungen erreicht, die etwa 16—18 Kohlenstoffatome in ihrem Molekül auf-

---

[1] Hinsichtlich der entwicklungshemmenden und bactericiden Wirksamkeit derartiger Fette und Öle, insbesondere des Lebertrans und der aus diesen gewonnenen Fettsäuren gegenüber säurefesten Bakterien vgl. WILLIAMS u. FORSYTH [Brit. med. J. **1909 II**, 1120], E. L. WALKER u. M. A. SWEENEY (zit. S. 66), A. LINDENBERG u. B. RANGEL PESTANA (Zit. S. 66), H. B. CAMPBELL u. J. KIEFFER [Amer. Rev. Tbc. **6**, 938 (1922)], O. SCHÖBL (Zit. S. 66), M. ISABOLINSKY u. W. GITOWITSCH [Z. Immun.forsch. **40**, 303 (1924); **41**, 497 (1924); **51**, 402 (1927); **54**, 285 (1928); **62**, 415 (1929)], H. E. KIRSCHNER [Amer. Rev. Tbc. **6**, 401 (1922)], W. BLUMENBERG u. W. MÖHRKE [Z. Immun.forsch. **42**, 544 (1925)], G. PLATONOV [Amer. Rev. Tbc. **14**, 549 (1926); **21**, 362 (1930)], L. ROGERS, S. L. CUMMINS u. C. WEATHERALL (Zit. S. 66). — [2] WALKER, E. L., u. M. A. SWEENEY: Zit. S. 66. — [3] SCHÖBL, O.: Zit. S. 66. — [4] SCHÖBL, O., u. H. KUSAMA: Zit. S. 66. — [5] STANLEY, W. M., G. H. COLEMAN, C. M. GREER, J. SACKS u. R. ADAMS: Zit. S. 66.

Tabelle 7. Entwicklungshemmende Wirkung synthetischer Cyclofettsäuren gegenüber einem sog. Leprabacillenstamm in vitro (nach Stanley, Coleman, Greer, Sacks u. Adams[1]).

Gruppen von Fettsäuren	R =	Empirische Formel	Eben noch entwicklungs- hemmende Verdünnung
$C_6H_{11} \cdot CH(COOH)R$ (Cyclohexyl; s. S. 44)	$n\text{-}C_8H_{17}$	$C_{16}H_{30}O_2$	1 : 110000
	$n\text{-}C_9H_{19}$	$C_{17}H_{32}O_2$	1 : 190000
	$n\text{-}C_{10}H_{21}$	$C_{18}H_{34}O_2$	1 : 180000
	$n\text{-}C_{11}H_{23}$	$C_{19}H_{36}O_2$	1 : 160000
$C_6H_{11} \cdot CH_2 \cdot CH(COOH)R$ (Cyclohexyl; s. S. 44)	$n\text{-}C_7H_{15}$	$C_{16}H_{30}O_2$	1 : 190000
	$n\text{-}C_8H_{17}$	$C_{17}H_{32}O_2$	1 : 190000
$C_6H_{11} \cdot (CH_2)_2 \cdot CH(COOH)R$ (Cyclohexyl; s. S. 44)	$n\text{-}C_6H_{13}$	$C_{16}H_{30}O_2$	1 : 160000
	$n\text{-}C_7H_{15}$	$C_{17}H_{32}O_2$	1 : 220000
	$n\text{-}C_8H_{17}$	$C_{18}H_{34}O_2$	1 : 320000
$C_6H_{11} \cdot (CH_2)_3 \cdot CH(COOH)R$ (Cyclohexyl; s. S. 44)	$n\text{-}C_5H_{11}$	$C_{16}H_{30}O_2$	1 : 170000
	$n\text{-}C_6H_{13}$	$C_{17}H_{32}O_2$	1 : 240000
	$n\text{-}C_7H_{15}$	$C_{18}H_{34}O_2$	1 : 220000
$C_6H_{11} \cdot (CH_2)_4 \cdot CH(COOH)R$ (Cyclohexyl; s. S. 44)	$n\text{-}C_4H_9$	$C_{16}H_{30}O_2$	1 : 190000
	$n\text{-}C_5H_{11}$	$C_{17}H_{32}O_2$	1 : 220000
	$n\text{-}C_6H_{13}$	$C_{18}H_{34}O_2$	1 : 180000
$C_6H_{11} \cdot (CH_2)_R \cdot COOH$ (Cyclohexyl; s. S. 44)	9	$C_{16}H_{30}O_2$	1 : 20000
	10	$C_{17}H_{32}O_2$	1 : 10000
	11	$C_{18}H_{34}O_2$	1 : 20000
$C_5H_9 \cdot CH(COOH)R$ (Cyclopentyl; s. S. 43)	$n\text{-}C_9H_{19}$	$C_{16}H_{30}O_2$	1 : 111000
	$n\text{-}C_{10}H_{21}$	$C_{17}H_{32}O_2$	1 : 143000
	$n\text{-}C_{11}H_{23}$	$C_{18}H_{34}O_2$	1 : 153000
$C_5H_9 \cdot (CH_2)_2 \cdot CH(COOH)R$ (Cyclopentyl; s. S. 43)	$n\text{-}C_7H_{15}$	$C_{16}H_{30}O_2$	1 : 160000
	$n\text{-}C_8H_{17}$	$C_{17}H_{32}O_2$	1 : 170000
$C_5H_7 \cdot CH(COOH)R$ (Cyclopentenyl; s. S. 43)	$n\text{-}C_9H_{19}$	$C_{16}H_{28}O_2$	1 : 150000
	$n\text{-}C_{10}H_{21}$	$C_{17}H_{30}O_2$	1 : 167000
	$n\text{-}C_{11}H_{23}$	$C_{18}H_{32}O_2$	1 : 125000
$C_5H_7 \cdot (CH_2)_2 \cdot CH(COOH)R$ (Cyclopentenyl; s. S. 43)	$n\text{-}C_7H_{15}$	$C_{16}H_{28}O_2$	1 : 85000
	$n\text{-}C_8H_{17}$	$C_{17}H_{30}O_2$	1 : 125000
	$n\text{-}C_9H_{19}$	$C_{18}H_{32}O_2$	1 : 147000
	$n\text{-}C_{10}H_{21}$	$C_{19}H_{34}O_2$	1 : 192000
$C_4H_7 \cdot CH_2 \cdot CH(COOH)R$ (Cyclobutyl; s. S. 44)	$n\text{-}C_9H_{19}$	$C_{16}H_{30}O_2$	1 : 100000
	$n\text{-}C_{10}H_{21}$	$C_{17}H_{32}O_2$	1 : 125000
	$n\text{-}C_{11}H_{23}$	$C_{18}H_{34}O_2$	1 : 74000
$C_3H_5 \cdot CH_2 \cdot CH(COOH)R$ (Cyclopropyl; s. S. 44)	$n\text{-}C_{10}H_{21}$	$C_{16}H_{30}O_2$	1 : 143000
	$n\text{-}C_{11}H_{23}$	$C_{17}H_{32}O_2$	1 : 143000
	$n\text{-}C_{12}H_{25}$	$C_{18}H_{34}O_2$	1 : 111000
$C_6H_5 \cdot CH(COOH)R$ (Phenyl; s. S. 44)	$n\text{-}C_5H_{11}$	$C_{13}H_{18}O_2$	1 : 10000 ohne Wirkung
	$n\text{-}C_6H_{13}$	$C_{14}H_{20}O_2$	1 : 30000
	$n\text{-}C_7H_{15}$	$C_{15}H_{22}O_2$	1 : 50000
	$n\text{-}C_8H_{17}$	$C_{16}H_{24}O_2$	1 : 60000
$C_6H_5 \cdot (CH_2)_2 \cdot CH(COOH)R$ (Phenyl; s. S. 44)	C_2H_5	$C_{12}H_{16}O_2$	1 : 10000 ohne Wirkung
	$n\text{-}C_3H_7$	$C_{13}H_{18}O_2$	1 : 10000 ohne Wirkung
	$n\text{-}C_4H_9$	$C_{14}H_{20}O_2$	1 : 10000 ohne Wirkung
	$n\text{-}C_5H_{11}$	$C_{15}H_{22}O_2$	1 : 10000 ohne Wirkung
	$n\text{-}C_6H_{13}$	$C_{16}H_{24}O_2$	1 : 40000
	$n\text{-}C_7H_{15}$	$C_{17}H_{26}O_2$	1 : 60000
	ω-Phenylcaprylsäure	$C_{14}H_{20}O_2$	1 : 10000 ohne Wirkung
	ω-Phenylundecylsäure	$C_{17}H_{26}O_2$	1 : 50000

[1] Stanley, W. M., G. H. Coleman, C. M. Greer, J. Sacks u. R. Adams: Zit. S. 66.

Tabelle 8. Entwicklungshemmende Wirkung synthetischer Dialkylessigsäuren (s. S. 44) gegenüber einem sog. Leprabacillenstamm in vitro (nach STANLEY, COLEMAN, GREER, SACKS u. ADAMS[1]).

Gruppen von Fettsäuren	Formeln	Eben noch entwicklungs-hemmende Verdünnung
Dodecylsäuren	iso-$C_3H_7 \cdot CH(COOH)C_7H_{15}$	1 : 5000 ohne Wirkung
	$C_4H_9 \cdot CH(COOH)C_6H_{13}$	1 : 5000 ohne Wirkung
	$C_5H_{11} \cdot CH(COOH)C_5H_{11}$	1 : 5000 ohne Wirkung
Tridecylsäuren	$C_4H_9 \cdot CH(COOH)C_7H_{15}$	1 : 25000
	$C_5H_{11} \cdot CH(COOH)C_6H_{13}$	1 : 25000
Tetradecylsäuren	$C_4H_9 \cdot CH(COOH)C_8H_{17}$	1 : 62000
	$C_5H_{11} \cdot CH(COOH)C_7H_{15}$	1 : 74000
	$C_6H_{13} \cdot CH(COOH)C_6H_{13}$	1 : 74000
Pentadecylsäuren	$CH_3 \cdot CH(COOH)C_{12}H_{25}$	1 : 62000
	$C_2H_5 \cdot CH(COOH)C_{11}H_{23}$	1 : 85000
	$C_3H_7 \cdot CH(COOH)C_{10}H_{21}$	1 : 74000
	$C_4H_9 \cdot CH(COOH)C_9H_{19}$	1 : 74000
	$C_5H_{11} \cdot CH(COOH)C_8H_{17}$	1 : 74000
	$C_6H_{13} \cdot CH(COOH)C_7H_{15}$	1 : 85000
Hexadecylsäuren	$C_{15}H_{31} \cdot COOH$	1 : 5000 ohne Wirkung
	$CH_3 \cdot CH(COOH)C_{13}H_{27}$	1 : 62000
	$C_2H_5 \cdot CH(COOH)C_{12}H_{25}$	1 : 125000
	$C_3H_7 \cdot CH(COOH)C_{11}H_{23}$	1 : 85000
	$C_4H_9 \cdot CH(COOH)C_{10}H_{21}$	1 : 155000
	$C_5H_{11} \cdot CH(COOH)C_9H_{19}$	1 : 100000
	$C_6H_{13} \cdot CH(COOH)C_8H_{17}$	1 : 250000
	$C_7H_{15} \cdot CH(COOH)C_7H_{15}$	1 : 192000
	$(CH_3)_2CH \cdot CH_2 \cdot CH(COOH)C_{10}H_{21}$	1 : 192000
	$C_2H_5 \cdot CH(CH_3)CH(COOH)C_{10}H_{21}$	1 : 100000
Heptadecylsäuren	$CH_3 \cdot CH(COOH)C_{14}H_{29}$	1 : 25000
	$C_2H_5 \cdot CH(COOH)C_{13}H_{27}$	1 : 74000
	$C_3H_7 \cdot CH(COOH)C_{12}H_{25}$	1 : 50000
	$C_4H_9 \cdot CH(COOH)C_{11}H_{23}$	1 : 62000
	$C_5H_{11} \cdot CH(COOH)C_{10}H_{21}$	1 : 74000
	$C_6H_{13} \cdot CH(COOH)C_9H_{19}$	1 : 50000
	$C_7H_{15} \cdot CH(COOH)C_8H_{17}$	1 : 100000
Octadecylsäuren	$C_{17}H_{35} \cdot COOH$	1 : 5000 ohne Wirkung
	$CH_3 \cdot CH(COOH)C_{15}H_{31}$	1 : 62000
	$C_2H_5 \cdot CH(COOH)C_{14}H_{29}$	1 : 155000
	$C_3H_7 \cdot CH(COOH)C_{13}H_{27}$	1 : 5000 ohne Wirkung
	$C_4H_9 \cdot CH(COOH)C_{12}H_{25}$	1 : 5000
	$C_5H_{11} \cdot CH(COOH)C_{11}H_{23}$	1 : 15000
	$C_6H_{13} \cdot CH(COOH)C_{10}H_{21}$	1 : 62000
	$C_7H_{15} \cdot CH(COOH)C_9H_{19}$	1 : 62000
	$C_8H_{17} \cdot CH(COOH)C_8H_{17}$	1 : 62000
	$(CH_3)_2 \cdot CH \cdot CH(COOH)C_{13}H_{27}$	1 : 5000 ohne Wirkung
	$(CH_3)_2 \cdot CH \cdot CH_2 \cdot CH(COOH)C_{12}H_{25}$	1 : 25000
	$C_2H_5 \cdot CH(CH_3)CH(COOH)C_{12}H_{25}$	1 : 74000
	$C_3H_7 \cdot CH(CH_3)CH(COOH)C_{11}H_{23}$	1 : 62000
Nonadecylsäuren	$C_3H_7 \cdot CH(COOH)C_{14}H_{29}$	1 : 5000
	$C_5H_{11} \cdot CH(COOH)C_{12}H_{25}$	1 : 5000
	$C_7H_{15} \cdot CH(COOH)C_{10}H_{21}$	1 : 5000

[1] STANLEY, W. M., G. H. COLEMAN, C. M. GREER, J. SACKS u. R. ADAMS: Zit. S. 66.

weisen, während die mit mehr oder weniger Kohlenstoffatomen ausgestatteten Säuren im allgemeinen eine erheblich geringere Wirksamkeit erkennen ließen. Eine Ausnahme machten nur die in Tabelle 7 aufgeführten Phenylalkyl-[$C_6H_5 \cdot CH(COOH)R$]und Phenyläthylalkylessigsäuren[$C_6H_5 \cdot (CH_2)_2 \cdot CH(COOH)R$], welche im Vergleich mit den anderen Fettsäuren, die einen nichtaromatischen oder überhaupt keinen Ring in ihrem Molekül besitzen, wesentlich geringere wachstumshemmende Eigenschaften gegenüber säurefesten Bacillen aufwiesen. Immerhin war aber auch hier mit dem Ansteigen des Molekulargewichts eine Zunahme der Wirksamkeit unverkennbar.

Inwieweit die von Walker und Sweeney[1], Lindenberg und Rangel Pestana[2], Schöbl[3], Adams und seinen Mitarbeitern[4] erhaltenen Resultate Rückschlüsse auf die therapeutische Wirksamkeit der Substanzen besonders bei der Lepra des Menschen zulassen, soll hier nicht näher untersucht werden; auf diese Frage wird später (s. S. 120) zurückzukommen sein. Hier sei nur erwähnt, daß nach den klinischen Ergebnissen, die vor allem mit der Dihydrochaulmoogra-säure (s. S. 64) und mit der von Adams und seinen Mitarbeitern dargestellten, in vitro besonders wirksamen Di-n-heptylessigsäure [$C_7H_{15} \cdot CH(COOH)C_7H_{15}$; s. Tabelle 8 sowie S. 45, 64, 75, 86, 93, 105 und 117] erhalten wurden, ein strenger Parallelismus zwischen der Wirkung der Substanzen in vitro und in vivo nicht zu bestehen scheint. Unrichtig ist es jedoch zweifellos, wenn manche Autoren, wie Walker und Sweeney, sowie Adams und seine Mitarbeiter von einer „*bactericiden*" Wirkung der von ihnen im Reagensglasversuch geprüften Substanzen sprechen; vielmehr handelt es sich — wie dies auch hier betont wurde — bei der von ihnen gewählten Versuchsanordnung lediglich um die Feststellung der *entwicklungshemmenden* Eigenschaften der betreffenden Öle und Fettsäuren. Daß im Gegensatz zu den wachstumshemmenden Eigenschaften dieser Substanzen ihre abtötende Wirkung gegenüber säurefesten Bacillen in Wirklichkeit nur sehr gering ist, ergibt sich aus den Feststellungen von Kolmer, Davis und Jager[5] mit bovinen Tuberkelbacillen und von Lowe[6] mit virulenten Erregern der Rattenlepra. Kolmer, Davis und Jager gingen bei ihren Abtötungsversuchen in der Weise vor, daß sie fallende Verdünnungen von Chaulmoograöl (von Taraktogenos kurzii; in Paraffinum liquidum) auf Tuberkelbacillen einwirken ließen und dann die Mischungen auf Meerschweinchen verimpften; selbst das unverdünnte Chaulmoograöl vermochte die Tuberkelbacillen nicht abzutöten. Ebenso negativ verliefen die Versuche von Lowe, der bacillenreiche Aufschwemmungen der Milzen lepröser Ratten mit den Natriumsalzen der Gesamtfettsäuren eines Hydnocarpusöls bzw. mit Alepol (s. S. 52) in fallenden Verdünnungen versetzte, die Gemische nach verschieden langem Stehen zentrifugierte und die mehrfach gewaschenen Bacillen frischen Ratten einverleibte. Dabei ergab sich, daß eine 3—20 Stunden lange Einwirkung einer Hydnocarpatkonzentration 1:20 die Bacillen nicht abzutöten vermochte; die Ratten erkrankten sämtlich, zum Teil vielleicht etwas verzögert, an typischer Rattenlepra. Da derartig hohe Konzentrationen der fettsauren Salze im leprösen Organismus niemals erreicht werden können, ist auf Grund dieser Befunde wohl anzunehmen, daß es sich bei der Heilwirkung der hier zur Besprechung stehenden Öle und Fettsäuren ebenso wie bei der Chemotherapie überhaupt nicht um einen einfachen Desinfektionsprozeß, sondern um einen komplexen Vorgang handelt (vgl. S. 126).

Da bei Leprakranken unter dem Einfluß einer Behandlung mit Chaulmoogra-äthylestern ein massenhaftes Zugrundegehen der in den Lepromen und im Nasen-

---

[1] Walker, E. L., u. M. A. Sweeney: Zit. S. 66. — [2] Lindenberg, A., u. B. Rangel Pestana: Zit. S. 66. — [3] Schöbl, O.: Zit. S. 66. — [4] Adams, R., u. Mitarbeiter: Zit. S. 66. — [5] Kolmer, J. A., L. C. Davis u. R. Jager: Zit. S. 66. — [6] Lowe, J.: Zit. S. 66.

schleim enthaltenen Erreger nachzuweisen war, in vitro eine solche auflösende Wirkung der Ester auf Leprabacillen aber nicht festgestellt werden konnte, nahm GALLI-VALERIO[1] an, daß die Heilwirkung bei Verwendung von Präparaten der genannten Art bei Lepra auf indirektem Wege zustande komme. Diese Schluß-folgerung kann indessen, wie hernach (s. S. 126) auszuführen sein wird, nicht als bewiesen angesehen werden.

2. Wirkung auf wirbellose Tiere.

Bereits oben (s. S. 5) wurde darauf hingewiesen, daß das dem Chaulmoograöl nahestehende Öl aus den Samen von Hydnocarpus anthelmintica von den alten chinesischen Ärzten unter anderem auch zur Beseitigung von *Eingeweidewürmern* empfohlen worden ist. Ferner wurde hier schon erwähnt, daß nach den Angaben von DE LANESSAN[2] auch in Siam und in Cochinchina Teile des Krabao-Baumes (Hydnocarpus anthelmintica) als Wurmmittel Verwendung finden; KERR[3] hat darüber allerdings keinerlei Angaben in der medizinischen Literatur Siams nachweisen können. Indessen lassen die ebenfalls schon angeführten Mitteilungen von HENRICUS VAN RHEEDE TOT DRAAKENSTEIN[4] erkennen, daß auch das Öl von Hydnocarpus laurifolia s. wightiana von den Eingeborenen der Malabar-küste schon vor Jahrhunderten als Anthelminticum benützt wurde.

Aus neuerer Zeit liegen Angaben über die therapeutische Wirksamkeit von Flacourtiaceenölen bei Wurmerkrankungen nur von DIKSHIT[5] vor, nach dessen Befunden die als Alepol (s. S. 52) im Handel befindlichen Natriumsalze der ungesättigten Fettsäuren des Kavatelöls (von Hydnocarpus laurifolia s. wightiana) eine gewisse Wirkung auf manche tierischen Parasiten, wie z. B. die Mikrofilarien der Krähe und die Bandwürmer der Katze, ausüben (vgl. auch HOEHNE[6]).

3. Örtliche Wirkung auf Wirbeltiere.

Wie schon oben (s. S. 9 und S. 46) erwähnt wurde, besitzt das Chaulmoograöl erhebliche *gewebsreizende Eigenschaften*, die sowohl bei der ursprünglichen inner-lichen als auch bei der in neuerer Zeit hauptsächlich gebräuchlichen subcutanen und intramuskulären Anwendung des Pflanzenfetts sich recht unangenehm be-merkbar und dadurch eine ausreichende Behandlung mancher Patienten un-möglich machen können. Wie ebenfalls bereits dargelegt wurde (s. S. 46), lassen sich diese unerwünschten Reizwirkungen des Chaulmoograöls durch geeignete Maßnahmen, z. B. durch Verabreichung in Kapseln, vor allem aber durch Reini-gung des Öls bzw. durch Verwendung der als therapeutisch wirksam erkannten Fettsäuren besonders in Esterform, sowie durch geeignete Zusätze, bis zu einem gewissen Grade vermeiden. So soll sich z. B. das MERCADOsche Gemisch (s. S. 48) durch eine besonders geringe Reizwirkung auszeichnen (MERCADO Y DONATO[7], RODRIGUEZ[8]). Andererseits hat sich gezeigt, daß Chaulmoograäthylester (z. B. Antileprol) von manchen Individuen bei innerlicher Darreichung selbst in Kapseln schlecht vertragen werden (MERCADO Y DONATO[7]). Dagegen machen die Benzylester der Chaulmoografettsäuren in Form des „Antileprol-By" (s. S. 61) nach den klinischen Beobachtungen von ALWENS[9] bei peroraler, intramuskulärer und intravenöser Anwendung anscheinend keine oder nur geringe Reaktions-erscheinungen.

---

[1] GALLI-VALERIO, B.: Virchows Arch. **254**, 765 (1925). — [2] DE LANESSAN, J. L.: Zit. S. 6. — [3] KERR, A.: Zit. S. 18. — [4] VAN RHEEDE TOT DRAAKENSTEIN, HENRICUS: Zit. S. 6. — [5] DIKSHIT, B. B.: Indian J. med. Res. **19**, 775 (1932). — [6] HOEHNE, F. C.: Vegetaes anthelminthicos. Servicio Sanatario de Sao Paulo, Publ. **11**, 91 (1920). — [7] MERCADO Y DONATO, E.: Zit. S. 48. — [8] RODRIGUEZ, J.: Zit. S. 48. — [9] ALWENS, W.: Zit. S. 61.

In Bestätigung der Angaben zahlreicher klinischer Autoren (Literatur s. S. 9) ergab sich durch die experimentellen Untersuchungen von Lindenberg und Rangel Pestana[1], Kolmer, Davis und Jager[2], Voegtlin, Smith und Johnson[3], Read[4], Klopstock[5], Kessler[6], Emerson, Anderson und Leake[7] (s. auch Anderson, Emerson und Leake[8]), daß das *Chaulmoograöl* auch bei Versuchstieren (Meerschweinchen, Kaninchen, Ratten, Hunde) nach *subcutaner* oder *intramuskulärer* Injektion eine außerordentlich starke Reizwirkung auf die Gewebe ausübt, und z. B. bei Meerschweinchen schon in geringer Dose (1 ccm) zu schmerzhaften lokalen Schwellungen sowie zur Bildung von käsigen Abscessen und Nekrosen führt. Bei mikroskopischer Untersuchung läßt sich nach den Angaben von Voegtlin und seinen Mitarbeitern bei Meerschweinchen nach intramuskulärer Einspritzung des Öls im Bereich der Injektionsstelle eine Atrophie und fettige Degeneration der Muskelfibrillen nachweisen; unter Umständen sollen sich diese Veränderungen schon nach Anwendung recht geringer Mengen des Öls (0,01 ccm in Olivenöl) feststellen lassen. Demgegenüber gibt Nolasco[9] an, daß er nach mehrfacher subcutaner oder auch intracutaner Einspritzung von je 1 ccm Hydnocarpusöl (von H. laurifolia s. wightiana) bei Affen keine Reizerscheinungen, sondern nur Verdickungen der Haut, die auf nichtresorbiertes Öl zurückzuführen waren, an den Injektionsstellen konstatieren konnte. Histologisch waren bloß wenige Monocyten, welche gelbe Kügelchen (s. unten) enthielten, nachweisbar. Die zwischen den Angaben der erstgenannten Autoren und den Ergebnissen von Nolasco bestehenden Unterschiede sind vermutlich auf den verschiedenen Reinheitsgrad der verwendeten Präparate zurückzuführen (s. S. 76).

Die lokalen Reizwirkungen der *Äthylester der Chaulmoografettsäuren* auf das Gewebe sind nach den klinischen Berichten (Literatur s. S. 58) und nach den Experimentalbefunden von Valenti[10], Voegtlin, Smith und Johnson[3], Walker, MacArthur und Sweeney[11], Read[4], Nolasco[12], Emerson, Anderson und Leake[7] (s. auch Anderson, Emerson und Leake[8]) im allgemeinen weniger ausgesprochen. Immerhin sind aber auch hier, nach den Angaben der Autoren, im Anschluß an die parenterale Einverleibung entzündliche Erscheinungen und mikroskopische Veränderungen am Orte der Einspritzung zu beobachten (vgl. S. 58). So geben Walker, MacArthur und Sweeney an, daß sie bei Kaninchen nach mehrfacher subcutaner Injektion der Chaulmoograäthylester in Dosen über 0,0715 ccm pro Kilogramm schwere und lange bestehen bleibende Infiltrate beobachteten. Nach den Beobachtungen von Nolasco bewirkt die mehrmals in unregelmäßigen Abständen erfolgende Injektion jodierter Hydnocarpusäthylester (bereitet mit Öl von H. laurifolia s. wightiana; Einzeldosen bis 1 ccm) unter die Haut oder auch in die Umgebung eines Nerven (Nervus ulnaris) bei Affen entzündliche Veränderungen mit anschließender Bindegewebsvermehrung. Histologisch ließ sich hier eine Infiltration des Subcutan- bzw. Perineuralgewebes

---

[1] Lindenberg, A., u. B. Rangel Pestana: Brazil Medico **34**, 603 (1920) — J. amer. med. Assoc. **75**, 1602 (1920) — Z. Immun.forsch. **32**, 66 (1921). — S. auch A. Lindenberg: Bol. Acad. Nac. Med., Rio de Janeiro **91**, Nr 22 (1920). — [2] Kolmer, J. A., L. C. Davis u. R. Jager: Zit. S. 66. — [3] Voegtlin, C., M. J. Smith u. J. M. Johnson: J. amer. med. Assoc. **77**, 1017 (1921). — [4] Read, B. E.: J. of Pharmacol. **24**, 221 (1924). — [5] Klopstock, F.: Z. Tbk. **41**, 119 (1924). — [6] Kessler, A.: Klin. Wschr. **4**, 879 (1925). — [7] Emerson, G. A., H. H. Anderson u. C. D. Leake: Arch. internat. Pharmacodynamie **48**, 247 (1934). — [8] Anderson, H. H., G. A. Emerson u. C. D. Leake: Internat. J. Leprosy **2**, 39 (1934). — [9] Nolasco, J. O.: J. Philippine Isl. med. Assoc. **12**, 147 (1932). — [10] Valenti, A.: Arch. di Farmacol. **23**, 65 (1917). — [11] Walker, E. L., C. G. MacArthur u. M. A. Sweeney: Transact. 18th annual meeting of the National Tuberculosis Assoc. **1922**, 553. — [12] Nolasco, J. O.: J. Philippine Isl. med. Assoc. **9**, 347 (1929); **10**, 273 (1930); **12**, 147 (1932); **14**, 421 (1934) — Far eastern Assoc. trop. Med. 8th Congr., (Bangkok 1930) Transact. 612 **1932**, — Internat. J. Leprosy **2**, 159 (1934).

mit großen mononucleären Zellen, welche mit den erwähnten gelben Kügelchen beladen waren, feststellen.

Auch die bei der sog. PLANCHA-Methode (s. S. 63) gebräuchliche *intracutane Injektion* von Äthylestern (mit oder ohne Jodzusatz) führt nach den histologischen Befunden von NOLASCO zu Reizerscheinungen seitens des Gewebes, die nach 24 Stunden durch das Auftreten degenerierter polynucleärer und mononucleärer Zellen, sowie eines fibrinösen Exsudats erkenntlich sind (vgl. insbesondere auch ROY[1]). Auch hier sind im Cytoplasma der großen mononucleären Leukocyten und im Bindegewebe lange Zeit (mehr als 9 Monate) hindurch die genannten gelben Kügelchen nachzuweisen, die sich nach den Feststellungen von NOLASCO nur mit Lipoidfarbstoffen färben und durch eine 2proz. alkoholische Natriumhydroxydlösung hydrolysieren lassen. Trotzdem sich die zum Nachweis des Chaulmoograöls bzw. der Chaulmoografettsäuren angegebenen Farbreaktionen [VALENTI[2], LIFSCHÜTZ[3], Pharmacopoea japonica 4. Ausg., S. 289 (1921/1922)] als nicht brauchbar erwiesen haben (vgl. auch WARREN[4]) und infolgedessen der direkte Beweis dafür, daß es sich bei Kügelchen um die intracutan injizierten Äthylester handelt, nicht erbracht wurde, ist aber doch nicht daran zu zweifeln, daß es sich bei diesen Gebilden, die auch bei gesunden Personen nach intracutaner Injektion der Ester auftreten, aber bei unbehandelten Leprösen fehlen, um das injizierte Präparat handelt (vgl. auch S. 88).

Bei *intraperitonealer Injektion* sind die durch die Äthylester der Chaulmoografettsäuren bei Versuchstieren (Meerschweinchen, Kaninchen) hervorgerufenen lokalen Reizerscheinungen anscheinend weniger intensiv als nach subcutaner oder intracutaner Einspritzung. Nach den Angaben von VALENTI[2] sowie VOEGTLIN, SMITH und JOHNSON[5] kommt es hier zur Bildung von Ascites, zu Verwachsungen und zu Fibrinausscheidungen.

Nach *intravenöser Injektion* der Äthylester der Chaulmoografettsäuren sind nach den klinischen Beobachtungen von YOUNG[6], ORTIZ[7], CALLAWAY[8] u. a. häufig Schüttelfrost, Wallungen, Bangigkeit, Temperatursteigerung und Husten zu beobachten. Auch kommt es bei dieser Art der Behandlung zu einer Verödung der Venen, so daß sich die Einspritzungen nur beschränkte Zeit fortsetzen lassen. Bei Kaninchen waren nach intravenöser Injektion von Chaulmoograäthylestern in größerer Dose (0,2—0,3 ccm pro Kilogramm) Embolien und Lungeninfarkte mit anschließender Abszeßbildung festzustellen (FRAZIER und CHEN[9]; vgl. S. 95). Nach den Angaben von ORTIZ[7] können die nach intravenöser Esterinjektion verursachten Hustenanfälle durch prophylaktische Darreichung von Heroin (0,015 g 10 Minuten vor der Einspritzung) vermieden werden.

Stärkere Gewebsreaktionen als die Äthylester verursachen nach den Befunden von WALKER, MACARTHUR und SWEENEY[10] die Methyl- und die Amylester der Chaulmoografettsäuren, während die Propyl- und die Butylester selbst bei langdauernder Anwendung praktisch so gut wie reaktionslos vertragen werden sollen (s. auch MORROW, WALKER und MILLER[11], MILLER[12], KLOPSTOCK[13]; vgl. auch S. 62). Recht erhebliche Reizwirkungen auf die Gewebe entfalten dagegen die von ADAMS und seinen Mitarbeitern synthetisierten Äthylester der Di-n-

---

[1] ROY, A. T.: Zit. S. 63. — [2] VALENTI, A.: Zit. S. 74. — [3] LIFSCHÜTZ, J.: Chem.-Ztg **45**, 1264 (1921). — [4] WARREN, L. E.: J. Assoc. Official Agric. Chem. **11**, 330 (1928) [Chem. Abstr. **22**, 3956 (1928)]. — [5] VOEGTLIN, C., M. J. SMITH u. J. M. JOHNSON: Zit. S. 74. — [6] YOUNG, W. A.: Zit. S. 58. — [7] ORTIZ, P. N.: Zit. S. 58. — [8] CALLAWAY, J. L.: Arch. of Dermat. **35**, 1138 (1937). — [9] FRAZIER, C. N., u. F. K. CHEN: Philippine J. Sci. **42**, 269 (1930). — [10] WALKER, E. L., C. G. MACARTHUR u. M. A. SWEENEY: Zit. S. 74. — [11] MORROW, H., E. L. WALKER u. H. E. MILLER: J. amer. med. Assoc. **79**, 434 (1922). — [12] MILLER, H. E.: Med. Clin. N. America **6**, 377 (1923). — [13] KLOPSTOCK, F.: Z. Tbk. **41**, 119 (1924).

heptylessigsäure (s. S. 45 u. 64; Lara und Fernández[1]; Anderson, Emerson und Leake[2]).

Die insbesondere von Rogers zur Leprabehandlung empfohlenen *Natriumsalze der Chaulmoografettsäuren* (s. S. 10 u. 51) bewirken nach subcutaner Einspritzung lokale Reizerscheinungen (Schwellung, Ödem, Absceßbildung; vgl. die an Katzen und Hunden ausgeführten Versuche von Thoms und Müller[3]) und führen nach *intravenöser* Injektion nicht selten zu einer Schädigung der Gefäßwände und zur Thrombenbildung (Literatur s. S. 53). Solche mit der Gefahr einer obliterierenden Phlebitis und der Embolie verbundenen Einwirkungen auf die größeren Blutgefäße des Subcutangewebes wurden von Nolasco[4] bei Hunden bemerkenswerterweise auch nach intracutaner Injektion der Natriumsalze der Chaulmoografettsäuren (3—15proz. Lösungen) beobachtet. Verschiedene Autoren, wie z. B. Peirier[5], nehmen an, daß diese Schädigungen der Gefäße auf der Alkalität der Salzlösungen beruhen und sich durch Verwendung weniger alkalischer Präparate vermeiden lassen (s. S. 54). Demgegenüber weist aber Nolasco darauf hin, daß sich die Thrombenbildung in den Gefäßen durch Pufferung der zu injizierenden Lösungen nicht vermeiden ließ. Auch nach den klinischen Feststellungen von Lara, de Vera und Eubanas[6], die bei Verwendung eines reinen Natriumhydnocarpats eine viel geringere Gewebsreizung beobachteten, sowie nach den Ergebnissen von Jackson[7], hängen diese Erscheinungen nicht ausschließlich oder vorwiegend mit der Alkalität der Lösungen zusammen.

Auch einige der von Emerson, Anderson und Leake[8] experimentell erprobten synthetischen Derivate der Chaulmoograsäure, nämlich das Natriumchaulmoogrylglycinat (Präparat 1141; s. S. 64 u. 105), das Natriumdiäthyläthanolammoniumchaulmoograt (Präparat 2001; s. S. 64), das Natriumchaulmoogryl-o-aminobenzoat (Präparat 1601; s. S. 64) und das Cholinchaulmoograt (Präparat 2211, s. S. 64) bewirkten bei einem Teil der subcutan behandelten Ratten Hautnekrosen. Dagegen waren das als „Chaulphosphate" bezeichnete dichaulmoogroyl-β-glycerinphosphorsaure Natrium (s. S. 64 u. 105), das Natriumchaulmoogrylglutamat (s. S. 64) und das Kaliumjododihydrochaulmoograt (Präparat 661 K; s. S. 64 u. 105) frei von solchen Reizwirkungen.

Paget, Trevan und Attwood[9] haben die gewebsreizende Wirkung der Chaulmoograpräparate einer chemischen und experimentellen Untersuchung unterzogen und auch eine geeignete Methode zur Prüfung dieser Eigenschaften an Meerschweinchen [Injektion von 0,05—0,1 ccm fallender Verdünnungen (hergestellt mit Paraffinum liquidum oder Ölsäureäthylester) in die mit Hilfe einer Haarschneidemaschine, nicht mittels eines Enthaarungsmittels von Haaren befreite Haut] angegeben. Nach ihren Befunden sind die nach Injektion von Chaulmoograpräparaten auftretenden lokalen entzündlichen Erscheinungen nicht auf die therapeutisch wertvollen ungesättigten Fettsäuren, sondern auf die beigemengten *lactonartigen Verbindungen* (s. S. 33 u. 40) zurückzuführen. Hinsichtlich der Empfindlichkeit der Haut bestehen ebenso wie beim Menschen auch beim Meerschweinchen gewisse individuelle Unterschiede (vgl. auch Roy[10]).

Daß das *Chaulmoograöl* und seine Derivate bei *innerlicher* Darreichung vielfach schlecht vertragen werden und zu gastrointestinalen Störungen (Gastritis,

[1] Lara, C. B., u. G. Fernández: Zit. S. 64. — [2] Anderson, H. H., G. A. Emerson u. C. D. Leake: Zit. S. 74. — [3] Thoms, H., u. F. Müller: Z. Unters. Nahrgsmitt. usw. **22**, 226 (1911). — [4] Nolasco, J. O.: J. Philippine Isl. med. Assoc. **10**, 277 (1930)—Far eastern Assoc. trop. Med. 8th Congr. (Bangkok 1930) Transact. 612 (1932) — Internat. J. Leprosy **2**, 159 (1934). — [5] Peirier, M.: Zit. S. 54. — [6] Lara, C. B., B. de Vera u. F. Eubanas: J. Philippine Isl. med. Assoc. **8**, 261 (1928). — [7] Jackson, J. T.: Zit. S. 54. — [8] Emerson, G. A., H. H. Anderson u. C. D. Leake: Zit. S. 64. — [9] Paget, H., J. W. Trevan u. A. M. P. Attwood: Zit. S. 33. — [10] Roy, A. T.: Zit. S. 63.

Durchfälle usw.) führen, und daß deshalb zahlreiche Lepröse auf diese Weise nicht ausreichend behandelt werden können, wurde bereits mehrfach erwähnt (vgl. S. 9 u. 45; YOUNG[1], YEO[2], COTTLE[3], DESPREZ[4], FOX[5], SÉE[6], DO AMARAL und PARANHOS[7], TÔYAMA[8], KUPFFER[9], DE AZUA[10], ZIEMANN[11], PICCARDI[12], LABERNADIE und LAFFITTE[13], WAYSON und BADGER[14] und viele andere). Allem Anschein nach weist die Empfindlichkeit der einzelnen Menschen gegenüber innerlich gegebenem Chaulmoograöl außerordentliche Verschiedenheiten auf. So berichten z. B. HOBSON[15] sowie DESPREZ[4] von Leprösen, welche mehrere Eßlöffel Chaulmoograöl täglich ohne Schwierigkeit einnehmen konnten[16], während bei anderen schon wenige Tropfen des Öls Intoleranzerscheinungen seitens des Magens hervorrufen.

Eingehende Untersuchungen über das Zustandekommen der nach innerlicher Verabreichung von Chaulmoograöl auftretenden Störungen seitens des Magen-Darmkanals wurden insbesondere im Anschluß an die Ende 1910 erst in Hamburg, dann aber in vielen anderen Teilen Deutschlands zur Beobachtung gelangten, durch bestimmte Margarinesorten (Sorten „Backa", „Luisa" und „Frischer Mohr") der Altonaer Margarinewerke Mohr u. Co. hervorgerufenen *Vergiftungsfälle* angestellt. Diese Erkrankungen, die sich in Übelkeit und Erbrechen, Koliken und Durchfällen äußerten, jedoch ausnahmslos gutartig verliefen, waren, wie durch die Untersuchungen zahlreicher Autoren festgestellt werden konnte, auf die Verwendung des als Marattifett, fälschlicherweise auch als Cardamomfett bezeichneten Öls von Hydnocarpus venenata (s. Tabelle 1) zurückzuführen [HERTKORN[17], VOIGT[18], DUNBAR[19], GRIMME[20] LITTERSCHEID[21] (s. auch LITTERSCHEID und ASCHER[22]), REINSCH[23], PLÜCKER[24], LUHN[25], THOMS und MÜLLER[26], LENDRICH, KOCH und SCHWARZ[27], KERP[28], COLLIN[29]]; die Sorte „Backa" enthielt 50—70%, die beiden anderen Marken 6—7% des raffinierten Hydnocarpusfettes.

Die von einigen Autoren (DUNBAR[19], LITTERSCHEID[21], LITTERSCHEID und ASCHER[22], PLÜCKER[24], LUHN[25], THOMS und MÜLLER[26], LENDRICH, KOCH und SCHWARZ[27]) durchgeführten Fütterungsversuche an Hunden und Katzen ergaben, daß das Marattifett und auch andere Flacourtiaceenöle (Hydnocarpus anthelmintica, H. laurifolia s. wightiana, H. alpina; s. bei LENDRICH, KOCH und SCHWARZ) in ungereinigtem wie in gereinigtem Zustand eine heftige Entzündung der Magen-Darmschleimhaut hervorrufen, daß also durch die Raffinierung der Öle der wirksame Stoff nicht entfernt wird. Die Vergiftungserscheinungen traten bei den Tieren vielfach schon etwa $^1/_2$ Stunde nach der Verfütterung des Fettes (oder auch der „Backa"-Margarine) auf und bestanden in wiederholtem heftigem Erbrechen, auf das mehr oder weniger ausgeprägte Mattigkeit und

[1] YOUNG, D.: Zit. S. 8. — [2] YEO, J. B.: Zit. S. 8. — [3] COTTLE, W.: Zit. S. 9. — [4] DESPREZ, G.: Zit. S. 3. — [5] FOX, G. H.: Zit. S. 8. — [6] SÉE, M.: Zit. S. 3. — [7] DO AMARAL, E., u. U. PARANHOS: Zit. S. 9. — [8] TÔYAMA, J.: Zit. S. 10. — [9] KUPFFER, A.: Zit. S. 9. — [10] DE AZUA, J.: Zit. S. 10. — [11] ZIEMANN, H.: Lepra (Lpz.) 9, 23 u. 111 (1910). — [12] PICCARDI, G.: Lepra (Lpz.) 12, 210 (1912). — [13] LABERNADIE, V., u. N. LAFFITTE: Zit. S. 46. — [14] WAYSON, N. E., u. L. F. BADGER: Zit. S. 61. — [15] HOBSON, B.: Zit. S. 5. — [16] B. E. READ (Zit. S. 74) nimmt allerdings an, daß es sich in derartigen Fällen um verfälschtes Chaulmoograöl handelte. — [17] HERTKORN, J.: Chem.-Ztg 34, 1381 (1910). — [18] VOIGT, A.: Jber. Vereinig. angew. Bot. 8, 171 (1910). — [19] DUNBAR, W. P.: Dtsch. med. Wschr. 37, 53 (1911). — [20] GRIMME, C.: Chem. Rev. Fett- u. Harzind. 18, 102, 131, 160 (1911). — [21] LITTERSCHEID, F.: Chem.-Ztg 35, 9 (1911). — [22] LITTERSCHEID, F., u. L. ASCHER: Chem.-Ztg. 35, 10 (1911). — [23] REINSCH, A.: Chem.-Ztg 35, 77 (1911). — [24] PLÜCKER, W.: Z. Unters. Nahrgsmitt. usw. 21, 257 (1911). — [25] LUHN, AUG., u. Co.: Seifensiederztg 38, 51 (1911). — [26] THOMS, H., u. F. MÜLLER: Zit. S. 76. — [27] LENDRICH, K., E. KOCH u. L. SCHWARZ: Z. Unters. Nahrgsmitt. usw. 22, 441 (1911). — [28] KERP, W.: Ärztl. Sachverst.ztg 17, 261 u. 380 (1911). — [29] COLLIN, E.: Ann. des Falsifications 4, 67 (1911).

Körpergewichtsverlust folgten. Bei Hunden riefen schon Mengen von 0,1 bis 0,25 g (Lendrich, Koch und Schwarz), bei Katzen Mengen von etwa 1,0 g Marattifett pro Kilogramm (Thoms und Müller) diese Zustände hervor; dagegen reagierten Kaninchen und Meerschweinchen auf die perorale Einverleibung selbst toxischer Dosen des Fettes nicht mit Erbrechen (Thoms und Müller, Litterscheid, Litterscheid und Ascher). Weiter zeigte sich, daß auch die reinen ungesättigten Fettsäuren des Marattifettes und des Chaulmoograöls (Chaulmoogra- und Hydnocarpussäure; s. S. 30) nach Verfütterung an Hunde und Katzen (nicht an Kaninchen) in Mengen von etwa 0,1—0,2 g/kg Erbrechen verursachen (Thoms und Müller, Lendrich, Koch und Schwarz). Da die optisch nicht mehr aktiven oxydierten oder bromierten Chaulmoografettsäuren (vgl. S. 33), denen die Äthylenbindung fehlt, bei Hunden in Dosen von 0,24 bis 0,5 ccm/kg keine brechenerregende Wirkung mehr erkennen ließen (s. auch Read[1]), sprachen Lendrich, Koch und Schwarz die Vermutung aus, daß die Reizerscheinungen seitens des Magens auf Sauerstoffentziehung beruhen könnten.

Auf Grund ihres Befundes, daß die Chaulmoografettsäuren bei Hunden nach subcutaner Einspritzung kein Erbrechen hervorriefen, nahmen Thoms und Müller an, daß die durch Chaulmoograöl hervorgerufenen *gastrointestinalen Störungen* ausschließlich dadurch zustande kommen, daß die stark reizend wirkenden ungesättigten Fettsäuren auf reflektorischem Wege als Brechmittel wirken. Auch Lendrich, Koch und Schwarz, die bei Hunden nach subcutaner oder intraperitonealer Injektion von 10 ccm Marattifett keine Vergiftungserscheinungen seitens des Verdauungskanals beobachteten, lehnten die Möglichkeit einer Reizung nervöser Zentren durch enteral verabreichte Flacourtiaceenöle oder deren Fettsäuren ab. In Anbetracht der außerordentlich langsamen Resorption der parenteral einverleibten Fette und fettsauren Salze (s. S. 87) erscheinen indessen diese Schlußfolgerungen schon an sich nicht überzeugend. Aber abgesehen davon, daß schon in den Versuchen von Thoms und Müller, sowie Lendrich, Koch und Schwarz bei einigen mit Marattifett gefütterten Hunden außer gastrointestinalen Störungen auch Krämpfe auftraten, konnte sodann Valenti[2] an Hunden zeigen, daß auch nach intravenöser Injektion der Chaulmoograäthylester Appetitlosigkeit, Erbrechen und Durchfall zu beobachten sind. Ähnliche Erfahrungen wurden hernach auch beim Menschen von Lissner[3] gemacht.

Valenti[2] nahm allerdings an, daß die brechenerregende Wirkung der intravenös injizierten Chaulmoograäthylester darauf beruht, daß sie großenteils durch den Verdauungstractus (außerdem durch die Nieren; vgl. S. 90) ausgeschieden werden und dadurch eine lokale Reizung der Schleimhaut von Magen und Darm bewirken. Weiterhin konnte aber Read[4] an Hunden nachweisen, daß der durch Chaulmoograöl bewirkte Brechreiz durch vorherige Morphininjektion aufgehoben werden kann. Er schloß daraus, daß die nach Einverleibung von Chaulmoograöl auftretende Nausea in erster Linie zentralen Ursprungs sei; später hat er sich zwar in dieser Beziehung etwas zurückhaltender geäußert (Read[5]). Dagegen führt neuerdings Emerson[6] verschiedene weitere Beobachtungen (unter anderem Aufhebung oder Verzögerung der brechenerregenden Wirkung der Chaulmoograäthylester nicht nur durch Morphin, sondern auch durch Atropin, Nicotin und Cannabis indica; vgl. die chinesische Ta-fung-tse-Behandlung, S. 47) an, die eine

---

[1] Read, B. E.: Chin. J. Physiol. **1**, 345 (1927). — [2] Valenti, A.: Zit. S. 74. — [3] Lissner, H. H.: Amer. Rev. Tbc. **7**, 257 (1923). — [4] Read, B. E.: Zit. S. 74. — — [5] Read, B. E.: Internat. J. Leprosy **1**, 193 (1933). — [6] Emerson, G. A.: Proc. Soc. exper. Biol. a. Med. **32**, 238 (1934).

zentrale brechenerregende Wirkung des Chaulmoograöls und seiner Derivate neben einer lokalen Reizung der Magenschleimhaut wahrscheinlich machen.

Nach den Angaben verschiedener Autoren (READ, EMERSON; s. auch Pharmacopoea japonica, 4. Aufl., S. 822) kann durch allmähliche Erhöhung der peroral zugeführten Einzeldosen von Chaulmoograöl eine gewisse Steigerung der Verträglichkeit erreicht werden. Auch wurde schon behauptet, daß bei solchen Patienten, die das Chaulmoograöl innerlich zunächst nicht vertragen und die infolgedessen mit intramuskulären Injektionen des Öls behandelt werden, sich dadurch der Magen mit der Zeit an das Fett gewöhne, so daß es hernach auch innerlich gegeben werden kann (DE AZUA[1]).

4. Tödliche Dosen für Wirbeltiere.

Bereits HERMANN[2] weist in seinem Musaeum zeylanicum darauf hin, daß die Früchte des später von JOS. GAERTNER[3] als Hydnocarpus venenata bezeichneten Baumes für *Fische* giftig sind, und daß dann das Fleisch dieser Fische für menschlichen Genuß nicht mehr brauchbar ist. Diese Angabe, die hernach von BURMAN[4] sowie GAERTNER[5] übernommen wurde, wird in neuerer Zeit auch von WATT[6], LEWIN[7] sowie KERR[8] bestätigt. Die letztgenannten Autoren geben außerdem an, daß in gleicher Weise auch die Früchte von Hydnocarpus heterophylla und H. anthelmintica für Fische giftig sind.

Was weiterhin die Giftigkeit des Chaulmoograöls und der ihm nahestehenden anderen Flacourtiaceenöle für Amphibien und Reptilien anlangt, so ist dieselbe nach den spärlichen darüber vorliegenden Angaben anscheinend nur gering (s. Tabelle 9). STÉVENEL[9] glaubt, ein von ihm im Chaulmoograöl nachgewiesenes unstabiles, phytosterinartiges Lipoid, welches *Eidechsen* und *Frösche* unter curareähnlichen Erscheinungen tötet, aber für Warmblüter (Ratten) weniger toxisch ist, als den wirksamen Bestandteil des Pflanzenöls ansprechen zu sollen (vgl. S. 40). Da ein Öl, welches durch Benzolextraktion aus peinlichst geschälten Kernen von Hydnocarpus laurifolia s. wightiana gewonnen worden war, sowie gereinigtes Chaulmoograöl für Frösche und Eidechsen ungiftig waren, da sich andererseits Alkohol-, Äther- und Chloroformextrakte aus den pulverisierten Schalen von Hydnocarpus laurifolia s. wightiana und H. anthelmintica (nicht aber von H. saigonensis) für die genannten beiden Tierarten als toxisch (Dos. tox. für Eidechsen von 30 g Gewicht: 2 ccm einer 10proz. Aufschwemmung der Substanz in Öl), aber auch beim leprösen Menschen als therapeutisch wirksam erwiesen, nimmt er an, daß der bei Lepra therapeutisch wertvolle Anteil des Chaulmoograöls aus der Schale der Kerne stammt, und daß jede Reinigung des Öls seinen Heilwert herabsetzt. Von anderen Autoren ist diese Auffassung von STÉVENEL bisher nicht bestätigt worden. Indessen hat sich gezeigt, daß in den verschiedenen Flacourtiaceenölen Glykoside enthalten sind, welche Blausäure abspalten (vgl. S. 40); diese Glykoside besitzen eine erhebliche Giftigkeit für Eidechsen (PERROT[10]) und sind vermutlich für die im Jahre 1910 in Deutschland beobachteten Margarinevergiftungen (s. S. 77) wenigstens zum Teil verantwortlich zu machen (vgl. HENRY[11]).

---

[1] DE AZUA, J.: Lepra (Lpz.) **9**, 144 (1910). — [2] HERMANN, PAUL: Zit. S. 7. — [3] GAERTNER, JOSEPHUS: Zit. S. 7. — [4] BURMAN, JOH.: Zit. S. 7. — [5] GAERTNER, JOSEPHUS (Zit. S. 7): S. 288/289: Hydnocarpus venenata (Makulu et Makulu-ghaha arbor): „Fructus comesti ebrietatem inducunt et avide devorantur a piscibus Lellu et Pethijo, alias satis delicatis; eo vero tempore, quo fructus Makulu maturescunt, tales pisces nequaquam comeduntur ob vomitus aliaque symptomata, quae ab esu horum piscium causantur." — [6] WATT, G.: Zit. S. 2. — [7] LEWIN, L.: Gifte und Vergiftungen. Berlin: G. Stilke 1929 (s. S. 647). — [8] KERR, A.: Zit. S. 6. — [9] STÉVENEL, L.: Zit. S. 40 — vgl. auch Bull. Soc. Path. exot. Paris **28**, 14 (1935). — [10] PERROT, E.: Zit. S. 40. — [11] HENRY, T. A.: Zit. S. 40.

Tabelle 9. Toxische bzw. erträgliche Dosen des Chaulmoograöls und anderer Flacourtiaceenöle, sowie einiger daraus dargestellter Präparate für verschiedene Tierarten.

Substanzen	Tierart	Applikation und Verträglichkeit der Substanz				Autoren
		Art der Anwendung*	Häufigkeit der Anwendung	Dosis tolerata	Dosis toxica	
Öl von Taraktogenos kurzii (Chaulmoograöl)	Kaninchen	iv	1mal	0,15 ccm pro kg		KAMIKAWA[1]
	,,	sc	3mal in 1 Woche	1,0 ccm pro kg		KAMIKAWA[2]
	Meerschweinchen	sc	1mal wöchentlich	0,1 ccm pro Tier		KLOPSTOCK[3]
	,,	im	1mal wöchentlich	1,0 ccm pro kg		VOEGTLIN, SMITH u. JOHNSON[4]
	,,	,,	1mal wöchentlich	2,0 ccm pro kg		KOLMER, DAVIS u. JAGER[5]
	Maus	sc	1mal wöchentlich	0,05 ccm pro Tier		FISCHL[6]
	Huhn	per os	täglich	5 ccm pro kg		KAMIKAWA[2]
	Eidechse	sc	1mal		0,5 ccm pro Tier	STÉVENEL[7]
	Frosch	,,	1mal		0,5 ccm pro Tier	
Öl von Hydnocarpus anthelmintica (Lukrabaöl)	Kaninchen	per os	1mal		5 ccm pro kg	READ[8]
	,,	,,	1mal		3—4 ccm pro Tier	BOËZ, GUILLERM u. MARNEFFE[9]
	,,	sc	1mal	8 ccm pro Tier		
	Meerschweinchen	per os	1mal		2 ccm pro Tier	
	,,	sc	1mal	8 ccm pro Tier		
	Maus	sc	1mal wöchentlich	0,05 ccm pro Tier		FISCHL[6]
	Hund	per os	1mal	0,2 ccm pro kg (Erbrechen)		LENDRICH, KOCH u. SCHWARZ[10]
Öl von Hydnocarpus laurifolia s. wightiana (Kavatelöl)	Affe	im, sc oder ie	mehrmals in Abständen von 1—2 Wochen, 5—6 Monate lang	1 ccm pro Tier		NOLASCO[11]
	Hund	per os	1mal	0,15 ccm pro kg (kein Erbrechen)		LENDRICH, KOCH u. SCHWARZ[10]
	Maus	sc	1mal wöchentlich	0,05 ccm pro Tier		FISCHL[6]
Öl von Hydnocarpus inebrians	Hund	per os	1mal	0,26 ccm pro kg (Erbrechen)		LENDRICH, KOCH u. SCHWARZ[10]
Öl von Hydnocarpus venenata (Marattifett)	Kaninchen	per os	1mal		5,7 g pro kg	THOMS u. MÜLLER[12]
	,,	ip	15—18mal in 5—8täg. Abständen	5 ccm pro Tier		LENDRICH, KOCH u. SCHWARZ[10]
	Meerschweinchen	per os	1mal		2,0 g pro Tier	LITTERSCHEID u. ASCHER[13]
	Maus	sc	1mal wöchentlich	0,05 ccm pro Tier		FISCHL[6]
	Hund	per os	1mal	1,5 g pro Tier (Erbrechen)		DUNBAR[14], Luhn & Co.[15], PLÜCKER[16]
	,,	,,	1mal	0,26—2,0 ccm pro kg (Erbrechen)		LENDRICH, KOCH u. SCHWARZ[10], THOMS u. MÜLLER[12]
	Katze	,,	1mal	4 ccm pro kg (Erbrechen)		THOMS u. MÜLLER[12]

Öl von Carpotroche brasiliensis (Sepucainhaöl)	Mäus	sc	1 mal wöchentlich	0,05 ccm pro Tier		FISCHL[6]
Gemisch von HEISER (s. S. 48)	Kaninchen	sc	mehrfach in 3—5täg. Abständen	$^1/_{10}$—$^1/_{75}$ ccm pro kg		WALKER[17]
	,,	,,	mehrfach in 4—7täg. Abständen	$^1/_5$—$^1/_{25}$ ccm pro kg		
Chaulmugrin (s. S. 50)	Maus	sc	1 mal wöchentlich	0,05 ccm pro Tier		FISCHL[6]
Chaulmoograöl-Emulsion (s. S. 51)	Kaninchen	iv	1 mal	0,0013-0,01 g pro kg	0,004 g pro kg	VAHRAM[18]
	,,	,,	22 mal in 4—7täg. Abständen			WALKER[17]
	Hund	,,	1 mal		0,004 g pro kg	VAHRAM[18]
Chaulmoograsäure (s. S. 30)	Hund	per os	1 mal	0,1 g pro kg (Erbrechen)		THOMS u. MÜLLER[12], LENDRICH,KOCH u.SCHWARZ[10]
	Katze	,,	1 mal	1,0 g pro kg (Erbrechen)		THOMS u. MÜLLER[12]
Hydnocarpussäure (s. S. 30)	Hund	per os	1 mal	0,08 g pro kg (Erbrechen)		LENDRICH, KOCH u. SCHWARZ[10]
Oxydierte Gesamtfettsäuren des Chaulmoograöls (s. S. 33)	Hund	per os	1 mal	0,4 g pro kg (kein Erbrechen)		LENDRICH, KOCH u. SCHWARZ[10]
Bromierte Gesamtfettsäuren des Chaulmoograöls (s. S. 33)	Hund	per os	1 mal	0,5 g pro kg (kein Erbrechen)		LENDRICH, KOCH u. SCHWARZ[10]
Natriumchaulmoograt (s. S. 52)	Kaninchen	per os	1 mal	0,15—0,16 g pro kg		THOMS u. MÜLLER[12], WALKER, MACARTHUR u. SWEENEY[19]
	,,	iv	1 mal	0,036 g pro kg		AOKI, KAWAMURA, KAMIKAWA u. FUKUMACHI[20]
	,,	,,	1 mal	0,075 g pro kg	0,09 g pro kg	ROGERS[21],WALKER,MACARTHUR u. SWEENEY[19]
	,,	,,	1 mal	0,02 g pro kg	0,03 g pro kg	PEIRIER[22]
	,,	,,	6 mal in 4—5täg. Abständen	0,003-0,01 g pro kg		WALKER[17]
	,,	,,	22—32 mal in 2—7täg. Abständen	0,0013-0,01 g pro kg		
	Meerschweinchen	,,	1 mal	0,036-0,08 g pro kg		VOEGTLIN, SMITH u. JOHNSON[4], AOKI, KAWAMURA, KAMIKAWA u.FUKUMACHI[20]
	Ratte	,,	1 mal	0,2 g pro kg	0,3 g pro kg	ANDERSON, EMERSON u. LEAKE[23]
	Hund	per os	1 mal	0,067—0,1 g pro kg (Erbrechen)		THOMS u. MÜLLER[12], EMERSON[24]
	Katze	,,	1 mal	0,14 g pro kg (Erbrechen)		THOMS u. MÜLLER[12]

Tabelle 9 (Fortsetzung).

Substanzen	Tierart	Applikation und Verträglichkeit der Substanz				Autoren
		Art der An-wendung*	Häufigkeit der Anwendung	Dosis tolerata	Dosis toxica	
Natriumhydnocarpat (s. S. 52)	Maus	sc	1 mal wöchentlich	0,05 g pro Tier		Fischl[6]
Alepol (s. S. 52)	Kaninchen	iv	1 mal	0,027-0,065 g pro kg		Dikshit[25], Read[27]
	,,	sc	1 mal	0,025 g pro kg		Dikshit u. Row[26]
	Meerschweinchen	sc	1 mal	0,45 g pro kg		Dikshit[25]
	,,	ip	1 mal		0,5—1,0 g pro kg	
	Ratte	iv	1 mal	0,06—0,1 g pro kg	0,1—0,125 g pro kg	Emerson, Anderson u. Leake[28], Anderson, Emerson u. Leake[23]
	,,	sc	1 mal	1,8 g pro kg	2,0 g pro kg	
	,,	ip	1 mal		1,0 g pro kg	
	Maus	sc	1 mal		$^1/_{100}$ g pro 20 g	
	,,	ip	1 mal		$^1/_{70}$ g pro 20 g	
	Hund	iv	1 mal	0,3 g pro kg		
	Katze	,,	1 mal	0,3 g pro kg		Dikshit[25], Dikshit u. Row[26]
	,,	sc	1 mal	0,15 g pro kg		
	Frosch	,,	1 mal	0,02 g pro 50 g		
Leprol (s. S. 53)	Kaninchen	iv	1 mal	0,025 ccm pro kg		Aoki, Kawamura, Kami-kawa u. Fukimachi[20]
	Meerschweinchen	,,	1 mal	0,025 ccm pro kg		
Antileptin (s. S. 53)	Kaninchen	iv	1 mal	2,0 ccm pro kg		Aoki, Kawamura, Kami-kawa u. Fukumachi[20]
	Meerschweinchen	,,	1 mal	2,0 ccm pro kg		
Chaulmoogra-Äthylester (s. S. 55)	Kaninchen	iv	1 mal	0,4 ccm pro kg	0,5—0,8 ccm pro kg	Valenti[29], Frazier u. Chen[30]
	,,	ip	1 mal	4 ccm pro kg		Valenti[29], Walker, MacArthur u. Sweeney[19]
	,,	sc	1 mal	3 ccm pro kg	5 ccm pro kg	Valenti[29]
	,,	per os	10 mal in 24stünd. Abständen	5 ccm pro Tier		Walker, MacArthur u. Sweeney[19]
	Meerschweinchen	sc u. im	1 mal wöchentlich	0,3 ccm pro Tier		Ohlsson u. Glimstedt[31]
	,,	im u. ip	3 mal wöchentlich	0,25 ccm pro kg		Voegtlin, Smith u. Johnson[4]
	,,	sc	1 mal	4 ccm pro kg	10 ccm pro kg	Valenti[29]
	Ratte	,,	1 mal	30—35 ccm pro kg	35—50 ccm pro kg	Emerson u. Anderson[32], Anderson, Emerson u. Leake[23]
	Hund	per os	1 mal	0,1 ccm pro kg (Erbrechen)		Emerson[24]
	,,	iv	1 mal		0,5 ccm pro kg	Valenti[29]
	,,	sc	1 mal		3,5 ccm pro kg	

	Katze	per os	1 mal	0,1—0,2 ccm pro kg (z. T. Erbrechen)		EMERSON[24]
	Frosch (Rana esculenta)	sc	1 mal	<1,0 ccm pro Tier	1,0 ccm pro Tier (25 g)	VALENTI[29]
	Frosch	,,	1 mal		0,25 ccm pro 50 g	OHARA[33]
Äthylester der Fettsäuren vonHydnocarpus anthelmintica	Kaninchen	iv	1 mal		0,5 ccm pro kg	READ[8]
	Ratte	sc	1 mal wöchentlich	20 ccm pro kg		KOCH[34]
	Maus	,,	1 mal	$^1/_{10}$—$^1/_{20}$ ccm pro 20 g	$^1/_3$ ccm pro 20 g	SCHLOSSBERGER (s. bei FISCHL u.SCHLOSSBERGER[35])
Äthylester der Fettsäuren von Hydnocarpus laurifolia s. wightiana	Affe	im	1 mal	2 ccm pro Tier		NOLASCO[11]
Äthylester der Fettsäuren von Carpotroche brasiliensis	Frosch (Leptodactylus ocellatus)	sc	1 mal		2 ccm pro 50 g	MARTINS[36]
Chaulmoogra-Äthylester mit 0,5% Jod (s. S. 59)	Ratte	sc	1 mal	35 ccm pro kg	40—50 ccm pro kg	EMERSON u. ANDERSON[32]
	Frosch	,,	1 mal		0,15 g pro 50 g	OHARA[33]
Äthylester der Fettsäuren von H. anthelmintica mit 0,5% Jod	Ratte	sc	1 mal wöchentlich	20 ccm pro kg		KOCH[34]
	Maus	,,	1 mal	$^1/_{10}$-$^1/_{20}$ ccm pro 20 g	$^1/_3$ ccm pro 20 g	SCHLOSSBERGER (uned.)
Äthylester der Fettsäuren von H. wightiana mit 0,5% Jod	Affe	im, sc oder ic	mehrfach in Abständen von 7—28 Tagen, 6 Monate lang	0,5—1,0ccm pro Tier		NOLASCO[37]
Chaulmoogra-Äthylester mit 4% Kreosot (s. S. 59)	Ratte	sc	1 mal	30 ccm pro kg	35—40 ccm pro kg	EMERSON u. ANDERSON[32]
Dichlor-, Dibrom- u. Dijodchaulmoogra-Äthylester (s. S. 60)	Kaninchen	per os	1 mal		5 ccm pro kg	READ[38]
	,,	iv	1 mal		0,5 ccm pro kg	
	Hund	per os	1 mal		5 ccm pro kg	
	,,	iv	1 mal		0,5 ccm pro kg	
E.C.C.O.-Gemisch (s. S. 60)	Kaninchen	iv	1 mal		1 ccm pro kg	READ[39]
Antileprol (s. S. 57)	Kaninchen	iv	1 mal	0,02 ccm pro kg		AOKI, KAWAMURA, KAMIKAWA u. FUKUMACHI[20]
	Meerschweinchen	,,	1 mal	0,02 ccm pro kg		
Hydnocarin (s. S. 58)	Kaninchen	iv	1 mal	0,02 ccm pro kg		AOKI, KAWAMURA, KAMIKAWA u. FUKUMACHI[20]
	Meerschweinchen	,,	1 mal	0,02 ccm pro kg		
Chaulmestrol (s. S. 57)	Ratte	sc	1 mal	30 ccm pro kg	35—40 ccm pro kg	EMERSON u. ANDERSON[32]
Chaulmoogra-Methyl-, Propyl-, Butyl-, Amyl- u. Benzylester (s. S. 61)	Kaninchen	per os	10 mal in 24 stünd. Abständen	5 ccm pro Tier		WALKER, MACARTHUR u. SWEENEY[19]
	,,	ip	1 mal	5 ccm pro Tier		
Chaulmoogra-Propylester (s. S. 61)	Kaninchen	iv	1 mal	0,2 ccm pro kg	0,4 ccm pro kg	WALKER, MACARTHUR u. SWEENEY[19]
	,,	,,	3—4 mal in 24 stünd. Abständen		0,2 ccm pro kg	
	Meerschweinchen	sc	1 mal wöchentlich	0,1 ccm pro Tier		KLOPSTOCK[3]

6*

Tabelle 9 (Fortsetzung).

Substanzen	Tierart	Applikation und Verträglichkeit der Substanz				Autoren
		Art der An-wendung*	Häufigkeit der Anwendung	Dosis tolerata	Dosis toxica	
Chaulmoogra-Butylester (s. S. 61)	Kaninchen	per os	3mal in 24stünd. Abständen		4 ccm pro kg	Walker, McArthur u. Sweeney[19]
Dichaulmoogryl-β-glycero-phosphorsaures Natrium („Chaulphosphate") (s. S. 64)	Kaninchen	iv	1mal		1,25 g pro kg	Emerson, Anderson u. Leake[28]
	Meerschweinchen	sc	1mal		2,0 g pro kg	
	,,	ip	1mal		1,5—2,0 g pro kg	
	Ratte	iv	1mal		1,25 g pro kg	
	,,	ip	1mal		2,0 g pro kg	
	,,	sc	1mal		2,0 g pro kg	
	Maus	ip	1mal		0,04 g pro 20 g	
	,,	sc	1mal		0,05 g pro 20 g	
	Hund	iv	1mal		1,5 g pro kg	
	Katze	iv	1mal		1,0—1,25 g pro kg	
	Frosch	sc	1mal		0,125-0,15 g pro 50 g	
Natriumchaulmogryl-glutamat (s. S. 64)	Ratte	sc	1mal		2,0 g pro kg	Emerson, Anderson u. Leake[28]
	,,	iv	1mal		0,15—0,25 g pro kg	
Natriumchaulmoogryl-glycinat (s. S. 64)	Ratte	sc	1mal		1,0 g pro kg	Emerson, Anderson u. Leake[28]
	,,	iv	1mal		0,15—0,2 g pro kg	
Kaliumjododihydrochaul-moograt (s. S. 64)	Ratte	sc	1mal		0,25 g pro kg	Emerson, Anderson u. Leake[28]
Natriumchaulmoogryl-o-aminobenzoat (s. S. 64)	Ratte	sc	1mal		0,5 g pro kg	Emerson, Anderson u. Leake[28]
Diäthyläthanolammonium-chaulmoograt (s. S. 64)	Ratte	sc	1mal		1,5 g pro kg	Emerson, Anderson u. Leake[28]
Cholinchaulmoograt (s. S. 64)	Ratte	sc	1mal		0,5 g pro kg	Emerson, Anderson u. Leake[28]
Äthylester der Phenyldi-hydrohydnocarpussäure (s. S. 64)	Ratte	sc	mehrfach in etwa 4tägig. Abständen	0,25-0,5ccm proTier		Markianos[40]
Chaulmoogryl-p-pheneti-dinsulfosaures Natrium (s. S. 64)	Ratte	sc	1mal	0,3—0,6 g pro kg	0,5—0,7 g pro kg	Anderson, Emerson u. Leake[23]
	,,	iv	1mal	0,2 g pro kg	0,2—0,3 g pro kg	
Dihydrochaulmoogryl-p-phenetidinsulfosaures Natrium (s. S. 64)	Ratte	sc	1mal	0,3—0,4 g pro kg	0,4—0,6 g pro kg	Anderson, Emerson u. Leake[23]
	,,	iv	1mal	0,05-0,075 g pro kg	0,075—0,1 g pro kg	
Äthylester der Di-n-heptyl-essigsäure (s. S. 64)	Ratte	sc	1mal	15 ccm pro kg	20 ccm pro kg	Anderson, Emerson u. Leake[23]

Hinsichtlich der Giftigkeit des Chaulmoograöls und einiger Hydnocarpusöle, der aus den Ölen gewonnenen ungesättigten Fettsäuren, ihrer Natriumsalze und Ester, sowie verschiedener weiterer Derivate und auch der Äthylester der von ADAMS und seinen Mitarbeitern synthetisch dargestellten Di-n-heptylessigsäure (s. S. 45 u. 64) für *Warmblüter* bei verschiedener Art der Anwendung sei auf die Tabelle 9 verwiesen. Es ergibt sich aus dieser Zusammenstellung, daß die Chaulmoograpräparate im allgemeinen, besonders bei subcutaner, intramuskulärer und auch peroraler Zufuhr eine verhältnismäßig geringe Toxizität aufweisen; bei intravenöser Einverleibung können dagegen vor allem infolge der hämolytischen Wirkung der Substanzen nur wesentlich geringere Dosen verabfolgt werden (vgl. VALENTI[1], ROGERS[2], DIKSHIT[3], EMERSON, ANDERSON und LEAKE[1] u. a.). Zum Vergleich sei hier angegeben, daß die tödliche Mindestdose Olivenöl für Kaninchen bei intravenöser Injektion nach den Befunden von OGASAWARA[5] etwa 1 ccm/kg beträgt.

Von Wichtigkeit ist die Feststellung, daß die Toxizität der Chaulmoograäthylester durch Zusatz von 0,5% Jod (vgl. S. 59) nicht wesentlich vermindert wird, und daß ein Zusatz von 4% Kreosot zu den Estern (vgl. S. 60) sogar eher eine Steigerung der Giftigkeit bedingt. Bemerkenswerterweise ist nach den in Tabelle 9 aufgeführten Befunden die Toxizität der Äthylester der synthetischen

---

[1] VALENTI, A.: Arch. Farmacol. sper. **23**, 65 (1917). — [2] ROGERS, L.: Brit. med. J. **1916 II**, 550. — [3] DIKSHIT, B. B.: Indian J. med. Res. **19**, 775 (1932). — [4] EMERSON, G. A., H. H. ANDERSON u. C. D. LEAKE: Proc. Soc. exper. Biol. a. Med. **31**, 274 (1933). — [5] OGASAWARA, K.: Kinki Fujinkwa Gakkwai Zasshi **8**, 18 (1925).

Fußnoten zu vorstehender Tabelle 9.

[1] KAMIKAWA, Y.: Kumamoto Igakkai Zasshi **5**, 16 (1929). — [2] KAMIKAWA, Y.: Kumamoto Igakkai Zasshi **4**, 69 (1928). — [3] KLOPSTOCK, F.: Z. Tbk. **41**, 119 (1924). — [4] VOEGTLIN, C., M. J. SMITH u. J. M. JOHNSON: J. amer. med. Assoc. **77**, 1017 (1921). — [5] KOLMER, J. A., L. C. DAVIS u. R. JAGER: J. inf. Dis. **28**, 265 (1921). — [6] FISCHL, V.: Z. Immun.forsch. **85**, 71 (1935). — [7] STÉVENEL, L.: Bull. Soc. Path. exot. Paris **22**, 338 (1929). — [8] READ, B. E.: J. of Pharmacol. **24**, 221 (1924). — [9] BOËZ, L., J. GUILLERM u. H. MARNEFFE: Arch. Inst. Pasteur Indochine **11**, 27 (1930). — [10] LENDRICH, K., E. KOCH u. L. SCHWARZ: Z. Unters. Nahrgsmitt. usw. **22**, 441 (1911). — [11] NOLASCO, J. O.: J. Philippine Isl. med. Assoc. **12**, 147 (1932); **14**, 421 (1934) — Internat. J. Leprosy **2**, 159 (1934). — [12] THOMS, H., u. F. MÜLLER: Z. Unters. Nahrgsmitt. usw. **22**, 226 (1911). — [13] LITTERSCHEID, F., u. L. ASCHER: Chem.-Ztg **35**, 10 (1911). — [14] DUNBAR, W. P.: Dtsch. med. Wschr. **37**, 53 (1911). — [15] LUHN, AUG. & Co.: Seifensiederztg **38**, 51 (1911). — [16] PLÜCKER, W.: Z. Unters. Nahrgsmitt. usw. **21**, 257 (1911). — [17] WALKER, E. L.: Transact. 17th Ann. Meet. Nat. Tbc. Assoc. **1921**, 392. — [18] VAHRAM, M.: Progrès méd. **44**, 19 (1916) — New Orleans med. J. **69**, 230 (1916). — [19] WALKER, E. L., C. G. MACARTHUR u. M. A. SWEENEY: Transact. 18th Ann. Meet. Nat. Tbc. Assoc. **1922**, 553. — [20] AOKI, T., M. KAWAMURA, Y. KAMIKAWA u. T. FUKUMACHI: Hifuka Hinyôka Zasshi **24**, 1, 111 u. 364 (1924). — [21] ROGERS, L.: Brit. med. J. **1916 II**, 550. — [22] PEIRIER, M.: J. Pharmacie [8] **14**, 426 (1931) — Ann. Méd. Pharm. colon. **29**, 852 (1931). — [23] ANDERSON, H. H., G. A. EMERSON u. C. D. LEAKE: Internat. J. Leprosy **2**, 39 (1934). — [24] EMERSON, G. A.: Proc. Soc. exper. Biol. a. Med. **32**, 238 (1934). — [25] DIKSHIT, B. B.: Indian J. med. Res. **19**, 775 (1932). — Indian med. Gaz. **67**, 7 (1932). — [26] DIKSHIT, B. B., u. R. S. T. M. ROW: Indian med. Gaz. **66**, 317 (1931). — [27] READ, B. E.: Internat. J. Leprosy **1**, 293 (1933). — [28] EMERSON, G. A., H. H. ANDERSON u. CH. D. LEAKE: Zit. S. 64. — [29] VALENTI, A.: Arch. Farmacol. sper. **23**, 65 (1917). — [3-] FRAZIER, CH. N., u. F. K. CHEN: Philippine J. Sci. **42**, 269 (1930). — [31] OHLSSON, E., u. E. G. GLIMSTEDT: Acta path. scand. (Kobenh.), Suppl. **16**, 280 (1933). — [32] EMERSON, G. A., u. H. H. ANDERSON: Proc. Soc. exper. Biol. a. Med. **32**, 289 (1934). — [33] OHARA, M.: Jap. med. World **2**, 1 (1922). — [34] KOCH, F.: Zbl. Hautkrkh. **40**, 433 (1932). — [35] FISCHL, V., u. H. SCHLOSSBERGER: Zit. S. 2. — [36] MARTINS, TH.: C. r. Soc. Biol. Paris **96**, 474 (1927). — [37] NOLASCO, J. O.: J. Philippine Isl. med. Assoc. **12**, 147 (1932); **13**, 552 (1933). — [38] READ, B. E.: Chin. J. Physiol. **1**, 345 (1927). — [39] READ, B. E.: China med. J. **39**, 605 (1925). — [40] MARKIANOS, J.: Zit. S. 64.

* Bedeutung der Abkürzungen: iv = intravenös, sc = subcutan, im = intramuskulär, ic = intracutan, ip = intraperitoneal.

Di-n-heptylessigsäure doppelt so stark als diejenige der Äthylester der Chaulmoografettsäuren (Anderson, Emerson und Leake[1]).

Was die *chronischen Vergiftungserscheinungen* bei länger dauernder Behandlung mit Chaulmoograpräparaten anlangt, so wurde diese Frage vor allem durch Frazier[2] studiert, der an Kaninchen die bei vielfacher Anwendung kleiner Dosen von Natriumchaulmoograt (während eines Jahres insgesamt 101 intravenöse Injektionen zu je 0,0166 g, d. h. insgesamt 1,8 g/kg) auftretenden pathologischen Veränderungen genau untersuchte. Von den 6 Tieren, die zunächst keine klinisch erkennbaren Veränderungen oder Erscheinungen aufwiesen, starben zwei nach Abschluß der Behandlung, während die übrigen vier getötet wurden; dabei konnten vor allem in den Epithelien der Nierentubuli nichtentzündliche Degenerationserscheinungen mit fettiger Infiltration, ferner Leberveränderungen mit beginnender Nekrose der Parenchymzellen und verschiedene Grade von Fettinfiltration festgestellt werden. Diese nach länger fortgesetztem Gebrauch von Natriumchaulmoograt feststellbaren Nieren- und Leberschädigungen entsprechen, wie Read[3] auf Grund von Versuchen an Hunden und Kaninchen angibt, den nach einmaligen großen Dosen derartiger Präparate (z. B. Alepol) zu beobachtenden Veränderungen und sind durch Kumulationswirkung bedingt. Ähnliche Erscheinungen lassen sich nach Read auch bei Verwendung der Chaulmoograäthylester konstatieren. Anderson, Emerson und Leake[1], welche gesunde und lepröse Ratten längere Zeit (3 Kuren zu je 5 wöchentlichen Injektionen; nach jeder Kur 1 Monat Pause) mit verschiedenen Chaulmoograpräparaten [Chaulmoograäthylester (Einzeldosen 4—11 ccm/kg), Alepol (s. S. 52; Einzeldosen 0,2—0,4 g/kg), chaulmoogryl-p-phenetidinsulfosaures Natrium (s. S. 64; Einzeldosen 0,2—0,5 g/kg), dihydrochaulmoogryl-p-phenetidinsulfosaures Natrium (s. S. 64; Einzeldosen 0,1—0,3 g/kg)], sowie auch mit den Äthylestern der Di-n-heptylessigsäure (s. S. 64; Einzeldosen 2—8 ccm/kg) behandelten, stellten fest, daß die mit dem chaulmoogryl-p-phenetidinsauren Natrium und den Äthylestern der Di-n-heptylessigsäure behandelten Tiere die größte Körpergewichtszunahme aufwiesen. Die Äthylester der Chaulmoografettsäuren wurden indessen am besten vertragen; von 12 damit behandelten Ratten starb im Laufe der monatelangen Behandlung nur eine, während von den mit dem Alepol und den beiden anderen wasserlöslichen Natriumsalzen behandelten Tieren im gleichen Zeitraum 25—30% eingingen. Es lassen sich demnach in Form der Äthylester dem Organismus größere Mengen der ungesättigten Chaulmoografettsäuren zuführen als in Form der Natriumsalze. Von den mit den Äthylestern der Di-n-heptylessigsäure behandelten 11 Ratten starben 6 während der Behandlung.

Thoms und Müller[4] geben an, daß Mäuse, Ratten und Meerschweinchen nach subcutaner Injektion der Chaulmoografettsäuren unter allgemeinen Lähmungserscheinungen, nach peroraler Darreichung infolge der dadurch bedingten Magenreizung akut oder später an Inanition zugrunde gehen. Nach Read[5] beruhen die toxischen Wirkungen des Chaulmoograöls und der Hydnocarpusöle hauptsächlich auf ihrem Gehalt an ungesättigten Fettsäuren, deren Verbindungen im Warmblüterorganismus Hämolyse, Nierenreizung mit Hämoglobinurie und fettige Infiltration der Leber hervorrufen. Auch nach den Angaben von Valenti[6] sowie Read[5] bewirken letale Dosen der Flacourtiaceenöle Lähmungserscheinungen. Nach der Ansicht dieser beiden Autoren, der sich auch Anderson,

---

[1] Anderson, H. H., G. A. Emerson u. C. D. Leake: Internat. J. Leprosy (Manila) **2**, 39 (1934). — [2] Frazier, C. N.: Proc. Soc. exper. Biol. a. Med. **29**, 44 (1931). — [3] Read, B. E.: Internat. J. Leprosy (Manila) **1**, 293 (1933). — [4] Thoms, H., u. F. Müller: Z. Unters. Nahrgsmitt. usw. **22**, 226 (1911). — [5] Read, B. E.: J. of Pharmacol. **24**, 221 (1924). — [6] Valenti, A.: Zit. S. 85.

EMERSON und LEAKE[1] (s. auch EMERSON und ANDERSON[2]) angeschlossen haben, erfolgt der Tod bei den Tieren in erster Linie durch Atmungsstillstand infolge zentraler Wirkung des Chaulmoograöls und weniger infolge multipler Emboli in den Lungen, wie WALKER, MACARTHUR und SWEENEY[3], sowie VOEGTLIN, SMITH und JOHNSON[4] (vgl. auch NAKATANI[5]) angenommen haben. Auch die Angaben von BOËZ, GUILLERM und MARNEFFE[6], die bei Kaninchen nach peroraler Zufuhr toxischer Dosen des Öls von Hydnocarpus anthelmintica Krämpfe, gesteigerte Reflexe, beschleunigte Atmung und Pupillenerweiterung beobachteten, sprechen in diesem Sinne. Dagegen besteht bei der Behandlung lepröser Patienten mit Injektionen von Chaulmoograpräparaten doch eine gewisse Emboliegefahr (LIE[7], CADBURY[8], WAYSON und BADGER[9] u. a.; vgl. S. 95). EMERSON und ANDERSON[2] weisen darauf hin, daß es bei leprösen Patienten unter dem Einfluß einer intensiven Behandlung mit Chaulmoograpräparaten in seltenen Fällen auch zu Krämpfen kommen kann, wie sie bei Ratten nach Einspritzung einer letalen Dose solcher Substanzen zu beobachten sind. Diese Krämpfe („steriler Tetanus") sollen nach den genannten Autoren auf einer durch Bildung von Calciumdichaulmoograt bedingten Verminderung der im Blute vorhandenen Menge von diffusiblem Calcium beruhen (vgl. S. 94).

Zu erwähnen wäre hier noch, daß die beim leprösen Menschen nach Einspritzung größerer Mengen von Chaulmoograpräparaten auftretenden *Leprareaktionen* (s. S. 100) bei bestimmter Lokalisation und zu starker Intensität zum Tode führen können. So berichtet McDANIEL[10] über einen vorgeschrittenen Fall von Lepra nervosa mit Affektionen im Kehlkopf, bei dem es nach Injektion mäßiger Dosen (1—2 ccm) der Chaulmoograäthylester zu schweren Reaktionserscheinungen kam; im Laufe einer solchen Reaktion trat durch Larynxödem der Tod ein (vgl. auch S. 102).

5. Resorption, Verteilung, Umwandlung, Ausscheidung im Wirbeltierkörper.

Die in dem Abschnitt 3 über die örtliche Wirkung der Flacourtiaceenöle und ihrer Derivate (s. S. 73) gemachten Ausführungen lassen bereits erkennen, daß ebenso wie andere Fette (vgl. BINET[11], OGASAWARA[12] u. a.) auch das Chaulmoograöl und die ihm nahestehenden Öle, sowie die aus ihnen hergestellten Fettsäureester besonders nach subcutaner und intracutaner Einspritzung lange Zeit an der Injektionsstelle liegen bleiben und nur allmählich resorbiert werden. Experimentell wurde diese Tatsache erstmals von VALENTI[13] erkannt, der bei seinen Tierversuchen zwischen Anwendung der Chaulmoograäthylester und dem Auftreten der durch sie hervorgerufenen Allgemeinwirkungen ein ziemlich langes Intervall feststellen konnte. Seiner Ansicht nach beruht diese langsame Resorption nicht nur auf der Unlöslichkeit der Substanzen in Wasser, ist vielmehr auch noch dadurch bedingt, daß sie bei subcutaner oder auch intramuskulärer Einspritzung eine lokale Gefäßkontraktion am Orte der Injektion hervorrufen (vgl. auch OHARA[14]).

[1] ANDERSON, H. H., G. A. EMERSON u. C. D. LEAKE: Zit. S. 86. — [2] EMERSON, G. A., u. H. H. ANDERSON: Proc. Soc. exper. Biol. a. Med. **32**, 289 (1934). — [3] WALKER, E. L., C. G. MACARTHUR u. M. A. SWEENEY: Trans. 18th annual Meeting Nat. Tbc. Assoc. **1922**, 553. — [4] VOEGTLIN, C., M. J. SMITH u. J. M. JOHNSON: J. amer. med. Assoc. **77**, 1017 (1921). — [5] NAKATANI, M.: Juzenkai Zasshi **39**, 954 (1934). — [6] BOËZ, L., J. GUILLERM u. H. MARNEFFE: Bull. Soc. méd.-chir. Indochine **8**, Nr 10/11 (1930). — [7] LIE, H. P.: Dtsch. med. Wschr. **30**, 1381 (1904). — [8] CADBURY, W. W.: China med. J. **32**, 226 (1918); **34**, 479 (1920). — [9] WAYSON, N. E., u. L. F. BADGER: Publ. Health Rep. **43**, 2883 (1928). — [10] McDANIEL, F. L.: U. S. Nav. Med. Bull. **20**, 594 (1924). — [11] BINET, L.: Bull. Soc. méd. Hôp. Paris **49**, 1458 (1925). — [12] OGASAWARA, K.: Zit. S. 85. — [13] VALENTI, A.: Zit. S. 85. — [14] OHARA, M.: Jap. med. World **2**, 1 (1922).

Ferner konnte Nolasco[1] bei einem mit Äthylestern nach der Plancha-Methode (s. S. 63) einmalig behandelten Nichtleprösen an der Einspritzstelle noch nach 280 Tagen die bereits oben (s. S. 75) erwähnten gelben Kügelchen im Gewebe demonstrieren. Bei Affen, die teils intracutan, teils subcutan mit Öl von Hydnocarpus laurifolia s. wightiana bzw. mit jodierten Äthylestern behandelt worden waren, ließ sich durch den Nachweis der genannten Kügelchen ferner zeigen, daß die Resorption des Öls und der Ester auf dem Lymphwege erfolgt (Nolasco[2]). Mit Kügelchen beladene große Monocyten und Riesenzellen waren bei den subcutan und intracutan vorbehandelten Tieren auch in den Lungen festzustellen (vgl. auch Read[3]; hinsichtlich des Verhaltens anderer Öle vgl. Pinkerton[4]), während die Untersuchung von Leber und Nieren stets ein negatives Resultat hatte; dagegen konnten bei denjenigen Affen, die 5 Monate lang mehrfach in unregelmäßigen Abständen mit Hydnocarpusöl oder mit Estern behandelt und 21 Tage nach der letzten Injektion getötet worden waren, vereinzelte Kügelchen in der Milz nachgewiesen werden. Nolasco schließt aus diesen Befunden, daß die Chaulmoograölpräparate auf diese Weise in konzentrierter Form an die in den Lymphbahnen enthaltenen Leprabacillen herangebracht werden.

Nach den Befunden von Walker, MacArthur und Sweeney[5] erfolgt die Resorption des Chaulmoograöls und seiner Derivate nach intramuskulärer Einverleibung etwas rascher als vom subcutanen Gewebe oder von den serösen Höhlen aus; immerhin bilden sich bei allen diesen Anwendungsarten an den Injektionsstellen Exsudate, die nur langsam resorbiert werden. Bemerkenswert ist die Angabe der genannten Autoren, daß beim Kaninchen (intramuskuläre Injektion) die Resorption von Gemischen des Chaulmoograöls mit leichtflüssigen Ölen (z. B. Gemisch von Heiser; s. S. 48) oder der Chaulmoograäthylester nicht viel rascher erfolgt als die Aufnahme des nativen Chaulmoograöls. Die Resorptionsgeschwindigkeit geht naturgemäß der einverleibten Menge ziemlich parallel. Rascher und vollständiger (95—98% der einverleibten Fettsäuren) geht die Resorption der Chaulmoograpräparate nach den Befunden von Walker, MacArthur und Sweeney bei peroraler Anwendung vor sich. Da nach vorausgegangener intramuskulärer Injektion von Dehydrocholsäure („Decholin"; bei Ratten 0,1 g/kg) eine erhöhte Toxizität peroral verabreichter Chaulmoograpräparate nachzuweisen war, nimmt Emerson[6] an, daß durch die genannte Vorbehandlung eine gesteigerte Resorptionsfähigkeit des Darms bewirkt wird. Werden die Chaulmoograderivate direkt in die Blutbahn eingebracht, so verschwinden sie sehr rasch (innerhalb von 15 Minuten) aus dem Kreislauf.

Mit Hilfe des Polarisationsverfahrens hatten bereits Lendrich, Koch und Schwarz[7] zeigen können, daß bei Kaninchen, welche mehrfach mit je 5 ccm Marattifett (Öl von Hydnocarpus venenata; vgl. Tabelle 1 und S. 77; 15- und 18mal in 5—8tägigen Abständen) intraperitoneal behandelt worden waren, noch nach 12 Tagen bzw. 7 Wochen optisch aktives Fett im Mesenterialfett enthalten war, daß also die Flacourtiaceenöle bei der genannten Art der Anwendung offenbar wenigstens teilweise in unveränderter Form zur Resorption gelangen und im Organismus abgelagert werden. Auch Walker, MacArthur

---

[1] Nolasco, J. O.: J. Philippine Isl. med. Assoc. **11**, 219 (1931) — Trans. far east. Assoc. trop. Med. (8th Congr., Bangkok 1930) **2**, 612 (1932). — [2] Nolasco, J. O.: J. Philippine Isl. med. Assoc. **12**, 147 (1932); **13**, 552 (1933) — Trans. Meeting Leprosy Advisory Board, Philippine Health Serv., Manila **1932**, 12. — [3] Read, B. E.: China med. J. **39**, 605 (1925). — [4] Pinkerton, H.: Arch. of Path. **5**, 380 (1928). — [5] Walker, E. L., C. G. MacArthur u. M. A. Sweeney: Trans. 18th annual Meeting Nat. Tbc. Assoc. **1922**, 553. — S. auch E. L. Walker u. M. A. Sweeney: Univ. California Rep. **7**, 553 (1923). — [6] Emerson, G. A.: Internat. J. Leprosy **5**, 159 (1937). — [7] Lendrich, K., E. Koch u. L. Schwarz: Zit. S. **77**.

und SWEENEY[1] fanden bei Kaninchen (von 2 kg Körpergewicht), denen sie täglich große Mengen Butylester der Chaulmoografettsäuren intraperitoneal (2 ccm pro dosi) oder stomachal (4 ccm pro dosi) einverleibten (Gesamtdose 40 ccm pro Tier), in der Leber, zum Teil auch im Blut und im Körperfett, optisch aktive Substanzen in gebundenem (an Glycerin als Fett oder auch in Form von Phospholipoid, d. h. gebunden an Glycerinphosphorsäure-Cholin) oder auch in freiem Zustand.

Dagegen konnten diese Autoren sowie READ[2] bei Kaninchen, denen sie kleine (therapeutische) Mengen von Chaulmoograpräparaten auch längere Zeit hindurch verabreichten, in Körperflüssigkeiten und Körpergeweben auf polarimetrischem Wege keine optisch aktiven Fettsäuren nachweisen; immerhin fand READ bei den behandelten Kaninchen aber einen wesentlich vermehrten Fettgehalt der Leber. Da ferner bei Mäusen, denen Chaulmoograöl sowie Butyl-, Methyl-, Äthyl-, Propyl-, Amyl- und Benzylester der Chaulmoografettsäuren (vgl. S. 61) in Dosen von je 0,1 ccm intraperitoneal injiziert worden waren, schon nach 48 Stunden nur noch verhältnismäßig geringe Mengen optisch aktiver Substanzen in den Geweben festzustellen waren, schließen WALKER, MACARTHUR und SWEENEY, daß das Chaulmoograöl und seine Derivate auch nach häufiger Anwendung der gebräuchlichen gut verträglichen Heildosen durch das Blut im ganzen Körper verbreitet, aber von den Geweben rasch oxydiert und nirgends in unverändertem Zustand gespeichert werden; eine solche Speicherung, vor allem in der Leber und im Körperfett, findet nach ihren Feststellungen nur nach Applikation sehr hoher Dosen statt. Bemerkenswerterweise ließen sich bei tuberkulösen Kaninchen, die mit Chaulmoograderivaten behandelt wurden, in den Krankheitsherden keine optisch aktiven Substanzen nachweisen. WALKER, MACARTHUR und SWEENEY schlossen daraus, daß die wirksamen Substanzen der Flacourtiaceenöle nur eine geringe Diffusionsfähigkeit besitzen und im Organismus rasch zu unwirksamen Verbindungen abgebaut werden.

Auch nach der Ansicht von READ besteht zwar die Wahrscheinlichkeit, daß der Körper die ihm einverleibten Chaulmoograpräparate hydrolysiert und die dadurch freiwerdenden ungesättigten Fettsäuren durch Absättigung zu entgiften sucht, und daß diese dadurch polarimetrisch nicht mehr nachzuweisen sind (vgl. S. 100). Im Gegensatz zu der Annahme von WALKER und seinen Mitarbeitern besteht indessen nach der Meinung von READ kein Anlaß, diese abgesättigten Chaulmoografettsäuren als pharmakologisch oder therapeutisch inaktiv zu betrachten. So sei nur daran erinnert, daß im Gegensatz zu der besonders von WALKER und SWEENEY[3], SCHÖBL[4], NORD und SCHWEITZER[5] vertretenen Annahme auch die optisch nicht aktive Dihydrochaulmoograsäure (s. S. 33) nicht nur in vitro eine entwicklungshemmende Wirkung gegenüber säurefesten Bacillen entfaltet (s. S. 69), sondern auch noch eine deutliche Heilwirkung bei Lepra erkennen läßt (HASSELTINE[6]; vgl. auch S. 122). Dasselbe gilt auch für die jodierten Chaulmoograpräparate, vor allem für die zur Leprabehandlung heute viel verwendeten jodierten Äthylester der Chaulmoografettsäuren (s. S. 59), die durch den Jodzusatz ja auch teilweise abgesättigt werden, aber trotzdem hinsichtlich ihrer pharmakologischen (OHARA[7] u. a.) und therapeutischen Wirksamkeit (klinische Literatur s. S. 59) den ungesättigten Estern kaum nachstehen.

---

[1] WALKER, E. L., C. G. MACARTHUR u. M. A. SWEENEY: Zit. S. 88. — [2] READ, B. E.: Zit. S. 86. — S. auch B. E. READ: J. of biol. Chem. **62**, 515 (1924). — [3] WALKER, E. L., u. M. A. SWEENEY: Zit. S. 66. — [4] SCHÖBL, O.: Zit. S. 68. — [5] NORD, F. F., u. G. G. SCHWEITZER: Zit. S. 35. — [6] HASSELTINE, H. E.: Zit. S. 59. — [7] OHARA, M.: Zit. S. 87.

Erwähnt sei hier noch, daß die Untersuchungen über die Verteilung der Chaulmoograderivate im Organismus und ihre Ausscheidung infolge Fehlens spezifischer chemischer Nachweismethoden (vgl. S. 75) naturgemäß sehr erschwert sind. Hinsichtlich der Annahme von Valenti[1], daß parenteral einverleibte Chaulmoografettsäureester großenteils durch den Verdauungstractus, außerdem durch die Nieren ausgeschieden werden, vgl. S. 78 u. 97.

6. Wirkung auf das Blut und die blutbildenden Organe.

Über die Beeinflussung des Blutbildes durch Chaulmoograölpräparate liegen Untersuchungsergebnisse von einer Reihe von Autoren vor.

Was zunächst die *roten Blutkörperchen* anlangt, so ist nach den Befunden von Read[2] bei Kaninchen nach Einverleibung toxischer Dosen von Chaulmoograöl (5—10 ccm per os oder 5 ccm intraperitoneal) oder des E.C.C.O.-Gemisches (s. S. 60; 1,0 ccm intravenös) ein Erythrocytenzerfall und Hämoglobinurie, verbunden mit Nierenreizung und fettiger Degeneration der Leber zu beobachten (vgl. auch Frazier[3]). Durch kleinere Dosen (0,1 ccm Chaulmoograöl mit Äther intravenös, 0,05 ccm E.C.C.O. subcutan, 0,2 ccm E.C.C.O. intravenös, 0,06 g Natriumgynocardat intravenös) wurde indessen auch bei mehrfacher Darreichung (in 8tägigen Abständen) die Zahl der roten Blutkörperchen nicht vermindert.

Nach den klinischen Feststellungen von Talwik[4], Kupffer[5], Mercado y Donato[6], Harper[7], Young[8] u. a. bewirken therapeutische Mengen der Chaulmoograderivate eine beträchtliche, lang anhaltende Vermehrung der *Leukocyten*, besonders der *großen Monocyten* (s. auch Read[2]; vgl. S. 88). Bei Kaninchen konnte Read[2] nach Anwendung toxischer Dosen verschiedener Chaulmoograpräparate eine rasche Verminderung der Leukocytenwerte nachweisen, während gut verträgliche Mengen (s. oben) eine lange Zeit bestehen bleibende Zunahme der weißen Blutkörperchen, speziell der Monocyten, im Gefolge hatten. Auch Brandberg[9] stellte bei Kaninchen nach subcutaner Injektion von 0,1—1,6 ccm der Chaulmoograäthylester pro Kilogramm ein Ansteigen der Lymphocyten auf etwa das Doppelte fest; das Maximum wurde am 12. Tag nach der Einspritzung erreicht. Nach Brandberg geht der Lymphocytenzunahme, die nach seiner Meinung auf einer Funktionssteigerung der Lymphdrüsen und bestimmter Teile des Knochenmarks beruhen soll, eine Abnahme der polymorphkernigen Leukocyten voraus, so daß die Gesamtzahl der weißen Blutkörperchen unter dem Einfluß der Chaulmoograäthylester nur unwesentlich ansteigt. Die Verminderung der gelapptkernigen Leukocyten ist nach Brandberg durch negative Chemotaxis bedingt.

Nach Injektion der Äthylester der Fettsäuren des Olivenöls, des Sojabohnenöls und anderer Öle konnten Nagai[10] sowie Read[2] keine derartige Veränderung des Blutbildes beobachten. Demgegenüber gibt Kamikawa[11] an, daß er bei Kaninchen nicht nur nach intravenöser Injektion von Chaulmoograöl (0,15 ccm/kg), sondern auch nach intravenöser Einspritzung derselben Menge Olivenöl zuerst (innerhalb der ersten Stunde) eine Leukopenie mit Lymphocytose und Zunahme der *Eosinophilen*, dann (nach 1—8 Stunden) eine Leukocytose, und später (am 4. Tage) wieder eine Lymphocytose gefunden habe; bei länger fortgesetzter

[1] Valenti, A.: Zit. S. 85. — [2] Read, B. E.: Zit. S. 86 — China med. J. **39**, 605 (1925). — [3] Frazier, C. N.: Proc. Soc. exper. Biol. a. Med. **29**, 44 (1931). — [4] Talwik, S.: St. Petersburger med. Wschr. **28**, 463 u. 478 (1903). — [5] Kupffer, A.: Lepra (Lpz.) **8**, 144 (1909). — [6] Mercado y Donato, E.: Zit. S. 48. — [7] Harper, P.: J. trop. Med. **23**, 285 (1920); **25**, 2 (1922); **26**, 7 (1923) — Brit. med. J. **1922 II**, 39. — [8] Young, W. A.: Zit. S. 57. — [9] Brandberg, O.: C. r. Soc. Biol. Paris **97**, 1637 (1927). — [10] Nagai, S.: J. Japon. microbiol. Soc. **18**, 5 (1924). — [11] Kamikawa, Y.: Kumamoto Igakkai Zasshi **5**, 16 (1929).

Behandlung war bei den mit Chaulmoograöl behandelten Kaninchen allerdings eine geringe Zunahme der Lymphocyten und der carminspeichernden Monocyten nachzuweisen, die bei den mit Olivenöl behandelten Tieren fehlte. Nach PARMAKSON[1] ist die Zahl der Eosinophilen bei aktiven Fällen von unbehandelter Lepra vermindert, läßt sich aber durch Behandlung mit Chaulmoograpräparaten steigern. LOMHOLT und ENGELBRETH-HOLM[2] geben an, daß das Antileprol (Chaulmoograäthylester; s. S. 57) auch im Tierversuch nur bei intravenöser, dagegen im allgemeinen nicht bei intramuskulärer Einverleibung eine solche Zunahme der Eosinophilen bewirkt; dagegen sollen nach den Befunden der letztgenannten Autoren aber auch entsprechende Derivate anderer Fette (Paraffinöl, Lebertran) dieselbe Wirkung haben. ALWENS[3] konnte bei Tuberkulösen im Anschluß an die Injektion von Chaulmoograbenzylestern häufig eine mittlere bis starke Eosinophilie feststellen.

Was die *Blutplättchen* anlangt, so wird deren Zahl nach den an Kaninchen erhobenen Befunden von BRANDBERG[4] durch Chaulmoograäthylester (0,04 bis 1,6 ccm/kg subcutan) nur unwesentlich beeinflußt; zunächst tritt eine Verminderung, vom nächsten Tage ab ein Anstieg (Maximum am 18. Tage) und später wieder ein Absinken zur Norm ein.

Bei Kaninchen, die mit Chaulmoograderivaten behandelt worden waren, konnte READ[5] eine Beschleunigung der *Gerinnungszeit des Blutes* feststellen. Er nimmt an, daß diese Erscheinung auf die durch die Chaulmoograpräparate bewirkten Änderungen des Kalkstoffwechsels (s. S. 93 u. 98) zurückzuführen sind.

Nach den Befunden von NEILL und DEWAR[6], WOOLEY und ROSS[7] sowie RAO[8] ist bei Fällen von fortschreitender Lepra und ebenso auch bei Patienten, die an progredienter Tuberkulose leiden, der *Fibringehalt des Blutplasmas* etwa doppelt so hoch als der Norm entspricht. Auch weisen derartige Kranke im Vergleich mit gesunden Personen ein niedriges Albumin-Globulin-Verhältnis auf. Wirksame Behandlung mit Chaulmoograölderivaten führt nach den genannten Autoren bei der Lepra zu einer Zunahme des Albumin- und einer Verminderung des Globulingehalts des Serums, so daß bei klinisch geheilten Leprösen nahezu normale Werte gefunden werden (vgl. auch FRAZIER und WU[9]).

Bei Leprösen ist nach den Angaben von TAKASHIMA[10] die im Blut vorhandene *Glutathion*menge geringer als bei gesunden Personen. Das reduzierte Blut-Glutathion zeigt nach den Befunden des genannten Autors vor und nach subcutanen Injektionen von Chaulmoograöl keine Schwankungen, dagegen besteht bei den Leprapatienten bei kontinuierlicher Behandlung mit Chaulmoograpräparaten eine Neigung zum Anstieg des Glutathiongehalts im Blute.

Der *Cholesteringehalt des Blutes* zeigt nach den Angaben von BOULAY und LEGER[11], BALBI[12], PARAS, LAGROSA und IGNACIO[13] (s. auch PARAS[14]), H. H. ANDERSON und J. VAN D. ANDERSON[15], ADELHEIM[16] u. a. besonders bei älteren Fällen

---

[1] PARMAKSON, P.: Dermat. Wschr. **100**, 285 (1935). — [2] LOMHOLT, S., u. J. ENGELBRETH-HOLM: Dermat. Wschr. **100**, 541 (1935). — [3] ALWENS, W.: Beitr. Klin. Tbk. **89**, 711 (1937). — [4] BRANDBERG, O.: Zit. S. 90. — [5] READ, B. E.: Zit. S. 90. — [6] NEILL, M. H., u. M. M. DEWAR: U. S. Publ. Health Bull. **168**, 1 (1927). — [7] WOOLEY, J. G., u. H. ROSS: Publ. Health Rep. **47**, 380 (1932). — [8] RAO, G. R.: Indian J. med. Res. **19**, 993 (1932). — [9] FRAZIER, C. N., u. H. WU: Amer. J. trop. Med. **5**, 4 (1925). — [10] TAKASHIMA, S.: Lepro (Osaka) **6**, 31 (1935). — [11] BOULAY, A., u. M. LEGER: Bull. Soc. Path. exot. Paris **16**, 57 (1923). — [12] BALBI, E.: Giorn. ital. Dermat. **66**, 427 (1925). — [13] PARAS, E. M., M. LAGROSA u. J. IGNACIO: Trans. far east. Assoc. trop. Med. (8th Congr., Bangkok 1930) **2**, 631 (1932). — [14] PARAS, E. M.: J. Philippine Isl. med. Assoc. **11**, 1 (1931). — [15] ANDERSON, H. H., u. J. VAN D. ANDERSON: Proc. Soc. exper. Biol. a. Med. **32**, 1470 (1935). — S. auch H. H. ANDERSON, P. CERQUEIRA, J. VAN D. ANDERSON u. H. PORTUGAL: Amer. J. trop. Med. **16**, 689 (1936). — [16] ADELHEIM, R.: Verh. 9. internat. Kongr. f. Dermat. (Budapest, Sept. 1935) **2**, 590 (1936).

von aktiver Lepra eine Verminderung, während bei frischen Erkrankungen im allgemeinen anscheinend noch keine Veränderung, gelegentlich sogar eher eine Steigerung des Cholesterinspiegels festzustellen ist. Boulay und Leger stellten bei frischen Fällen von Lepra unter dem Einfluß einer intramuskulären Behandlung mit Chaulmoograäthylestern eine Zunahme des Blutcholesterins fest, während bei älteren Fällen keine derartige Steigerung erzielt wurde. Demgegenüber geben Balbi, sowie Paras und seine Mitarbeiter an, daß sie auch bei Kranken mit vermindertem Gehalt des Blutes an Cholesterin, also bei vorgeschrittenen Fällen, durch Anwendung von Chaulmoograpräparaten ein Ansteigen der Cholesterinwerte bewirken konnten. Bei Leprafällen, welche sich unter dem Einfluß der Therapie nicht besserten, blieb auch der Cholesteringehalt des Blutes niedrig. H. H. Anderson und J. van D. Anderson[1], sowie Villela, Castro und J. van D. Anderson[2] fanden indessen keinen nennenswerten Unterschied zwischen unbehandelten und den mit Chaulmoograpräparaten behandelten Leprapatienten. Nach ihren Befunden ist bei allen Fällen von Nerven- und Knotenlepra die Gesamtmenge der Lipoide im Blute vermehrt, während der Cholesteringehalt vermindert ist und die Jodwerte etwas oberhalb, die Fettsäurewerte etwas unterhalb der Grenze des Normalen liegen. (Hinsichtlich des Lipoidgehalts im Blut bei Tuberkulose vgl. Levinson und Petersen[3]; daselbst weitere Literatur.)

Von zahlreichen Forschern (Fiessinger und Marie[4], Kotschneff[5], Shaw-Mackenzie[6], Levinson und Petersen[3], Rogers[7], Woolley[8], Bossan und Borin[9], Pomaret[10], Rängel[11], Kamikawa[12], Aoki[13], Pooman[14] u. a.) konnte besonders bei schweren und fortschreitenden Erkrankungsfällen an Lepra und Tuberkulose eine mehr oder weniger ausgesprochene Verminderung der *Blutlipase* (Esterase) festgestellt werden. Manche der Autoren haben aus diesem Befund den Schluß gezogen, daß dem genannten Ferment eine bedeutsame Rolle im Kampf des Organismus gegen die Lepra- und Tuberkelbacillen zukomme, und versucht, auf medikamentösem Wege eine Steigerung der Lipase zu bewirken. Man stellte sich dabei vor, daß durch das genannte Ferment die noch ziemlich problematische Wachshülle der Lepra- und Tuberkuloseerreger leichter aufgelöst und dadurch die Bacillenleiber der abtötenden Wirkung der Antikörper zugänglich gemacht werden sollen.

Diese Annahme (vgl. auch S. 121) ruht indessen auf recht schwachen Füßen, da irgendwelche Beweise dafür bis jetzt noch nicht vorliegen, daß die durch ihre Wirkung auf einfache Ester, wie Äthylbutyrat, Monobutyrin, Tributyrin, Salicylsäureamylester u. a. nachweisbare Lipase oder auch die im Blut vorhandene Lecithinase tatsächlich imstande sind, auch Öle und Neutralfette zu hydrolysieren und dadurch auf säurefeste Bakterien einzuwirken (vgl. auch Quinon[15], Aoki[13]).

[1] Anderson, H. H., u. J. van D. Anderson: Zit. S. 91. — [2] Villela, G. G., A. Castro u. J. van D. Anderson: J. trop. Med. 39, 126 (1936). — [3] Levinson, S. A., u. W. F. Petersen: Amer. Rev. Tbc. 7, 278 (1923). — [4] Fiessinger, N., u. P. L. Marie: C. r. Soc. Biol. Paris 67, 107, 177 (1909). — Fiessinger, N.: Revue de la Tbc. 1910, Nr 3. — [5] Kotschneff, N.: Biochem. Z. 55, 481 (1913). — [6] Shaw-Mackenzie, J. A.: Med. Press 2, 122 (1920) — J. trop. Med. 24, 161 (1921) — Lancet 205, 97 (1923); 206, 517 (1924); 207, 92 (1924) — J. of Physiol. 42 (1911). — [7] Rogers, L.: Brit. med. J. 1923 II, 11 — 3. Confér. internat. de la lèpre, Straßburg 1923, Verhandl. S. 281 — Lancet 206, 1207, 1297, 1321 (1924) — Bristol med.-chir. J. 41, 19 (1924) — Glasgow med. J. 101, 109 (1924) — Brit. J. Tbc. 19, 69 (1925) — Proc. roy. Soc. Med. 20, 1021 (1927). — [8] Woolley, J. S.: Amer. Rev. Tbc. 8, 32 (1924). — [9] Bossan, E., u. P. Borin: Bull. Soc. Chim. biol. Paris 6, 181 (1924). — Bossan, E.: Bull. Soc. Thér. 1925, 14. Jan. — [10] Pomaret, M.: Progrès méd. 53, 567 (1925). — [11] Rängel, A.: Eesti Arst 6, 305 (1927). — [12] Kamikawa, Y.: Hifuka Hinyôka Zasshi 27, Nr 5 (1927) — Kumamoto Igakkai Zasshi 4, 69 (1928). — [13] Aoki, Y.: Lepro (Osaka) 1, 29 (1930). — [14] Pooman, A.: Arch. Schiffs- u. Tropenhyg. 39, 70 (1935). — [15] Quinon, C.: J. med. Res. 32, 45 (1915).

Die Angaben der Autoren über die Beeinflussung der Blutlipase lauten nicht einheitlich. Verschiedene Autoren geben zum Teil auf Grund tatsächlicher Untersuchungen, zum Teil lediglich vermutungsweise an, daß beim Menschen (SHAW-MACKENZIE[1], ROGERS[2], PERNET, MINVIELLE und POMARET[3], GALLI-VALERIO[4], DE AGUIAR PUPO[5], TUXEN[6], KÜHN[7], POOMAN[8]) und auch im Tierversuch (METALLNIKOFF[9], TOKUNOYAMA[10]) nach Injektionen nicht nur von Chaulmoograöl, sondern auch von anderen Fetten eine Vermehrung der im Blut vorhandenen Lipase eintrete; andereForscher hatten indessen mit Chaulmoograöl (NEILL und DEWAR[11], KAMIKAWA[12], AOKI[13]) und auch anderen Fetten (CALMETTE und GUÉRIN[14]) vollkommen negative Resultate. EUBANAS[15] gibt an, daß er mit dem von TUXEN[6] erprobten „Javanin", einem hormonhaltigen Pankreasextrakt, bei Leprakranken zwar eine Steigerung der Blutlipase (Esterase), aber keinerlei Beeinflussung des Krankheitsprozesses beobachtet habe (s. auch LARA[16]).

In diesem Zusammenhang sei erwähnt, daß nach den Befunden von EMERSON, ANDERSON und LEAKE[17] bei Rattenlepra die lipolytische Wirksamkeit leprösen Gewebes (gegenüber Äthylbutyrat) im Vergleich mit gesundem Gewebe normaler oder auch infizierter Ratten deutlich vermindert ist. Selbst durch mehr als 6 Monate lange Behandlung lepröser Ratten mit verschiedenen Chaulmoograpräparaten [Chaulmoograäthylester (s. S. 55), Alepol (s. S. 52), Äthylester der Di-n-heptylessigsäure (s. S. 45, 64 u. 72), chaulmoogryl-p-phenetidinsulfosaures Natrium (s. S. 64) und dihydrochaulmoogryl-p-phenetidinsulfosaures Natrium (s. S. 64)] konnte indessen eine Steigerung der lipolytischen Eigenschaften der Gewebe nicht erreicht werden (EMERSON, ANDERSON und LEAKE[18]). Auch die Angabe von SHAW-MACKENZIE[1], daß die Pankreaslipase durch Natriumchaulmoograt in vitro aktiviert werde, ließ sich nicht bestätigen (EMERSON, ANDERSON und LEAKE[19]).

Hinsichtlich des *Kalkgehalts des Blutes* bei Lepra und auch bei Tuberkulose besteht zwischen den Angaben der Autoren keine völlige Übereinstimmung. Während die einen von Calciumretention bei Lepra sprechen (UNDERHILL, HONEIJ und BOGERT[20], HERRERA REYES[21]), haben andere vielfach, besonders bei vorgeschrittenen Fällen, eine vermehrte Calciumausscheidung (BOULAY und LEGER[22], LICHTFIELD[23], BADENOCH und BYRON[24]), wieder andere (CONCEPCION und SALCEDO[25], LEMANN, LILES und JOHANSEN[26], CRUZ, LARA und PARAS[27], WOOLEY

[1] SHAW-MACKENZIE, J. A.: Zit. S. 92. — [2] ROGERS, L.: Zit. S. 92. — [3] PERNET, J., M. MINVIELLE u. M. POMARET: Zit. S. 61. — [4] GALLI-VALERIO, B.: Virchows Arch. **254**, 765 (1925). — [5] DE AGUIAR PUPO: Ann. Fac. Med. Sao Paulo **1**, 331 (1926) — Brazil Medico **40 II**, 69, 85 (1926). — [6] TUXEN, G. E.: Acta tbc. scand. (Københ.) **4**, 52 (1928). — [7] KÜHN, A.: Fortschr. Ther. **5**, 110 (1929). — [8] POOMAN, A.: Zit. S. 92. — [9] METALLNIKOFF, S. J.: Arch. Sci. biol. St. Pétersbourg **12**, 300 (1907); **13**, 169 (1908). — [10] TOKUNOYAMA, Y.: Tohoku J. exper. Med. **22**, 252, 263 (1933). — [11] NEILL, M. H., u. M. M. DEWAR: U. S. Publ. Health Bull. **168**, 21 (1927). — [12] KAMIKAWA, Y.: Zit. S. 92. — [13] AOKI, Y.: Zit. S. 92. — [14] CALMETTE, A., u. C. GUÉRIN: Ann. Inst. Pasteur **28**, 329 (1914). — [15] EUBANAS, F.: J. Philippine Isl. med. Assoc. **7**, 407 (1927). — [16] LARA, C. B.: Zit. S. 45. — [17] EMERSON, G. A., H. H. ANDERSON u. C. D. LEAKE: Proc. Soc. exper. Biol. a. Med. **30**, 150 (1932). — [18] EMERSON, G. A., H. H. ANDERSON u. C. D. LEAKE: Proc. Soc. exper. Biol. a. Med. **31**, 18 (1933). — [19] EMERSON, G. A., H. H. ANDERSON u. C. D. LEAKE: Proc. Soc. exper. Biol. a. Med. **31**, 272 (1933). — [20] UNDERHILL, F. P., J. A. HONEIJ u. L. J. BOGERT: J. of exper. Med. **32**, 41 (1920). — S. auch J. A. HONEIJ: Amer. J. Roentgenol. **4**, 494 (1917). — [21] HERRERA REYES: Ecos españ. Dermat. **11**, 691 (1935). — [22] BOULAY, A., u. M. LEGER: Bull. Soc. Path. exot. Paris **15**, 865 u. 1002 (1922). — [23] LICHTFIELD, H. R.: Arch. of Pediatr. **44**, 99 (1927). — [24] BADENOCH, A. G., u. F. E. BYRON: Trans. roy. Soc. trop. Med. Lond. **26**, 253 (1932). — [25] CONCEPCION, J., u. J. SALCEDO: J. Philippine Isl. med. Assoc. **6**, 154 (1926). — [26] LEMANN, J. J., R. T. LILES u. F. A. JOHANSEN: Amer. J. trop. Med. **7**, 61 (1927). — [27] CRUZ, M. C., C. B. LARA u. E. M. PARAS: J. Philippine Isl. med. Assoc. **8**, 216 (1928).

und Ross[1]) großenteils normale Werte für das Gesamtcalcium gefunden. Immerhin scheint nach den Befunden von Wooley und Ross die Lepra doch zu einer Störung des Calciumstoffwechsels und damit auch zu Verschiebungen hinsichtlich des Calciumgehaltes des Blutes, nämlich zu einer Verminderung des diffusiblen und einer Steigerung des nicht diffusiblen Calciums zu führen (vgl. S. 87). Bei wirksamer Behandlung der Lepra mit Chaulmoograpräparaten ist nach den Beobachtungen dieser Autoren eine Zunahme des diffusiblen und eine Abnahme des nicht diffusiblen Calciums festzustellen. Dagegen hat sich die Behandlung der Lepra mit Calciumchloridinjektionen (Haslé[2]) anscheinend nicht bewährt (van Breuseghem[3]).

Nach den klinischen Befunden von Badenoch und Byron[4] sowie Herrera Reyes[5] (an Leprösen) und den experimentellen Feststellungen (an gesunden Hunden) von Read[6], bewirkt eine sachgemäße Behandlung mit Chaulmoograöl ein Ansteigen des Gesamtcalciums im Blute (vgl. auch S. 99). Bei Kaninchen war nach Injektion tödlicher Dosen von Chaulmoograöl ein Absinken des Blutcalciums und das Auftreten tetanischer Erscheinungen (Überempfindlichkeit, unkoordinierte Bewegungen, krampfartiges Würgen) zu beobachten (Read). Ein ziemlich plötzlicher temporärer Rückgang des Calciums im Blut, verbunden mit einer vorübergehenden Abnahme der Alkalireserve und des Kohlendioxydbindungsvermögens des Blutes ist nach den Angaben von Nicolas und Delgado[7], Paras[8], Roxas-Pineda, Nicolas und Lara[9], Cruz, Lara und Paras[10], sowie Herrera[11] bei den vielfach durch Anwendung zu hoher Dosen von Chaulmoograpräparaten hervorgerufenen, gelegentlich aber auch bei unbehandelten Leprakranken auftretenden sog. Leprareaktionen, insbesondere soweit sie mit Fieber einhergehen, nachzuweisen (hinsichtlich der Leprareaktionen vgl. S. 100).

7. Wirkung auf das Zentralnervensystem und auf die Sinnesorgane.

Es wurde bereits oben darauf hingewiesen, daß nach Ansicht mancher Autoren die nach peroraler Anwendung von Chaulmoograpräparaten vielfach zu beobachtenden gastrointestinalen Störungen durch eine Reizung nervöser Zentren zustande kommen (s. S. 78 u. 96). Auch wurde schon erwähnt, daß toxische Dosen der Flacourtiaceenöle und ihrer Derivate gesteigerte Reflexe, Pupillenerweiterung, Krämpfe und Lähmungserscheinungen hervorrufen und der Tod in erster Linie vermutlich durch zentral bedingten Atmungsstillstand bewirkt wird (s. S. 86; außer den dort genannten Autoren vgl. auch noch Ohara[12]). Bei der heutzutage üblichen Behandlung der Leprösen mit Injektionen geeigneter Zubereitungen von Chaulmoograöl und Hydnocarpusölen scheinen auch bei Überdosierungen schädigende Wirkungen auf das Zentralnervensystem nicht vorzukommen, da in den Berichten der klinischen Autoren von derartigen Befunden nie die Rede ist. Hinsichtlich des Vorkommens von Augenstörungen vgl. S. 108.

Noch kurz hingewiesen sei hier auf die Angabe von Wade[13] sowie Wade, Lara und Nicolas[14], daß bei etwa 7% der mit Chaulmoograäthylestern behandelten

---

[1] Wooley, J. G., u. H. Ross: Publ. Health Rep. 46, 641 (1931); 47, 380 (1932). — [2] Haslé, G.: Bull. Soc. Path. exot. Paris 22, 11 (1929). — [3] van Breuseghem, R.: Ann. Soc. belge Méd. trop. 16, 537 (1936). — [4] Badenoch, A. G., u. F. E. Byron: Zit. S. 93. — [5] Herrera Reyes: Zit. S. 93. — [6] Read, B. E.: J. of biol. Chem. 62, 515 (1924) — J. of Pharmacol. 24, 221 (1924). — [7] Nicolas, C., u. L. B. Delgado: J. Philippine Isl. med. Assoc. 6, 373 (1926). — [8] Paras, E. M.: Philippine J. Sci. 33, 155 (1927). — [9] Roxas-Pineda, E., C. Nicolas u. C. B. Lara: J. Philippine Isl. med. Assoc. 8, 207 (1928). — [10] Cruz, M. C., C. B. Lara u. E. M. Paras: Zit. S. 93. — [11] Herrera, M.: Actas dermosifilogr. 26, 582 (1934). — [12] Ohara, M.: Jap. med. World 2, 1 (1922). — [13] Wade, H. W.: Philippine J. Sci. 25, 693 (1924); 26, 21 (1925). — [14] Wade, H. W., C. B. Lara u. C. Nicolas: Philippine J. Sci. 25, 661 (1924).

Leprakranken schon während oder unmittelbar nach der Injektion vasomotorische Störungen (Bangigkeit, Schwindel u. dgl.) auftreten.

8. Wirkung auf den Kreislauf.

Hinsichtlich der Wirkung der Chaulmoograpräparate auf den Kreislauf, speziell auf den Blutdruck, lauten die Angaben der Autoren nicht einheitlich. Während VALENTI[1] an Hunden nach intravenöser Injektion erträglicher Dosen der Äthylester eine Blutdrucksteigerung registrierte, stellten OHARA[2] sowie BUSQUET[3] an Kaninchen bzw. an Hunden eine Herabsetzung des Blutdrucks fest. Auch DIKSHIT und ROW[4] geben an, daß sie bei leprösen Patienten nach intravenöser Injektion von Alepol (s. S. 52) eine Blutdrucksenkung beobachteten. Am isolierten Froschherz fand MARTINS[5] unter der Einwirkung der Ester der Fettsäuren des Sapucainhaöls eine Pulsverlangsamung und Tonussteigerung, nach größeren Dosen eine Tonusverminderung.

Die Beobachtung von VALENTI[1] sowie von OHARA[2], daß die Chaulmoograderivate nach intramuskulärer oder subcutaner Einverleibung auf die Blutgefäße kontrahierend wirken, macht es verständlich, daß bei dieser Art der Anwendung infolge der verzögerten Resorption die pharmakologischen Wirkungen erst nach einiger Zeit in Erscheinung treten (vgl. S. 87). Andererseits gibt READ[6] an, daß beim Hunde eine gut erträgliche Dose der Chaulmoograäthylester (0,1 ccm/kg intravenös) eine erhebliche Verstärkung des Lymphstroms (Ductus thoracicus) zur Folge hatte; da die Verteilung der Chaulmoograderivate im Organismus anscheinend hauptsächlich auf dem Lymphwege erfolgt (s. S. 88), ist diese Beobachtung von Wichtigkeit.

Betreffs der schädigenden Wirkung besonders intravenös injizierter Chaulmoograderivate auf die Gefäßwände (obliterierende Phlebitis, Thrombenbildung usw.) vgl. S. 11, 53, 75 u. 76.

9. Wirkung auf die Atmungsorgane.

Die insbesondere von NOLASCO[7] durchgeführten histologischen Untersuchungen über die Verteilung der Chaulmoograderivate, vor allem der Äthylester, im Organismus ließen erkennen, daß die Substanzen auch nach subcutaner oder intracutaner Anwendung in innere Organe, u. a. in die Lungen, gelangen (s. S. 88). Zum Teil erfolgt dieser Transport der Chaulmoograderivate nach den Lungen wohl auf dem Lymphwege, außerdem vermutlich aber auch durch den Blutkreislauf. In diesem Sinne sprechen hauptsächlich die klinischen Erfahrungen. So weisen z. B. PARRA und SANTOS[8], WADE, LARA und NICOLAS[9] (vgl. auch WADE[10]) darauf hin, daß bei einem erheblichen Prozentsatz (41%) der mit Chaulmoograäthylestern behandelten Leprakranken Symptome seitens des Respirationstractus, insbesondere Dyspnoe, Larynxspasmus, Schmerzen und Druckgefühl auf der Brust, sowie Husten auftreten. Allem Anschein nach beruhen diese Erscheinungen, die bei direkter Einführung der Präparate in die Blutbahn besonders ausgesprochen sind (vgl. S. 75; s. auch AOKI, KAWAMURA, KAMIKAWA und FUKUMACHI[11]), auf kleinen Fettembolien. Aber auch bei subcutaner und intramuskulärer Einspritzung der Chaulmoograpräparate ist die Gefahr der

---

[1] VALENTI, A.: Zit. S. 85. — [2] OHARA, M.: Zit. S. 94. — [3] BUSQUET, H.: C. r. Acad. Sci. Paris **162**, 654 (1916). — [4] DIKSHIT, B. B., u. R. S. T. M. ROW: Indian med. Gaz. **66**, 317 (1931). — [5] MARTINS, TH.: C. r. Soc. Biol. Paris **96**, 474 (1927). — [6] READ, B. E.: Zit. S. 86. — [7] NOLASCO, J. O.: Zit. S. 88. — [8] PARRA, R. F., u. J. E. SANTOS: Repert. de Med. y Cir. (Bogotá) **15**, 124 (1923). — [9] WADE, H. W., C. B. LARA u. C. NICOLAS: Zit. S. 94. — [10] WADE, H. W.: Zit. S. 94. — [11] AOKI, T., M. KAWAMURA, Y. KAMIKAWA u. T. FUKUMACHI: Zit. S. 52.

Lungenembolie gegeben (Lie[1], Cadbury[2], Wayson und Badger[3], Nakatani[4]; s. insbesondere auch S. 9). Die Angaben von Aoki, Kawamura, Kamikawa und Fukumachi, daß bei intravenöser Anwendung der wasserlöslichen Natriumsalze der Chaulmoografettsäuren keine Emboliegefahr bestehe, ist nach den Befunden von Nolasco[5] nicht zutreffend.

Zu erwähnen wäre noch, daß im Tierversuch (Kaninchen und Meerschweinchen) größere Dosen der Chaulmoograpräparate nach intravenöser Injektion Unruhe, beschleunigte Atmung, Lungeninfarkte und Embolien hervorrufen (Voegtlin, Smith und Johnson[6], Walker, MacArthur und Sweeney[7], Aoki, Kawamura, Kamikawa und Fukumachi[8], Frazier und Chen[9], Peirier[10]; vgl. S. 75 u. 87).

10. Wirkung auf den Magen-Darmkanal und auf die Leber.

Schon mehrfach wurde auf die irritierende Wirkung, welche die Chaulmoograpräparate nach innerlicher Darreichung auf die Magenschleimhaut ausüben, hingewiesen (s. S. 9, 46, 76 u. 86). Ebenso wurde bereits angeführt, daß nach Ansicht von Valenti[11] auch parenteral applizierte Chaulmoograderivate teilweise durch den Verdauungskanal ausgeschieden werden und auf diese Weise Reizwirkungen auf diesen ausüben können (s. S. 78).

Was das Zustandekommen der brechenerregenden Wirkung der Chaulmoograpräparate anlangt, so sei auf die früheren Ausführungen (s. S. 78) hingewiesen. Die Feststellung von Read[12], daß nach Anwendung mehrfacher kleiner, an sich gut verträglicher Mengen der Chaulmoograpräparate Erscheinungen von seiten des Magens auftreten, spricht nach Ansicht des genannten Autors dafür, daß eine längere Retention der Einzeldosen und eine dadurch bedingte *Kumulationswirkung* auf das Zentralnervensystem eintritt (vgl. S. 94).

Hinsichtlich der Speicherung der parenteral einverleibten Chaulmoograderivate in der Leber vgl. S. 88ff. Nolasco[13] konnte bei seinen histochemischen Untersuchungen über die Resorption dieser Präparate und ihre Verteilung im Organismus Fettkügelchen zwar in den Lungen und auch in der Milz, nicht aber in der Leber und in den Nieren der behandelten Tiere nachweisen. Nach den polarimetrischen und chemischen Untersuchungsbefunden von Walker, MacArthur und Sweeney[14] sowie Read[12] dürfte aber wohl kein Zweifel darüber bestehen, daß die einverleibten Chaulmoograpräparate teilweise in der Leber zur Ablagerung gelangen. In diesem Sinne spricht auch die Angabe von Frazier[15], daß bei seinen lange Zeit hindurch mit zahlreichen Natriumchaulmoogratdosen behandelten Kaninchen pathologische Veränderungen in der Leber nachzuweisen waren (s. S. 86).

Aus der Feststellung, daß im Tierversuch (Kaninchen) zwar nach Einverleibung der ungesättigten Chaulmoograäthylester, nicht aber nach Anwendung der halogenierten (gesättigten) Äthylester eine Zunahme der Ätherschwefelsäuren im Urin eintritt (vgl. S. 99), daß aber bei Tieren nach vorausgegangener Behandlung mit großen Dosen halogenierter Äthylester im Anschluß an eine hernach

---

[1] Lie, H. P.: Dtsch. med. Wschr. **30**, 1381 (1904). — [2] Cadbury, W. W.: China med. J. **34**, 479 (1920). — [3] Wayson, N. E., u. L. F. Badger: Publ. Health Rep. **43**, 2883 (1928). — [4] Nakatani, M.: Zit. S. 87. — [5] Nolasco, J. O.: Zit. S. 76. — [6] Voegtlin, C., M. J. Smith u. J. M. Johnson: Zit. S. 74. — [7] Walker, E. L.. C. G. MacArthur u. M. A. Sweeney: Zit. S. 74. — [8] Aoki, T., M. Kawamura, Y. Kamikawa u. T. Fukumachi: Zit. S. 52. — [9] Frazier, C. N., u. F. K. Chen: Zit. S. 75. — [10] Peirier, M.: J. Pharmacie [8] **14**, 426 (1931) — Ann. Méd. Pharm. colon. **29**, 852 (1931) — [11] Valenti, A.: Zit. S. 85. — [12] Read, B. E.: Zit. S. 86. — [13] Nolasco, J. O.: Zit. S. 88. — [14] Walker, E. L., C. G. MacArthur u. M. A. Sweeney: Zit. S. 88. — [15] Frazier, C. N.: Zit. S. 86.

erfolgte Einverleibung ungesättigter Äthylester diese Steigerung der Ätherschwefelsäuren im Urin nicht mehr erfolgt, schließt READ[1], daß die halogenierten
Ester, wenn sie dem Organismus in größerer Menge zugeführt werden, wahrscheinlich eine Schädigung der Leber bewirken.

11. Wirkungen auf das Urogenitalsystem.

Wenn auch unsere Kenntnisse über die Ausscheidung des Chaulmoograöls
und der anderen ihm nahestehenden Flacourtiaceenöle, sowie der daraus hergestellten Präparate noch recht dürftig sind (vgl. S. 78 u. 90), so ist doch auf
Grund der bisher vorliegenden klinischen und experimentellen Befunde anzunehmen, daß die genannten Substanzen bzw. die im Organismus aus ihnen entstehenden Umwandlungsprodukte teils durch den Darm und teils durch die
Nieren aus dem Körper wieder entfernt werden. In diesem Sinne sprechen hauptsächlich die Beobachtungen, welche auf eine Schädigung dieser Ausscheidungs-
organe besonders bei dem zur Abheilung lepröser Veränderungen erforderlichen
langdauernden Gebrauch der Chaulmoograderivate (vgl. S. 9) hinweisen und
darauf hindeuten, daß an sich gut verträgliche Einzeldosen durch *Kumulation*
zu Gewebsschädigungen führen können (vgl. auch S. 96, 98 u. 100). So geben
verschiedene Autoren (BRAULT[2], PATRON ESPADA[3], WADE[4], PINEDA[5], WADE,
LARA und NICOLAS[6], LARA, DE VERA, SAMSON und EUBANAS[7] u. a.) an, daß bei
den mit Chaulmoograöl behandelten Leprösen Erkrankungs- und Todesfälle an
Nephritis (Glomerulonephritis) verhältnismäßig häufig sind. Nach den Befunden
von WADE[4] sowie PINEDA[5] waren z. B. bei nicht besonders ausgesuchten behandelten Leprösen der Leprakolonie Culion (Philippinen) im Oktober 1923 in
95% Eiweiß, zum Teil allerdings nur in Spuren, und in 88% Zylinder im Urin
nachzuweisen.

Im Tierversuch (an Kaninchen) konnte FRAZIER[8] diese nephrotischen Veränderungen dadurch reproduzieren, daß er die Tiere ein Jahr lang mit kleinen
Dosen Natriumchaulmoograt (s. S. 52) behandelte (vgl. S. 86). Bei den nach
Abschluß der Behandlung getöteten Kaninchen waren vor allem Erscheinungen
von Desquamation und fettiger Degeneration der Tubularepithelien, stellenweises
Fehlen der Zellstruktur, sowie Erweiterungen der Lumina festzustellen; die Tubuli
contorti waren mit hyalinen Zylindern, Epithelien und Detritus angefüllt. In
der Rindensubstanz waren dagegen keine Anzeichen einer Entzündung nachzuweisen; die Gefäße zeigten hier ein vollkommen normales Aussehen. Über die
Nierenschädigungen durch größere Dosen Chaulmoograöl wurden von READ[9]
experimentelle Untersuchungen an Kaninchen angestellt. Nach seinen Befunden
waren bei Kaninchen, die toxische Mengen des Öls (2mal in 10tägigem Abstand
je 2 ccm pro Tier per os) oder der Äthylester (2mal in 16tägigem Abstand je
1 ccm pro Tier intravenös) erhielten, erhebliche Mengen Eiweiß und Aceton im
Urin, häufig auch Hämoglobinurie, zu konstatieren. Der Dijodchaulmoogra-
äthylester ließ in den Tierversuchen von READ[1] eine besonders starke nieren-
schädigende Wirkung erkennen.

Soweit sich bei den nur spärlich vorliegenden Untersuchungsergebnissen über
das Zustandekommen der Nierenschädigungen durch Chaulmoograpräparate etwas

---

[1] READ, B. C.: Zit. S. 78. — [2] BRAULT, J.: Ann. de Dermat. [4] **4**, 811 (1903) —
Arch. Schiffs- u. Tropenhyg. **12**, 205 (1908) — Lepra (Lpz.) **8**, 91 (1909) — Bull. Soc. franç.
Dermat. **21**, 207 (1910). — [3] PATRON ESPADA, J.: Lepra (Lpz.) **3**, 185 (1903). — [4] WADE,
H. W.: Monthly Bull. Philippine Health Serv. **4**, 13 (1924). — S. auch S. 94. — [5] PINEDA,
E. V.: Monthly Bull. Philippine Health Serv. **4**, 205 (1924). — [6] WADE, H. W., C. B. LARA
u. C. NICOLAS: Zit. S. 94. — [7] LARA, C. B., B. DE VERA, J. G. SAMSON u. F. C. EUBANAS:
Monthly Bull. Philippine Health Serv. **6**, 410 (1926). — [8] FRAZIER, C. N.: Zit. S. 86. —
[9] READ, B. E.: Zit. S. 86.

aussagen läßt, ist die Reizwirkung der einzelnen Zubereitungen auf die Harnwege offenbar ziemlich verschieden stark. So gibt Travers[1] an, daß die altchinesische Ta-fung-tse-Behandlung (s. S. 47) in dieser Beziehung recht gut vertragen wird; der genannte Autor konnte nur bei 2% der von ihm nach diesem Verfahren behandelten Leprösen Nierenreizungen beobachten. Da weiter nach den Angaben von Portugal[2] gereinigtes Hydnocarpusöl auch von Patienten mit Nierenaffektionen, sowie solchen Kranken, welche schon Nierenreizungen aufgewiesen haben, anscheinend vertragen wird, ist wohl anzunehmen, daß diese nephrotischen Erscheinungen weniger durch die therapeutisch wirksamen ungesättigten Fettsäuren des Chaulmoograöls verursacht werden, sondern ebenso wie auch die sonstigen Reizwirkungen der Chaulmoograpräparate auf die Gewebe, auf ihrem Gehalt an lactonartigen Verbindungen beruhen (vgl. S. 76).

In Anbetracht des Umstandes, daß es bei länger fortgesetztem Gebrauch von Chaulmoograpräparaten offenbar zu einer *Kumulation* (vgl. S. 100) und dadurch zu Nieren- und Leberschädigungen kommt, wie man sie auch nach einmaligen großen Dosen beobachten kann, dürfte es sich bei der Leprabehandlung jedenfalls empfehlen, auf die Dosierung und auch auf die Konzentration der Mittel zu achten; große Dosen stark konzentrierter Präparate sind sicher schädlich.

Zu erwähnen wäre noch, daß Read[3] bei einigen Kaninchen nach Einverleibung toxischer Dosen des Chaulmoograöls (10—15 ccm per os) oder der Äthylester (mehrfach 0,5—1,0 ccm in 8tägigen Abständen intravenös) Hodenschwellungen beobachtete.

12. Wirkungen auf die Muskulatur.

Untersuchungen über die Wirkung des Chaulmoograöls und seiner Derivate auf die quergestreifte und glatte Muskulatur wurden nur von Valenti[4] mit Chaulmoograäthylestern durchgeführt. Nach seinen Befunden am Gastrocnemius des Frosches bewirken schon kleine, in den dorsalen Lymphsack eingeführte Dosen (0,5 ccm) eine Steigerung des Tonus der quergestreiften Muskeln; etwas größere Mengen bedingen außerdem eine verzögerte Erschlaffung der Muskeln. Höhere Dosen (2—4 ccm) steigern indessen die Reizschwelle und setzen den Tonus herab. Nach den am Meerschweinchen- und Kaninchenuterus erhobenen Feststellungen wird schon durch 5—7 Minuten lange Einwirkung einer Äthylesteremulsion 1:1000 (in physiologischer Gummilösung) auch der Tonus der glatten Muskulatur erheblich gesteigert und eine erhebliche Verlangsamung der Erschlaffung bewirkt. Etwas stärkere Konzentrationen (1:800) bewirken hier eine Verminderung der Muskelkontraktion, während noch stärkere Konzentrationen (1:150—1:200) jede Kontraktion aufheben.

13. Wirkungen auf den Stoffwechsel; Gewöhnung.

Systematische Untersuchungen über die Beeinflussung des Stoffwechsels durch Chaulmoograderivate wurden nur von Read ausgeführt.

Was zunächst den *Kalkstoffwechsel* (vgl. auch S. 87 u. 93) anlangt, so erfährt nach den an Kaninchen erhaltenen Befunden des genannten Verf. (Read[5]) die Kalkausscheidung durch die Nieren nach parenteraler oder peroraler Zufuhr einmaliger größerer Dosen des Chaulmoograöls (10 ccm per os oder 1 ccm subcutan oder 5 ccm intraperitoneal) und der daraus gewonnenen Äthylester (0,25 ccm intravenös oder 0,5 ccm subcutan) eine vorübergehende beträchtliche Zunahme.

---

[1] Travers, E. A. O.: Proc. roy. Soc. Med., Sect. trop. Dis. **19**, 1 (1926). — [2] Portugal, H.: Zit. S. 63. — [3] Read, B. E.: Zit. S. 86. — [4] Valenti, A.: Zit. S. 85. — [5] Read, B. E.: J. of biol. Chem. **62**, 515 (1924) — Trans. far east. Assoc. trop. Med. (6th Congr., Tokyo 1925) **1**, 1015 (1926).

So stieg z. B. bei einem Kaninchen nach intraperitonealer Injektion von 5 ccm Chaulmoograöl die Calciummenge im Urin von etwa 4,2 mg auf 62,1 mg pro Tag. Im Gegensatz hierzu war bei Kaninchen nach Einverleibung von Olivenöl (5 ccm intraperitoneal) oder der daraus hergestellten Fettsäureäthylester (mehrfache Dosen zu je 0,5 ccm intramuskulär) kaum eine Veränderung, zum Teil sogar eine geringe Verminderung der Calciumausscheidung durch die Nieren nachweisbar. Ebenso gibt SJOLLEMA[1] an, daß er bei Kaninchen durch Zugabe von Lebertran zur Nahrung eine Kalkanreicherung im Organismus beobachtet habe. Bei Hunden war in den Versuchen von READ schon nach kleinen Mengen von Chaulmoograöl (0,06—0,2 ccm in emulgierter Form per os in 24stündigen bis mehrtägigen Abständen) oder Chaulmoograäthylestern (0,5 ccm 1 mal wöchentlich subcutan) zunächst auch ein erhebliches Ansteigen des Calciumgehalts des Urins und auch der Faeces zu konstatieren; fortgesetzte Applikation dieser Dosen führte indessen zu einer Verminderung der Calciumausscheidung, d. h. zu einer Kalkretention im Organismus.

Die unter dem Einfluß einer Behandlung mit Chaulmoograpräparaten eintretenden Änderungen des Kalkstoffwechsels lassen, wie READ durch fortlaufende Analysen bei seinen Versuchstieren feststellte, keine Beziehungen mit dem Phosphorgehalt des Urins oder dem Phosphor- und dem Fettgehalt der Faeces erkennen; READ schließt aus dem Fehlen des normalerweise vorhandenen Parallelismus, daß besonders durch größere Dosen der Chaulmoograderivate die Kalkausscheidung erhebliche Störungen erfährt (vgl. auch WOOLEY und ROSS[2]). Die Beobachtung, daß im Tierversuch zwar die Behandlung mit kleinen Dosen von Chaulmoograöl und seinen Derivaten zu einer Anreicherung von Calcium im Organismus führt, daß aber durch große Dosen eine gesteigerte Calciumausscheidung bewirkt wird, bringt READ mit der Erfahrungstatsache in Zusammenhang, daß bei der Chaulmoograölbehandlung lepröser Patienten eine allmähliche Steigerung der Einzeldosen vorgenommen werden kann, daß aber die Anwendung großer Quantitäten gleich zu Beginn der Kur schädigend wirkt (vgl. besonders MUIR[3]).

Weiter hat sich durch die Untersuchungen von READ[4] an Hunden und Kaninchen ergeben, daß nach Anwendung von Chaulmoograpräparaten (Chaulmoograöl per os oder intraperitoneal, Äthylester subcutan) die Ausscheidung von *Stickstoff* (Ammoniak, Kreatinin, Gesamtstickstoff) infolge vermehrter Einschmelzung von Körperzellen ansteigt. Die fortgesetzte Applikation kleiner Chaulmoograöl- oder Äthylestermengen führte indessen zu einer mit Acidose einhergehenden Verminderung der Gesamtstickstoff- und Kreatininwerte, aber einer ziemlichen Zunahme der Ammoniakausscheidung.

Auch die *Schwefel*ausscheidung durch den Urin erfährt durch einmalige, parenteral oder peroral verabreichte große Mengen von Chaulmoograpräparaten nach den an Kaninchen (5 ccm Chaulmoograöl per os oder 0,5 ccm Äthylester intravenös) und Hunden (9 ccm Chaulmoograöl subcutan) erhobenen Befunden von READ[5] eine temporäre starke Zunahme. Bei einer etwa 10 Tage später vorgenommenen Wiederholung der betreffenden Dose war indessen keine solche Steigerung, sondern eine Verminderung der Schwefelausscheidung festzustellen. Die halogenierten Äthylester bewirken nach READ zwar eine vermehrte Aus-

---

[1] SJOLLEMA, B.: Arch. néerl. Physiol. **7**, 384 (1922) — Versl. Afd. Natuurk., Kon. Akad. Wetensch. Amsterd. **31**, 507 (1923) — J. of biol. Chem. **57**, 255 (1923). — [2] WOOLEY, J. G., u. H. ROSS: Zit. S. 94. — [3] MUIR, E.: Zit. S. 12. — [4] READ, B. E.: Zit. S. 98 — s. insbesondere auch J. of biol. Chem. **62**, 541 (1924). — [5] READ, B. E.: Proc. Soc. exper. Biol. a. Med. **23**, 248 (1925) — Trans. far-east. Assoc. trop. Med. (6th Congr., Tokyo 1925) **1**, 1015 (1926) — Chin. J. Physiol. **1**, 345 (1927).

scheidung von neutralem Schwefel, nicht aber von Ätherschwefelsäuren (vgl. S. 96).

Aus seinen Untersuchungsresultaten, die eine mit Gewebseinschmelzung und Acidose verbundene Steigerung der Calcium-, Stickstoff- und Schwefelausscheidung nach der erstmaligen Applikation eines Chaulmoograpräparates, aber eine Verminderung der Werte nach mehrfacher Anwendung ergeben haben, schließt Read, daß hier offenbar eine gewisse Gewöhnung des Körpers eintritt. Seiner Ansicht nach versucht der mit Chaulmoograderivaten behandelte Organismus die Chaulmoografettsäuren dadurch zu entgiften, daß er sie oxydiert und den cyclischen Anteil (vgl. S. 30) nach Art des Phenols in Form von Ätherschwefelsäuren, die zunächst in erheblich vermehrter Menge im Urin auftreten, ausscheidet. Da indessen im Laufe weiterer Behandlung die Ausscheidung der Ätherschwefelsäuren abnimmt und auch die übrigen Stoffwechsel- (Oxydations-) Vorgänge eine Verminderung aufweisen, glaubt Read, daß der Körper diese schnelle Entgiftung der Chaulmoografettsäuren nicht mehr zu bewerkstelligen vermag. Zutreffendenfalls würde diese Annahme zusammen mit den von Read festgestellten Kumulationserscheinungen (s. S. 96, 97, u. 98) eine Erklärung für die besonders nach mehrfachen hohen Dosen von Chaulmoograderivaten eintretenden Intoxikationserscheinungen bilden. Hinsichtlich der Gewöhnung der Magenschleimhaut an die reizende Wirkung der Chaulmoograpräparate vgl. S. 79.

Anhangsweise sei hier noch darauf hingewiesen, daß sich nach den Befunden von Schöbl[1] säurefeste Bakterien durch Züchtung auf Nährböden mit einem steigenden Gehalt an Natriumchaulmoograt (s. S. 30 u. 67) an die entwicklungshemmende Wirkung des Salzes *gewöhnen* können. Schöbl gibt an, daß es ihm auf diese Weise gelungen sei, einen säurefesten Stamm noch in einem Nährboden, der das 10fache Multiplum der sonst hemmend wirkenden Konzentration des Natriumchaulmoograts enthielt, zum Wachstum zu bringen. Der genannte Autor nimmt dementsprechend an, daß die bei manchen zunächst mit Erfolg behandelten Leprösen zu beobachtenden Rückfälle (vgl. z. B. Heggs[2], Lamoureux[3]) vielleicht zum Teil auf die Ausbildung einer solchen Arzneifestigkeit seitens der Erreger zurückzuführen sind (vgl. auch S. 115).

14. Herd- und Allgemeinreaktionen.

Wie bereits oben (s. S. 62, 87 u. 94) angedeutet wurde, werden bei Leprakranken besonders unter dem Einfluß zu starker parenteraler Dosen von Chaulmoograpräparaten oder auch anderen Arzneimitteln sog. „*Leprareaktionen*" beobachtet; gelegentlich können diese Erscheinungen, wie ebenfalls schon betont wurde, auch ohne erkennbare Ursache, d. h. ohne jegliche Behandlung plötzlich und beliebig oft auftreten. Sie bestehen einerseits in Herdreaktionen, die zu einer Verstärkung der krankhaften Schwellungen, zu entzündlichen Vorgängen und Geschwürsbildung im Bereich der Krankheitsherde, sowie zum Auftreten neuer Läsionen führen, und gehen andererseits mit Allgemeinsymptomen (Muskel- und Gelenkschmerzen, Verdauungsstörungen, Übelkeit, Erbrechen, Kopfschmerzen, Ödeme, beschleunigte Senkungsgeschwindigkeit der roten Blutkörperchen usw.), meist auch mit mehr oder weniger lang anhaltender Temperatursteigerung einher (Muir[4],

---

[1] Schöbl, O.: Philippine J. Sci. **25**, 135 (1924). — [2] Heggs, T. B.: Brit. med. J. **1923 II**, 1253. — [3] Lamoureux, A.: Bull. Soc. Path. exot. Paris **16**, 227 (1923). — [4] Muir, E.: Zit. S. 12 — Ann. Rep. Calcutta School trop. Med. **1923**, 35 — Lancet **206**, 277 (1924) — Trans. South Indian Branch, Brit. med. Assoc. **17**, 105 (1925) — J. roy. sanit. Inst. **46**, 131 (1925) — Indian med. Gaz. **61**, 215 (1926) — Trans. far-east. Assoc. trop. Med. (7th Congr., Calcutta 1927) **2**, 305 (1929) — Trans. roy. Soc. trop. Med. **25**, 87 (1931) — Internat. J. Leprosy **1**, 407 (1933).

Horta[1], Wade[2], Lara[3], Wade, Lara und Nicolas[4], Lara und de Vera[5], Tietze[6], Galli-Valerio[7], Levy[8], Cochrane[9], Pardo-Castelló[10], Hoffmann[11], Hoffmann und Ramos Báez[12], Alexis und Menaut[13] u. a.). Dieses plötzliche, sich unter Umständen häufiger wiederholende An- und Abschwellen der leprösen Krankheitsprodukte ist, wie Muir und Chatterji[14] (im Gegensatz zu Hoffmann, sowie Hoffmann und Ramos Báez) hervorheben, nicht mit einer entsprechenden Zu- und Abnahme der in den Läsionen enthaltenen Leprabacillen verbunden.

Von manchen Autoren (McCants[15], Hoffmann und Ramos Báez[16] u. a.) wurde schon die Ansicht vertreten, daß die vor allem nach parenteraler Einverleibung von Chaulmoograderivaten vielfach auftretenden Herd- und Allgemeinerscheinungen auf ein massenhaftes Zugrundegehen von Leprabacillen und die dadurch bedingte Ausschwemmung großer Endotoxinmengen zurückzuführen seien. Schon die Tatsache, daß die Reaktionen auch durch sicherlich nicht bactericid wirkende Substanzen, wie z. B. Arsenpräparate (Hasson[17], Gougerot[18]), Jodkalium (Muir[19], Olpp[20]), Fibrolysin (Henderson und Chatterji[21]), Hirudin und die Quecksilberverbindung Mercurochrome (Denney[22]), Brechweinstein (Ogilvie[23]), kolloidalen Antimon (Heggs[24]), Anilinfarbstoffe (Schujman[25]) u. a., ausgelöst werden, ja sogar spontan auftreten können, ist indessen mit einer solchen Auffassung nicht vereinbar. Auch die eben erwähnte Feststellung von Muir und Chatterji, daß die Leprareaktionen nicht zu einer Verminderung der in den Krankheitsprodukten enthaltenen Erreger führen, spricht gegen eine derartige Erklärung. Vielmehr ist auch nach den bei Tuberkulose (vgl. Schlossberger[26]) und anderen Krankheiten gemachten Erfahrungen anzunehmen, daß für die Reaktionserscheinungen der vermehrte Zerfall von leprösem Granulationsgewebe und der Übertritt der dabei freiwerdenden Abbaustoffe körpereigener Zellen in die Blutbahn verantwortlich gemacht werden müssen (Muir[27] und a.). Mit dieser Betrachtungsweise steht auch die Feststellung von Read[28], daß schon der gesunde Organismus auf die Applikation von Chaulmoograpräparaten mit einer wohl durch vermehrte Einschmelzung von Körpergewebe bedingten Steigerung der Stickstoffausscheidung antwortet (s. S. 99), in Einklang, denn man kann sich sehr wohl vorstellen, daß das lepröse ebenso wie auch das tuberkulöse

---

[1] Horta, P.: Rev. med.-cir. do Brazil **29**, 67 (1921). — [2] Wade, H. W.: J. Philippine Isl. med. Assoc. **3**, 236 (1923) — Philippine J. Sci. **25**, 693 (1924); **26**, 21 (1925). — [3] Lara, C. B.: J. Philippine Isl. med. Assoc. **3**, 241 (1923); **7**, 263 (1928); **10**, 469 (1930). — [4] Wade, H. W., C. B. Lara u. C. Nicolas: Philippine J. Sci. **25**, 661 (1924). — [5] Lara, C. B., u. B. de Vera: Trans. far-east. Assoc. trop. Med. (8th Congr., Bangkok 1930) **2**, 548 (1932). — [6] Tietze, S.: J. Phillippine Isl. med. Assoc. **3**, 247 (1923) — Monthly Bull. Philippine Health Serv. **6**, 355 (1926). — [7] Galli-Valerio, B.: Virchows Arch. **254**, 765 (1925). — [8] Levy, D. M.: Nederl. Tijdschr. Geneesk. **69 I**, 1422 (1925). — [9] Cochrane, R. G.: Leprosy Rev. **1**, 19 (1930). — [10] Pardo-Castelló, V.: Rev. Dermat. **11**, 101 (1926) — Arch. of Dermat. **33**, 12 (1936). — [11] Hoffmann, W. H.: Münch. med. Wschr. **73**, 1269 (1926). — [12] Hoffmann, W. H., u. P. Ramos Báez: Med. Argentina **5**, 52 (1926) — Internat. J. Leprosy **3**, 23 (1935). — [13] Alexis, M. L., u. B. Menaut: Ann. Méd. Pharm. colon. **23**, 201 (1925). — [14] Muir, E., u. S. N. Chatterji: Indian J. med. Res. **24**, 119 (1936). — [15] McCants, J. M.: U. S. Naval med. Bull. **20**, 705 (1924). — [16] Hoffmann, W. H., u. Ramos Báez: Internat. J. Leprosy **3**, 23 (1935). — S. auch Fußnote 12. — [17] Hasson, J.: Bull. Soc. méd. Hôp. Paris [3] **38**, 1356 (1922). — [18] Gougerot,: Bull. Soc. méd. Hôp. Paris [3] **38**, 1379 (1922). — [19] Muir, E.: Ann. Rep. Calcutta School trop. Med. **1923**, 35. — [20] Olpp: Münch. med. Wschr. **76**, 13 u. 486 (1929). — [21] Henderson, J. M., u. S. P. Chatterji: Indian med. Gaz. **63**, 620 (1928). — [22] Denney, O. E.: Publ. Health Rep. **44**, 528 u. 3169 (1929); **46**, 5 (1931). — [23] Ogilvie, D. C.: Fiji ann. med. Rep. **1923**, 24. — [24] Heggs, T. B.: Brit. med. J. **1923 II**, 1253. — [25] Schujman, S.: Internat. J. Leprosy **5**, 77 (1937). — [26] Schlossberger, H.: Chemotherapie der Tuberkulose. Handb. d. Tuberkulose, herausg. von L. Brauer, G. Schröder u. F. Blumenfeld, 3. Aufl. **2**, 337. Leipzig: J. A. Barth 1923. — [27] Muir, E.: Zit. S. 100 — s. außerdem Indian med. Gaz. **62**, 211 (1927) u. **67**, 121 (1932). — [28] Read, B. E.: J. of biol. Chem. **62**, 541 (1924).

oder ein anderes Granulationsgewebe für die durch die Chaulmoograderivate bedingte Reizwirkung besonders empfindlich ist. Immerhin zeigt der lepröse Organismus im Gegensatz zum tuberkulösen Körper, der vielfach schon nach Zufuhr kleiner Mengen der Chaulmoograpräparate mit schwersten Herd- und Allgemeinerscheinungen antwortet, im allgemeinen eine wesentlich geringere Reaktionsfähigkeit. Nach Rogers[1] ist dieser Unterschied einmal durch die geringere Toxizität der Leprabacillen, vor allem aber dadurch bedingt, daß die Tuberkulose im Gegensatz zur Lepra meist in lebenswichtigen Organen lokalisiert ist. Immerhin kommen aber auch bei Lepra im Anschluß an die Einspritzung üblicher Dosen von Chaulmoograpräparaten gelegentlich stärkere und länger anhaltende Reaktionserscheinungen vor, die unter Umständen den Tod der Patienten zur Folge haben können (McDaniel[2], Lara, de Vera, Samson und Eubanas[3], Pardo-Castelló[4]; vgl. auch S. 87 u. 108).

Nach Muir[5] ist die Empfindlichkeit des leprösen Organismus gegenüber parenteral einverleibten Arzneistoffen während des durch eine außerordentliche Bacillenvermehrung charakterisierten 2. Stadiums der Erkrankung am stärksten ausgeprägt. Um Verschlimmerungen zu vermeiden, ist daher bei der Behandlung mit Chaulmoograderivaten während dieser Zeit besondere Vorsicht bei der Dosierung erforderlich. Demgegenüber ist die Reaktionsfähigkeit des lepra-infizierten Körpers in der Frühperiode, d. h. solange die Zahl der Erreger noch klein ist (s. auch Wade[6]), und auch im 3. Stadium, welches durch das Einsetzen von Immunitätsvorgängen und eine dadurch bedingte Verminderung der Lepra-bacillen gekennzeichnet ist, gering. Bei der Behandlung von Frühfällen ist deshalb im allgemeinen ein rascheres Ansteigen der Dosierung möglich.

Muir und seine Mitarbeiter[7] sowie Rogers[8], Wheatley[9], Rouillard[10], Tietze[11], Stein[12] u. a. stehen auf dem Standpunkt, daß bei der Behandlung der Lepra mit Chaulmoograpräparaten die Auslösung von häufigen, nicht zu starken Herdreaktionen absolute Vorbedingung für die Erzielung eines Heileffektes ist. Die genannten Autoren nehmen an, daß durch eine solche geringgradige Steige-rung der Entzündungserscheinungen in den Lepromen eine Mobilisierung der im Gewebe liegenden Erreger stattfindet und daß dadurch die bei Lepra während der ersten beiden Stadien fehlenden oder nur geringgradigen Immunitätsvorgänge angeregt werden. Um auch bei den vielfach gar nicht reagierenden vorgeschritte-nen Fällen des 3. Stadiums (s. auch Heggs[13]) eine Auslösung der nach seiner Ansicht notwendigen Reaktionserscheinungen durch die Chaulmoograpräparate zu erzielen, empfiehlt Muir die gleichzeitige innerliche Verabreichung von Jod-kalium, das nach seinen Erfahrungen die Reaktionsfähigkeit des Körpers steigert. Derselbe Effekt läßt sich nach seinen Angaben auch durch die zur lokalen Be-handlung der Leprome dienende Infiltrations- oder Planchamethode (s. S. 63), nach Correa Netto[14] durch Einspritzung von Terpentinöl in die Läsionen er-

[1] Rogers, L.: Lancet **200**, 1178 (1921); **206**, 1207, 1297, 1321 (1924) — Practitioner **107**, 77 (1921) — Brit. J. Tbc. **16**, 110 (1922) — Brit. med. J. **1923 II**, 1253 — Bristol med.-chir. J. **41**, 19 (1924) — Glasgow med. J. **101**, 109 (1924). — [2] McDaniel, F. L.: Zit. S. 87. — [3] Lara, C. B., B. de Vera, J. G. Samson u. F. C. Eubanas: Monthly Bull. Philippine Health Serv. **6**, 410 (1926). — [4] Pardo-Castelló, V.: Arch. of Dermat. **33**, 12 (1936). — [5] Muir, E.: Lancet **206**, 277 (1924). — [6] Wade, H. W.: Philippine J. Sci. **25**, 661 (1924). — [7] Muir, E., E. Landeman, T. N. Roy u. J. Santra: Indian J. med. Res. **11**, 543 (1923). — S. auch E. Muir: Indian med. Gaz. **67**, 121 (1932). — [8] Rogers, L.: Verh. 9. internat. Kongr. f. Dermat. (Budapest, Sept. 1935) **2**, 558 (1936). — S. auch L. Rogers u. E. Muir: Zit. S. 11. — [9] Wheatley, A. H.: Zit. S. 60. — [10] Rouillard, J.: Presse méd. **32**, 929 (1924). — [11] Tietze, S.: Monthly Bull. Philippine Health Serv. **6**, 355 (1926). — [12] Stein, A. A.: Dermat. Z. **63**, 393 (1932). — [13] Heggs, T. B.: Brit. med. J. **1923 II**, 1253. — [14] Correa Netto, O.: Z. ärztl. Fortbild. **20**, 703 (1923) — Brazil Medico **37 I**, 315 (1923).

zielen. Nach Muir[1], Strachan[2] u. a. ist auch das Betupfen der Leprome mit Trichloressigsäure sehr förderlich. Im Gegensatz zu Muir vertreten Wade[3], Lara[4] (s. auch Lara und de Vera[5]) u. a. die Auffassung, daß bei der Chaulmoograbehandlung das Auftreten der Leprareaktionen zur Erzielung einer Heilwirkung keinesfalls notwendig ist; nach ihren Feststellungen ist der Prozentsatz der klinischen Heilungen sogar bei denjenigen Leprakranken, die auf die Behandlung nicht reagieren, größer als bei denjenigen Patienten, die derartige Reaktionserscheinungen aufweisen.

Nach Ogilvie[6] lassen sich die starken Reaktionen durch Verabreichung von Urotropin abkürzen, das auch zur Linderung der Schmerzen bei Nervenlepra gute Dienste leisten soll. Gegen Fieber verwendet Rodriguez[7] das von Mitsuda empfohlene Calciumchlorid oder Natriumcarbonat (vgl. auch Haslé[8]); der Husten kann nach van Heutsz[9] mit Calciumlactat bekämpft werden.

In diesem Zusammenhang wäre dann noch darauf hinzuweisen, daß durch Chaulmoograderivate latente Infektionen der verschiedensten Art, vor allem ruhende *tuberkulöse* Erkrankungen, aktiviert werden können (Ogilvie[6], Lara[10], Lara, de Vera, Samson und Eubanas[11], Wade[12], Wade, Lara und Nicolas[13], Pineda[14] u. a.). Hier ist bei der Behandlung naturgemäß größte Vorsicht notwendig, da sonst Verschlimmerungen zu befürchten sind. In Anbetracht der starken Herd- und Allgemeinreaktionen, welche die Chaulmoograpräparate bei latent oder manifest tuberkulös Erkrankten hervorrufen können, wurde von Rogers[15] u. a. für die Behandlung Lepröser, die gleichzeitig an Tuberkulose leiden, sowie auch für die Therapie tuberkulöser Patienten überhaupt, die Verwendung der milder wirkenden Derivate der Lebertranfettsäuren (Natriummorrhuat, Äthylmorrhuat u. a.; vgl. auch S. 61) empfohlen (s. auch Ogilvie[6], Lara[4], sowie S. 119). Hinsichtlich der Aktivierung von Herpes zoster durch Chaulmoograbehandlung vgl. Labernadie[16].

15. Antigene Eigenschaften der Chaulmoograpräparate.

Von Murata und Tamiya[17] (s. auch Tamiya[18]), sowie Takesu[19] wird angegeben, daß die Sera lepröser Patienten mit Chaulmoograöl als Antigen eine spezifische *Komplementbindungsreaktion* geben. Eine Bestätigung dieser Befunde von anderer Seite liegt bis jetzt noch nicht vor.

Zu erwähnen wäre hier dann noch, daß die nach Anwendung von Chaulmoograpräparaten häufig auftretenden Reaktionserscheinungen (vor allem Schwellung an der Injektionsstelle, Temperatursteigerung usw.) von Sinclair[20] auf anaphylaktische Vorgänge bezogen wurden (vgl. auch Muir, De, Landeman, Roy und Santra[21]). Hinsichtlich der aktiven Immunisierung des Organismus mit kleinen Mengen Chaulmoograöls gegen starke Dosen des Fetts vgl. Busquet[22].

---

[1] Muir, E.: Zit. S. 102. — [2] Strachan, P. D.: S. afric. med. J. **7**, 210 (1933) — Leprosy Rev. **5**, 16 (1934). — [3] Wade, H. W.: J. Philippine Isl. med. Assoc. **3**, 236 (1923). — [4] Lara, C. B.: J. Philippine Isl. med. Assoc. **8**, 263 (1928). — [5] Lara, C. B., u. B. de Vera: Zit. S. 101. — [6] Ogilvie, D. C.: Zit. S. 57. — [7] Rodriguez, J.: Trans. far-east. Assoc. trop. Med. (6th Congr., Tokyo 1925) **2**, 699 (1926). — [8] Haslé, G.: Bull. Soc. Path. exot. Paris **22**, 11 (1929). — [9] van Heutsz, J. B.: Ann. Soc. belge Méd. trop. **12**, 385 (1932). — [10] Lara, C. B.: J. Philippine Isl. med. Assoc. **3**, 241 (1923). — [11] Lara, C. B., B. de Vera, J. G. Samson u. F. C. Eubanas: Zit. S. 102. — [12] Wade, H. W.: Monthly Bull. Philippine Health Serv. **4**, 13 (1924). — [13] Wade, H. W., C. B. Lara u. C. Nicolas: Zit. S. 101. — [14] Pineda, E. V.: Monthly Bull. Philippine Health Serv. **4**, 205 (1924). — [15] Rogers, L.: Brit. med. J. **1919 I**, 147; **1919 II**, 426 — Indian J. med. Res. **7**, 236 (1919) — Indian med. Gaz. **54**, 165 u. 218 (1919). — S. auch S. 102. — [16] Labernadie, V.: Bull. Soc. franç. Dermat. **34**, 762 (1927). — [17] Murata, M., u. T. Tamiya: Hifuka Kiyo **10**, Nr 5 (1927); **11**, Nr 5 (1928). — [18] Tamiya, T.: Therapie (japan.) **10**, 135 (1933). — [19] Takesu, K.: Lepro (Osaka) **4**, 195 (1933). — [20] Sinclair, A. N.: Trans. med. Soc. Hawaii **1919**. — [21] Muir, E., N. K. De, E. Landeman, T. N. Roy u. J. Santra: Indian J. med. Res. **12**, 221 (1924). — [22] Busquet, H.: Zit. S. 95.

VI. Chemotherapeutische Wirksamkeit des Chaulmoograöls und der ihm nahestehenden vegetabilischen Fette bei Infektionskrankheiten.

1. Experimentelle Feststellungen.

Da die menschliche Lepra überhaupt nicht, oder wenigstens nicht mit der erforderlichen Regelmäßigkeit, auf Versuchstiere übertragen werden kann, haben verschiedene Autoren eine experimentelle Erprobung des Chaulmoograöls und anderer Flacourtiaceenöle, sowie einiger der aus ihnen hergestellten Derivate im Heil- und Schutzversuch an *tuberkuloseinfizierten* Meerschweinchen, Kaninchen und Mäusen durchzuführen versucht. Hierbei wurde teils das native Chaulmoograöl (LINDENBERG[1], LINDENBERG und RANGEL PESTANA[2], KOLMER, DAVIS und JAGER[3], VOEGTLIN, SMITH und JOHNSON[4], KLOPSTOCK[5]), teils das HEISERsche Gemisch (s. S. 48; WALKER[6]), das kreosothaltige „Chaulmugrin" (s. S. 50; FISCHL[7]) oder emulgiertes Chaulmoograöl (WALKER[6]), teils die Äthyl- bzw. Propylester der Gesamtfettsäuren verschiedener Flacourtiaceenöle (Taraktogenos kurzii, Hydnocarpus anthelmintica, Hydnocarpus laurifolia s. wightiana, Hydnocarpus venenata, Carpotroche brasiliensis; vgl. Tabelle 1 und 2) ohne und mit Jodzusatz (WALKER[6], VOEGTLIN, SMITH und JOHNSON[4], KLOPSTOCK[5], OHLSSON und GLIMSTEDT[8], FISCHL[7]), teils Natriumsalze der Chaulmoografettsäuren (ROGERS[9], LINDENBERG und RANGEL PESTANA[2], BIESENTHAL[10], VOEGTLIN, SMITH und JOHNSON[4], WALKER[6], CULPEPPER und ABLESON[11], LEURET[12], ROGERS, CUMMINS und WEATHERALL[13], FISCHL[7]), letztere auch in Kombination mit Calciumlactat (VOEGTLIN, SMITH und JOHNSON[4]), teils die Goldsalze (KLEEBERG[14]), teils schließlich die Kupfersalze (OSTROMYSSLENSKI und PETROW[15]) verwendet. Im allgemeinen bestand die Behandlung der Tiere in einer Reihe von Einspritzungen, mit denen meist schon kurze Zeit nach der experimentellen Tuberkuloseinfektion begonnen wurde.

Die Mehrzahl der Autoren (ROGERS, BIESENTHAL, LINDENBERG und PESTANA, KOLMER, DAVIS und JAGER, VOEGTLIN, SMITH und JOHNSON, LEURET, KLOPSTOCK, ROGERS, CUMMINS und WEATHERALL, FISCHL) konnte im Heilversuch keinerlei Wirkung der geprüften Chaulmoograpräparate auf die Erkrankung feststellen. Demgegenüber glauben OSTROMYSSLENSKI und PETROW[15], WALKER[6] (s. auch WALKER, MACARTHUR und SWEENEY[16]), KLEEBERG[14] sowie OHLSSON und GLIMSTEDT[8] einen langsameren Verlauf oder eine geringere Ausdehnung der experimentellen Tuberkulose bei den behandelten Versuchstieren festgestellt zu haben; CULPEPPER und ABLESON[11] berichten sogar, daß sie bei einigen der mit den Natriumsalzen der Chaulmoografettsäuren behandelten Meerschweinchen eine völlige Ausheilung der Tuberkulose nachweisen konnten. Bei prophylaktischer Anwendung der Chaulmoograderivate beobachteten KOLMER, DAVIS und

[1] LINDENBERG, A.: Bol. Acad. Nac. Med. Rio de Janeiro **91**, Nr 22 (1920). — [2] LINDENBERG, A., u. B. RANGEL PESTANA: Brazil Medico **34**, 603 (1920) — J. amer. med. Assoc. **75**, 1602 (1920) — Z. Immun.forsch. **32**, 66 (1921). — [3] KOLMER, J. A., L. C. DAVIS u. R. JAGER: J. inf. Dis. **28**, 265 (1921). — [4] VOEGTLIN, C., M. J. SMITH u. J. M. JOHNSON: J. amer. med. Assoc. **77**, 1017 (1921). — [5] KLOPSTOCK, F.: Z. Tbk. **41**, 119 (1924). — [6] WALKER, E. L.: Trans. 17. ann. meeting Nat. Tbc. Assoc. **1921**, 392. — [7] FISCHL, V.: Z. Immun.forsch. **85**, 71 (1935). — [8] OHLSSON, E., u. E. G. GLIMSTEDT: Acta path. scand. (København), Suppl. **16**, 280 (1933). — [9] ROGERS, L.: Brit. med. J. **1919 I**, 147 — Lancet **200**, 1178 (1921) — Brit. J. Tbc. **16**, 110 (1922). — [10] BIESENTHAL, M.: Amer. Rev. Tbc. **4**, 84 u. 781 (1921). — [11] CULPEPPER, W. L., u. M. ABLESON: J. Labor. a. clin. Med. **6**, 415 (1921). — [12] LEURET, F.: J. Méd. Bordeaux **94**, 789 (1922). — [13] ROGERS, L., S. L. CUMMINS u. C. WEATHERALL: Brit. med. J. **1933 I**, 47. — [14] KLEEBERG, J.: Klin. Wschr. **10**, 509 (1931). — [15] OSTROMYSSLENSKI, J., u. D. PETROW: J. russ. phys.-chem. Ges. **47**, 335 (1915). — [16] WALKER, E. L., C. G. MACARTHUR u. M. A. SWEENEY: Trans. 18. ann. meet. Nat. Tbc. Assoc. **1922**, 553.

JAGER eine Lokalisierung der Tuberkulose in den regionären Lymphdrüsen (an Meerschweinchen), während VOEGTLIN, SMITH und JOHNSON auch im Schutzversuch (an Meerschweinchen) keinerlei Wirkung der Präparate nachweisen konnten.

Neuerdings wurden von MARKIANOS[1], WALKER und SWEENEY[2], SCHLOSSBERGER und KOCH[3] (vgl. auch KOCH[4], SCHLOSSBERGER[5]), TISSEUIL[6] sowie EMERSON, ANDERSON und LEAKE[7] (s. auch ANDERSON, EMERSON und LEAKE[8]) Heilversuche mit Chaulmoograderivaten an Ratten, die mit *Rattenlepra* infiziert waren, ausgeführt. Ebenso wie MARKIANOS mit Alepol (Natriumsalze der Chaulmoografettsäuren; s. S. 52), konnten auch SCHLOSSBERGER und KOCH durch mehrfache Behandlung mit den Äthylestern der Gesamtfettsäuren von Hydnocarpus anthelmintica ohne und mit Jodzusatz (Government Laboratory, Bangkok, Siam) bei leprainfizierten Ratten mehrfach eine rasche Erweichung und Entleerung der Leprome, allerdings keine vollkommene Ausheilung, beobachten. Über ähnliche günstige Ergebnisse mit den Äthylestern des Chaulmoograöls und mit Alepol berichten auch WALKER und SWEENEY sowie EMERSON, ANDERSON und LEAKE (s. auch ANDERSON, EMERSON und LEAKE). Die beschleunigte Einschmelzung des leprösen Gewebes und die Eliminierung der bacillenreichen nekrotischen Massen stellt zweifellos eine deutliche Beeinflussung des Krankheitsprozesses dar, die mit der Wirkung der Chaulmoograpräparate auf die menschliche Lepra wohl in Parallele gesetzt werden kann. Demgegenüber konnte jedoch TISSEUIL mit Chaulmoograäthylestern bei leprösen Ratten zwar eine günstige Beeinflussung des Allgemeinzustandes, aber eher ein beschleunigtes Wachstum der Leprome feststellen. Es erscheint nicht ausgeschlossen, daß es sich hierbei um die Wirkung einer Unterdosierung handelt.

Als unwirksam erwiesen sich in den Versuchen von MARKIANOS die Äthylester der Phenyldihydrohydnocarpussäure (Präparat 541 von FOURNEAU und BARANGER[9]; s. S. 64), der Methoxyphenyldihydrohydnocarpussäure, der Phenylundecylensäure und ihres Methoxyderivats. Nach den Ergebnissen von ANDERSON, EMERSON und LEAKE[8] haben die Äthylester der von ADAMS und seinen Mitarbeitern synthetisch dargestellten Di-n-heptylessigsäure (s. S. 45, 64 u. 93), ferner zwei weitere synthetische Präparate, das chaulmoogryl-p-phenetidinsulfosaure Natrium (Präparat 921; s. S. 64) und das dihydrochaulmoogryl-p-phenetidinsulfosaure Natrium (Präparat 923; s. S. 64) bei Rattenlepra nur eine verhältnismäßig geringe Heilwirkung erkennen lassen. Dagegen erwiesen sich in den Versuchen von EMERSON, ANDERSON und LEAKE[7] einige andere, von R. WRENSHALL in Honolulu hergestellte Präparate, nämlich das Kaliumjododihydrochaulmoograt (Präparat 661 K; s. S. 64 u. 76) und das Natriumchaulmoogrylglycinat (Präparat 1141; s. S. 64 u. 76), dem Alepol etwa gleichwertig; eine noch stärkere Wirksamkeit zeigte das als „Chaulphosphate" bezeichnete dichaulmoogroyl-β-glycerinphosphorsaure Natrium (s. S. 64 u. 76).

Auch bei einer Reihe weiterer Infektionskrankheiten wurden schon Chaulmoograpräparate experimentell auf eine etwaige Heilwirkung geprüft; die Resultate dieser Untersuchungen waren aber bisher großenteils vollkommen

[1] MARKIANOS, J.: Bull. Soc. Path. exot. Paris 22, 17 (1929); 23, 268 (1930). — [2] WALKER, E. L., u. M. A. SWEENEY: J. prevent. Med. 3, 325 (1929). — [3] SCHLOSSBERGER, H., u. F. KOCH: Zbl. Bakter. I Ref. 106, 382 (1932) — Gedenkschr. f. Prof. JOANNOVIĆ, Srpski Arch. Lekarst. (Belgrad) 34, 364 (1932). — [4] KOCH, F.: Zbl. Hautkrkh. 40, 433 (1932). — [5] SCHLOSSBERGER, H.: Zbl. Tbk.forsch. 42, 545 (1935). — [6] TISSEUIL, J.: Bull. Soc. Path. exot. Paris 25, 969 (1932); 26, 579 (1933). — [7] EMERSON, G. A., H. H. ANDERSON u. C. D. LEAKE: Proc. Soc. exper. Biol. a. Med. 31, 274 (1933) — Arch. internat. Pharmacodynamie 48, 247 (1934). — [8] ANDERSON, H. H., G. A. EMERSON u. C. D. LEAKE: Internat. J. Leprosy 2, 39 (1934). — [9] FOURNEAU, E., u. P. M. BARANGER: Zit. S. 35.

negativ. So hat nach den Befunden von Smyly[1] Äthylhydnocarpat keinen
Einfluß auf die experimentelle *Kala azar*-Infektion des chinesischen Hamsters,
und Natriumchaulmoograt ist nach den Feststellungen von Schlossberger[2]
ohne Wirkung bei der Infektion der Mäuse mit den Spirillen des *Rattenbißfiebers*
(*Soduku*). Beim experimentellen *Fleckfieber* des Meerschweinchens soll dieses
Natriumsalz der Chaulmoograsäure ebenso wie auch andere kolloidale Substanzen
(Tusche, Trypanblau, Kollargol) nach den Angaben von Reimann[3] infolge
Blockierung oder Stimulierung des Reticuloendothels eine schwache prophylaktische Wirkung entfalten. Jungeblut[4] (s. auch Jungeblut und Thompson[5]),
der vier mit *Poliomyelitis* experimentell infizierte Affen während der Inkubations-
zeit mehrfach mit Chaulmoograäthylestern („Chaulmestrol"; s. S. 57) behandelte,
konnte bei 2 Tieren ein völliges Ausbleiben der Krankheitserscheinungen, bei
den beiden anderen Affen eine nur teilweise Lähmung feststellen, während die
Kontrollen in typischer Weise erkrankten. Bei der Infektion der Mäuse mit dem
*Herpes*virus (vgl. Gildemeister und Ahlfeld[6]) ließen die nicht jodierten und
die jodierten Äthylester der Gesamtfettsäuren des Öls von Hydnocarpus anthelmintica (Government Laboratory, Bangkok) keine therapeutische Wirksamkeit erkennen (Gildemeister und Schlossberger uned.).

2. Klinische Erfahrungen mit Chaulmoograöl und den ihm nahestehenden vegetabilischen Fetten, sowie deren Derivaten bei Lepra, Tuberkulose und anderen Erkrankungen.

a) Lepra.

Über die mit den verschiedenen Flacourtiaceenölen und deren Derivaten bei
der Behandlung der menschlichen Lepra erzielten klinischen Ergebnisse hat sich
im Laufe der Jahre ein außerordentlich großes Schrifttum angesammelt. Betreffs
Einzelheiten sei insbesondere auf die zusammenfassenden Darstellungen von
Desprez[7], Sée[8], Jeanselme[9], Mercado y Donato[10], McCoy und Hollmann[11],
Rogers[12], Rogers und Muir[13], Muir[14], Muir und Lowe[15], Bloch und Bouvelot[16]
(s. auch Bloch[17]), Warren[18], Olpp[19], Pringault und Vigne[20], Padua[21], Noel[22],
Fowler[23], Noc[24], Wade[25], Wade und Rodriguez[26], Schlossberger[27], Rouil-

[1] Smyly, H. J.: Trans. roy. Soc. trop. Med. Lond. **20**, 104 (1926). — [2] Schlossberger, H.:
Z. Hyg. **108**, 627 (1928). — [3] Reimann, H. A.: J. of Immun. **18**, 153 (1930.) — [4] Junge-
blut, C. W.: Proc. Soc. exper. Biol. a. Med. **28**, 176 (1930). — [5] Jungeblut, C. W., u.
R. Thompson: Immunität usw. **3**, 1 (1931). — [6] Gildemeister, E., u. J. Ahlfeld: Zbl.
Bakter. I Orig. **137**, 241 (1936); **139**, 325 (1937). — [7] Desprez, G.: Zit. S. 3. — [8] Sée, M.:
Zit. S. 3. — [9] Jeanselme, E.: Zit. S. 9. — S. auch E. Jeanselme: La lèpre. Paris:
G. Doin et Cie. 1934 — Rev. Hyg. et Méd. prévent. **56**, 321 (1934). — [10] Mercado y Donato, E.:
Mem. y Com. de la 2. Asamblea Region. Med. y Farm. de Filipinas (Manila) **2**, 105 (1914).
— S. auch S. 12. — [11] McCoy, G. W., u. H. T. Hollmann: U. S. Publ. Health Bull. **75**,
3 (1916). — [12] Rogers, L.: Zit. S. 10. — [13] Rogers, L., u. E. Muir: Leprosy. Bristol:
J. Wright and Sons Ltd. 1925. — [14] Muir, E.: Zit. S. 101. — S. auch Trans. South Indian
Branch, Brit. med. Assoc. **17**, 105 (1925) — J. roy. Sanit. Inst. **46**, 131 (1925) — Indian
J. med. Res. **14**, 125 (1926) — Indian med. Gaz. **62**, 211 (1927) — Trans. roy. Soc. trop. Med.
Lond. **25**, 87 (1931) — Internat. J. Leprosy **1**, 407 (1933). — [15] Muir, E., u. J. Lowe: Indian
med. Gaz. **68**, 88 (1933). — [16] Bloch, A., u. M. Bouvelot: Ann. Méd. Pharm. colon. **19**,
181 (1921). — [17] Bloch, A.: Rev. colon. Méd. Chir. **1933**, Nr 44 u. 45. — [18] Warren, L. E.:
J. amer. pharmaceut. Assoc. **10**, 510 (1921). — [19] Olpp: Klin. Wschr. **1**, 2336 (1922); **7**, 1869
(1928) — Arch. Schiffs- u. Tropenhyg. **26**, 322 (1922) — Rev. méd. germ.-ibero-americ. **1**, 170
(1928). — [20] Pringault, E., u. P. Vigne: Congrès de la Santé publ. et de la Prévoyance
sociale, Marseille 1922, Verhandlungen, S. 130. — [21] Padua, R. G.: Monthly Bull. Philippine
Health Serv. **2**, 105 (1922). — [22] Noel, P.: Ann. de Dermat. [6] **3**, 644 (1922). — [23] Fowler, H.:
China med. J. **36**, 115 (1922); **39**, 594 (1925). — [24] Noc, F.: Rev. d'Hyg. **44**, 955 (1922). —
[25] Wade, H. W.: Trans. far-east. Assoc. trop. Med. (5th Congr., Singapore 1923) S. 363. —
[26] Wade, H. W., u. J. N. Rodriguez: Zit. S. 12. — [27] Schlossberger, H.: Z. angew.
Chem. **37**, 4 (1924) — Umschau **28**, 176 (1924) — Zbl. Tbk.forsch. **42**, 545 (1935).

LARD[1], BANTUG[2], VURPILLAT[3], DE MELLO[4], GAVINO und TIETZE[5], CALLENDER und BITTERMANN[6] (s. auch CALLENDER[7]), RAMOS E SILVA[8], HOFFMANN[9], DEYCKE[10], DE SOUZA-ARAUJO[11], UNNA[12], E. V. PINEDA, E. R. PINEDA und DAYRIT[13], MARRAS[14], CUERVO[15], GONZALEZ MEDINA[16], BRAY[17], MAXWELL[18], KLINGMÜLLER[19], EUBANAS[20], WATSON[21], LOWE[22], LULL[23], COCHRANE[24], BENCHETRIT[25], TAMIYA[26], NAGAYO[27], POTTIER[28], FIDANZA[29], BERNARD[30], ORLANDINI[31], TOMB[32], BOUILLAT[33], WELCH[34], VAN CAMPENHOUT[35], CALCAGNO[36], GAY[37], ARCOS[38] und die dort angeführte Literatur verwiesen (vgl. auch Editorial im Brit. med. J.[39] und Report of the Leonard Wood Memorial Conference on leprosy in Manila, 1931[40]).

Im allgemeinen wird die Leprabehandlung mit den Chaulmoograpräparaten in der Weise durchgeführt, daß in gewissen Zeitabständen zunächst allmählich ansteigende Dosen der betreffenden Zubereitung appliziert werden, und daß dann, sobald die auf Grund empirischer Erfahrung für eine wirksame Dauerbehandlung als ausreichend betrachtete, gut verträgliche Höchstmenge erreicht ist, diese längere Zeit hindurch weiter verabfolgt wird. Die Dosierung richtet sich im Einzelfalle nach der Intensität der im Anschluß an die erstmaligen Dar-

---

[1] ROUILLARD, J.: Presse méd. **32**, 929 (1924). — [2] BANTUG, J. P.: Monthly Bull. Philippine Health Serv. **4**, 545 (1924). — [3] VURPILLAT, F. J.: U. S. nav. med. Bull. **22**, 587 (1925). — [4] DE MELLO, F.: Presse méd. **29**, 861 (1921); **33**, 1348 (1925) — Bol. Geral de Med. e Farm. (Nova Goa) [10] Nr 3—6, 62 (1925) — Rev. españ. Urol. **28**, 513 (1926). — [5] GAVINO, C., u. S. TIETZE: J. Philippine Isl. med. Assoc. **5**, 50 (1925). — [6] CALLENDER, G. R., u. TH. BITTERMANN: Philippine J. Sci. **27**, 9 (1925). — [7] CALLENDER, G. R.: Amer. J. trop. Med. **5**, 351 (1925). — [8] RAMOS E SILVA, J.: Ann. brasil. Dermat. **2**, 17 (1926). — [9] HOFFMANN, W. H.: Rev. Med. y Cir. (Habana) **31**, 119 (1926); **40**, 310 (1935) — Leprosy Rev. **1**, 15 (1930) — Arch. ital. Sci. med. colon. **11**, 670 (1930) — O tratamento precoce da lepra. Distribução da Soc. de Assistencia aos lazaros e Defesa contra a lepra, São Paulo 1931 — Bol. Soc. de Defesa contra a lepra São Paulo **4**, 27 (1932) — Jb. Missionsärztl. Inst. Würzburg **9**, 39 (1932) — Africa, J. of internat. Inst. of African languages a. cultures **5**, 455 (1932). — [10] DEYCKE, G.: Rev. médica Hamb. **8**, 42 (1927). — [11] DE SOUZA-ARAUJO, H. C.: Rev. médica Hamb. **8**, Nr 5 u. 6 (1927) — Tratamento moderno da lepra. Rio de Janeiro: Typ. do Instituto Oswaldo Cruz 1928 — Brux. méd. **11**, 630 (1931) — Trans. roy. Soc. trop. Med. Lond. **24**, 599 (1931) — Rev. med.-cir. do Brazil **41**, 329 (1933). — [12] UNNA, P.: Dermat. Wschr. **86**, 383 (1928). — [13] PINEDA, E. V., E. R. PINEDA u. A. DAYRIT: J. Philippine Isl. med. Assoc. **9**, 443 (1929). — [14] MARRAS, A.: La terapia della lepra ed i resultati ottenuti coi moderni trattamenti. Terapia fisica, Chaulmoograti, Vaccinoterapia. Sassari: Libreria italiana e straniera 1929. — [15] CUERVO, L. H.: Arch. de Lepra (Bogotá) **1**, 269 (1929). — [16] GONZALEZ MEDINA, R.: Actas dermo-sifilogr. **22**, 132 u. 202 (1929). — [17] BRAY, G. W.: Proc. roy. Soc. Med. **23**, 1370 (1930). — [18] MAXWELL, J. L.: China med. J. **44**, 37 (1930). — [19] KLINGMÜLLER, V.: Die Lepra. Handb. d. Haut- u. Geschlechtskrankheiten, herausg. von J. JADASSOHN **10 II**. Berlin: Julius Springer 1930. — [20] EUBANAS, F.: J. Philippine Isl. med. Assoc. **10**, 300 (1930). — [21] WATSON, A. J.: China med. J. **44**, 803 (1930). — [22] LOWE, J.: Indian med. Gaz. **67**, 208 (1932). — [23] LULL, G. F.: Mil. Surgeon **70**, 138 (1932). — [24] COCHRANE, R. G.: Brit. J. Dermat. **42**, 125 (1930); **44**, 132 (1932) — J. State Med. **39**, 583 (1931). — [25] BENCHETRIT, A.: Informe que el Dr. Benchetrit rinde al gobernador de Valle del Cauca (República de Colombia) en relación con los enfermos de lepra vallecaucanos confiados a sus cuidados y recluídos en el lazareto de Agua de Dios. Bogotá: Edit. Minerva 1931 — El primer centenar de enfermos de lepra curados. Bogotá: Edit. Minerva 1933 — Disertaciones acerca de la lepra. Primera serie. Caracas: Tipografia Vargas 1922. — [26] TAMIYA, T.: Jap. J. exper. Med. **9**, 483 (1931). — [27] NAGAYO, M.: Jap. J. exper. Med. **9**, 403 (1931). — [28] POTTIER, R.: Ann. Soc. belge Méd. trop. **12**, 143 (1932). — [29] FIDANZA, E. P.: Semana méd. **40**, 1325 (1933). — [30] BERNARD, P. N.: Rev. colon. de Méd. et Chir. **1933**, Nr 43. — [31] ORLANDINI, P.: Marseille-Méd. **70**, 232 (1933). — [32] TOMB, J. W.: J. trop. Med. **36**, 170, 186, 201 (1933). — [33] BOUILLAT: Ann. Méd. Pharm. colon. **32**, 17 (1934). — [34] WELCH, T. B.: East African med. J. **11**, 76 (1934). — [35] VAN CAMPENHOUT, E.: Bull. Office internat. Hyg. publ. **26**, 497 (1934). — [36] CALCAGNO, O.: Rev. méd. lat.-amer. **20**, 201 (1935). — [37] GAY, F. P.: Science (N. Y.) **81**, 283 (1935). — [38] ARCOS, G.: An. Univ. Central (Quito) **57**, 203 (1936). — [39] Brit. med. J. **1921 II**, 851. — [40] Philippine J. Sci. **44**, 449 (1931).

reichungen eintretenden Herd- und Allgemeinreaktionen (s. S. 100). Sind diese Erscheinungen zu stark, so muß die nächstfolgende Dose entsprechend herabgesetzt, evtl. die Behandlung für kürzere Zeit unterbrochen werden. Unter Umständen ist in solchen Fällen auch ein Wechsel des verwendeten Präparats angezeigt. Behandlungsversuche von Bartman[1] haben gezeigt, daß durch eine forcierte Therapie mit starken Dosen die Heilerfolge nicht verbessert werden können.

Bei Überdosierung, besonders der Äthylester, wurden Dyspnoe, Husten, Larynxspasmus, Brennen auf der Brust (s. S. 95), sowie Nierenschädigungen (s. S. 97), bei längerem Gebrauch der Ester außerdem Trockenheit der Haut, Augenstörungen mit Beeinträchtigung des Sehvermögens, allgemeine Schwäche, Kopf- und Muskelschmerzen beobachtet (Muir[2], Wilson[3], Wade, Lara und Nicolas[4], Ortiz[5], Aoki, Kawamura, Kamikawa und Fukumachi[6], Parra und Santos[7], Pineda[8], Lissner[9], Travers[10] u. a.). Auf Grund der vorliegenden Erfahrungen hat die Therapie der Lepra mit Chaulmoograpräparaten nur dann Aussicht auf Erfolg, wenn sie die größtmögliche Rücksicht auf die Widerstandsfähigkeit der Patienten nimmt (vgl. insbesondere Muir[11], sowie Hoffmann[12]). Bei zu intensiver Behandlung kann es, abgesehen von den teils schon genannten Organschädigungen, zu einem Fortschreiten des Krankheitsprozesses kommen (Lara, de Vera, Samson und Eubanas[13], Pardo-Castelló[14], Kerr[15]; vgl. auch S. 87 u. 102); diese letztere Gefahr besteht in erster Linie bei akuter Knotenlepra, weshalb hier die Dosierung der Präparate sehr vorsichtig erfolgen muß. Besonderes Augenmerk ist außerdem auf die Möglichkeit einer gleichzeitig bestehenden Tuberkulose zu richten, da tuberkulöse Prozesse, welche die häufigste Komplikation der Lepra darstellen (Engel[16], Rogers[17], Tietze[18], Pineda[19], Austin[20]; vgl. auch S. 103), durch die Behandlung mit Chaulmoograderivaten leicht zum Aufflackern gebracht werden. Nach Rogers[17] (s. auch S. 103) sollen sich für diese Erkrankungsfälle die milder wirkenden Natriumsalze oder Äthylester der Lebertranfettsäuren besser eignen; diese üben indessen nach Rodriguez[21] bei Lepra starke Reizwirkungen aus. Hinsichtlich des Zustandekommens der Herdreaktionen und ihrer Bedeutung in therapeutischer Beziehung vgl. S. 101 und 102.

Bei der Behandlung der Lepra finden von den zahlreichen im Abschnitt IV (S. 45) angeführten Zubereitungen und Derivaten des Chaulmoograöls und der anderen ihm nahestehenden Flacourtiaceenöle heutzutage hauptsächlich die Äthylester, sowie die rohen Öle mit verschiedenen Zusätzen, ausgiebige Verwendung. Um eine Steigerung der Wirkung zu erzielen, wird von manchen Autoren eine kombinierte Behandlung der Leprakranken in der Weise durchgeführt, daß neben Chaulmoograpräparaten noch andere Substanzen, wie *Ar-*

[1] Bartman, J.: Ann. Soc. belge Méd. trop. **14**, 7 (1934). — [2] Muir, E.: Zit. S. 100. — [3] Wilson, R. M.: Leprosy Rev. **5**, 166 (1934). — [4] Wade, H. W., C. B. Lara u. C. Nicolas: Zit. S. 101. — [5] Ortiz, P. N.: Zit. S. 58. — [6] Aoki, T., M. Kawamura, Y. Kamikawa u. T. Fukumachi: Zit. S. 52. — [7] Parra, R. F., u. J. E. Santos: Zit. S. 95. — [8] Pineda, E. V.: Monthly Bull. Philippine Health Serv. **4**, 205 (1924). — [9] Lissner, H. H.: Amer. Rev. Tbc. **7**, 257 (1923). — [10] Travers, E. A. O.: Proc. roy. Soc. Med., Sect. trop. Dis. **19**, 1 (1926). — [11] Muir, E.: Lancet **206**, 277 (1924). — [12] Hoffmann, W. H.: Bull. méd. Katanga **6**, 7 (1929). — [13] Lara, C. B., B. de Vera, J. G. Samson u. F. C. Eubanas: Zit. S. 102. — [14] Pardo-Castelló, V.: Zit. S. 102. — [15] Kerr, J.: Lancet **209**, 373 (1925). — [16] Engel-Bey, F.: Zit. S. 10. — [17] Rogers, L.: Zit. S. 103. — [18] Tietze, S.: Monthly Bull. Philippine Health Serv. **6**, 355 (1926). — [19] Pineda, E. V.: S. Fußnote 8. — [20] Austin, C. J.: Fiji ann. med. a. Health Rep. **1930**, 58 u. 63; **1931**, 36 — J. trop. Med. **35**, 113 (1932). — [21] Rodriguez, J. N.: J. Philippine Isl. med. Assoc. **6**, 42 (1926). — S. auch S. 103.

senikalien [Arrhenal und Atoxyl (MONTEL[1], ROBINEAU[2]), Neosalvarsan (DELA-NOË[3], DE VERA[4]), Eparséno (GOUGEROT[5], GENEVRAY[6])], *Antimonverbindungen* [Brechweinstein (TREUHERZ[7], STEIN[8]), Antimosan, Stibenyl, Stibosan (DE MELLO[9], HOFFMANN und RAMOS BÁEZ[10])], *Goldpräparate* [Krysolgan, Solganal (HOFFMANN[11], HOFFMANN und RAMOS BÁEZ[12], SÜLK[13], VAN BREUSEGHEM[14]), Solganal B (WOILAS und DIAMANTOPOULOS[15]), Goldsalvarsan (v. ORTENBERG[16]), sonstige Goldsalze (CURTI[17])] und *andere Metallverbindungen* [Kupferpräparate (CURTI[17]), Silber-salvarsan (v. ORTENBERG[16]), Mercurochrome (DE MELLO[18])], *Calciumchlorid* (RODRIGUEZ[19], VAN BREUSEGHEM[20]), *Jod* (BARTMAN[21]) oder *Jodkalium* (MUIR[22], MOHANTY[23], MAXWELL[24], FIDANZA, SCHUJMAN und FERNANDEZ[25]), *Thymol* (GUER-RERO[26], KAISER[27], SOETOPO[28]), neuerdings insbesondere *Farbstoffe* [Trypaflavin (LEGER[29]), Methylenblau (MONTEL[30], MONTEL und Mitarbeiter[31], DOROLLE und Mitarbeiter[32], LÉPINE und MARKIANOS[33], GOUGEROT und BLUM[34]) oder Eosin (ALFRED[35])], zur Anwendung gelangen. Die Urteile über den Wert einer solchen kombinierten Therapie lauten indessen zum Teil recht widersprechend. Zu er-wähnen wäre hier noch, daß nach der Angabe mancher Autoren (MUIR[36], BANTUG[37] u. a.) bei solchen Leprösen, deren Erkrankung nach anfänglicher günstiger Beeinflussung durch fortgesetzte Behandlung mit demselben Chaulmoogra-derivat keine weitere Besserung erfährt, vielfach ein Wechsel des Präparats zum Ziele führt (vgl. S. 108).

Neben der Anwendung der Chaulmoograpräparate haben bei der Lepra-behandlung noch geeignete *hygienisch-diätetische Maßnahmen* zwecks Erhöhung der Widerstandsfähigkeit der Erkrankten einherzugehen. Vor allen Dingen ist

[1] MONTEL, L. R.: Bull. Soc. Path. exot. Paris 4, 48 (1911). — [2] ROBINEAU, M.: Zit. S. 49 u. 50. — [3] DELANOË, E.: Bull. Soc. Path. exot. Paris 20, 953 (1927). — [4] DE VERA, B.: J. Philippine Isl. med. Assoc. 9, 318 (1929). — [5] GOUGEROT, H.: Rev. prat. Mald. Pays chauds 7, 501 (1927). — [6] GENEVRAY, J.: Bull. Soc. Path. exot. Paris 19, 441 (1926). — [7] TREUHERZ, W.: Dermat. Wschr. 84, 394 (1927). — [8] STEIN, A. A.: Trop. Med. i Vet. (Moskau) 9, 442 (1931). — S. auch S. 102. — [9] DE MELLO, F.: Zit. S. 107. — [10] HOFF-MANN, W. H., u. P. RAMOS BÁEZ: Med. Argentina 5, 52 (1926). — [11] HOFFMANN, W. H.: Dermat. Wschr. 86, 394 (1928) — J. trop. Med. 32, 328 (1929) — Bull. méd. Katanga 6, 7 (1929) — Arch. ital. Sci. med. colon. 11, 670 (1930) — Leprosy Rev. 2, 43 (1931) — Bol. Soc. de defesa contra a lepra, São Paulo 4, 27 (1932) — Jb. Missionsärztl. Inst. Würzburg 9, 39 (1932) — Rev. Med. y Cir. (Habana) 40, 310 (1935). — [12] HOFFMANN, W. H., u. P. RAMOS BÁEZ: J. Clin. (Rio de Janeiro) 11, 225 (1930). — [13] SÜLK, N.: Dermat. Wschr. 88, 99 (1929). — [14] VAN BREUSEGHEM, R.: Ann. Soc. belge Méd. trop. 16, 379 (1936). — [15] WOILAS u. DIAMANTOPOULOS: Iatrika Chronika 1930, Nr 3. — [16] v. ORTENBERG, H.: Zit. S. 57. — [17] CURTI, O. P.: Riv. Hig. y Tbc. 18, 71 (1925) — Gaz. méd.-farmaceut. (Buenos Aires), 1925, Febr. — [18] DE MELLO, J. F.: Verh. 9. internat. Kongr. f. Dermat. (Budapest, Sept. 1935) 2, 570 (1936). — [19] RODRIGUEZ, J.: Zit. S. 103. — [20] VAN BREUSEGHEM, R.: Zit. S. 94. — [21] BARTMAN, J.: Zit. S. 108. — [22] MUIR, E.: Ann. Rep. Calcutta School trop. Med. 1923, 35 — Lancet 206, 277 (1924) — Indian med. Gaz. 59, 297 (1924). — S. auch S. 101. — [23] MOHANTY, L. N.: Zit. S. 58. — [24] MAXWELL, J. L.: Zit. S. 107. — [25] FI-DANZA, E. P., S. SCHUJMAN u. J. M. FERNANDEZ: Rev. argent. Dermato-Sifilol. 16, 568 (1932) — Rev. méd. lat.-amer. (Buenos Aires) 20, 205 u. 206 (1935). — [26] GUERRERO, G. L.: Rep. Med. y Cir. (Bogotá) 17, 194 (1926). — [27] KAISER, L.: Geneesk. Tijdschr. Nederl.-Indië 70, 712 (1930). — [28] SOETOPO: Geneesk. Tijdschr. Nederl.-Indië 73, 885 (1933). — [29] LEGER, M.: Bull. Soc. Path. exot. Paris 23, 1009 (1930). — [30] MONTEL, L. R.: Bull. Soc. méd.-chir. Indochine 12, 559, 622, 623 (1934) — Bull. Acad. Méd. Paris 112, 208 (1934) — Bull. Soc. Path. exot. Paris 28, 616 (1935); 29, 243, 361 (1936). — [31] MONTEL, L. R., J. BABLET, NGUYEN NGOG NHUAN u. DO VAN HOANH: Bull. Soc. Path. exot. Paris 29, 560 (1936). — MONTEL, R., u. LE-VAN-PHUNG: Bull. Soc. Path. exot. Paris 29, 23 (1936). — MONTEL, R., u. G. MONTEL: Bull. Soc. Path. exot. Paris 29, 857 (1936). — MONTEL, M. L. R., u. TRUONG-VAN-QUE: Bull. Soc. méd.-chir. Indochine 12, 566 (1934). — [32] DOROLLE, P., NGO-QUANG-LY, HUYNH-VAN-HUY u. TRAN-VAN-TAM: Bull. Soc. Path. exot. Paris 28, 839 (1935). — [33] LÉPINE, P., u. J. MARKIANOS: Bull. Soc. Path. exot. Paris 29, 28 (1936). — [34] GOUGEROT, H., u. P. BLUM: Bull. Soc. franç. Dermat. 43, 1459 (1936). — [35] ALFRED, E. S. R.: Leprosy Rev. 6, 179 (1935). — [36] MUIR, E.: Zit. S. 12. — [37] BANTUG, J. P.: Zit. S. 107.

für eine ausreichende Ernährung Sorge zu tragen, da nur bei kräftigen Patienten die außerordentlich anstrengende Chaulmoograölbehandlung genügend lange durchgeführt werden kann (Embrey[1], Davison[2], Keil[3] u. a.; vgl. auch Société des Nations[4]). Manche Autoren empfehlen besonders bei unterernährten und anämischen Kranken die Verordnung tonischer Medikamente, z. B. Kreosot oder Kombinationen von Eisen, arseniger Säure und Strychnin, oder von Eisen, Chinin und Strychnin zur Unterstützung der spezifischen Behandlung (Montel[5], McCants[6], Wade[7]; vgl. auch S. 46). Besondere Beachtung ist auch etwaigen akzidentellen Erkrankungen zu schenken, so besonders der in den tropischen und subtropischen Gegenden häufigen Ankylostomiasis, die am besten mit Tetrachlorkohlenstoff behandelt wird (Ogilvie[8], Austin[9]), ferner der Syphilis, der Malaria und, wie bereits hervorgehoben wurde, der Tuberkulose.

Auf Grund der aus sämtlichen Ländern mit endemischer Lepra vorliegenden günstigen Berichte zahlreicher Autoren kann an der therapeutischen Wirksamkeit der Chaulmoograpräparate bei Lepra heute wohl kaum noch gezweifelt werden. Fast sämtliche Autoren erzielten bei einem mehr oder weniger hohen Prozentsatz der von ihnen behandelten Patienten Besserungen; die zwischen den Angaben der einzelnen Autoren bestehenden Unterschiede dürften wohl durch die Verschiedenheiten des Krankenmaterials, der benützten Präparate und ihrer Anwendung zu erklären sein (vgl. Calcagno[10]). Nach den ziemlich übereinstimmenden Mitteilungen der Mehrzahl der Autoren hat es insbesondere den Anschein, daß es bei genügend langer Behandlung mit Chaulmoograpräparaten gelingt, die für die Verbreitung der Lepra in erster Linie in Betracht kommenden nodösen Fälle großenteils ihrer Infektiosität zu berauben.

Die *Beeinflussung des Krankheitsprozesses* besteht in einem Verschwinden der Maculae, einem anfänglichen Anschwellen, dann Weicherwerden und einer Zusammenziehung, schließlich in einer vollständigen Vernarbung der Knoten, einem erneuten Haarwuchs, einem Nachlassen oder gänzlichen Aufhören des Nasenblutens, in einer Besserung der Gefühlsempfindungen, in einer Verminderung oder einem Verschwinden der Nervenverdickungen, in einer Abheilung der Geschwüre, einem Verschwinden der Bacillen aus dem Nasenschleim und aus dem Blute der Maculae, und einer Besserung des Allgemeinbefindens. Die Blutkörperchensenkungsgeschwindigkeit, die bei manchen Formen der Lepra und besonders bei den Leprareaktionen (s. S. 100) eine Beschleunigung aufweist, kann im Laufe der Behandlung wieder normal werden (Maurano[11], de Moura Costa[12]); nach den Angaben von Ribeiro[13], der bei Lepra eine Änderung der Papillarleisten der Haut nachweisen konnte, soll sich unter dem Einfluß einer wirksamen Chaulmoograbehandlung wieder der alte Zustand herstellen lassen.

Der Erfolg der Chaulmoograbehandlung ist, wie fast alle Autoren hervorheben, vor allem von der Dauer der Erkrankung und von der Dauer der Behandlung abhängig. Für die Therapie ganz besonders geeignet sind nach der

[1] Embrey, H.: Philippine J. Sci. **22**, 365 (1923). — [2] Davison, A. R.: Leprosy Rev. **2**, 147 (1931). — [3] Keil, E. C.: Internat. J. Leprosy **1**, 393 (1933). — [4] Société des Nations: Principes de la prophylaxie de la lèpre. Premier rapport général de la Commission de la lèpre. C. H. 970. Genf 1931. — [5] Montel, L. R.: Bull. Soc. Path. exot. Paris **4**, 48 (1911). — [6] McCants, J. M.: Zit. S. 101. — [7] Wade, H. W.: Monthly Bull. Philippine Health Serv. **4**, 13 (1924). — [8] Ogilvie, D. C.: Zit. S. 101. — [9] Austin, C. J.: Zit. S. 108. — [10] Calcagno, O.: Semana méd. **32**, 1435 (1925). — [11] Maurano, F.: Rev. Leprologia São Paulo **1**, 84 (1934). — [12] de Moura Costa, H.: Rev. brasil. Leprologia **5**, 67 (1937). — [13] Ribeiro, L.: Bull. Acad. Méd. Paris **112**, 821 (1934) — Arch. Méd. leg. **5**, 291 (1936).

Meinung der meisten Autoren (Patron Espada[1], Rogers[2], Muir[3], Hasseltine[4], Wilson[5], Fowler[6], van Gaasbeek[7], Dubreuilh[8], Lara[9], Pagé[10], McCants[11], Sarraut[12], de Mello[13] u. a.) die frühen Fälle. So gibt z. B. Lara an, daß bei Frühfällen die Krankheitserscheinungen unter dem Einfluß einer wirksamen Behandlung vielfach schon nach 3 Monaten vollständig verschwinden, während dies bei mäßig vorgeschrittenen Fällen erst nach 3—6 Monaten der Fall ist, und bei vorgeschrittenen Fällen (besonders von Lepra nodosa oder Lepra mixta) selbst nach 6 Monate langer Kur meist noch keine Änderung, manchmal sogar eine Verschlimmerung, eintritt. Die Frühdiagnose der Erkrankung muß daher als notwendige Vorbedingung einer wirksamen Leprabekämpfung angesehen werden. Vor allem bei den Frühfällen tritt unter dem Einfluß der Chaulmoograbehandlung ein Ansteigen des besonders bei Knotenlepra vielfach verminderten Lipoid- (s. S. 91) und auch des Calciumgehalts (s. S. 93), vielleicht auch der Alkalireserve des Blutes ein (s. S. 94); außerdem soll der bei Lepra erhöhte Globulingehalt des Serums durch die Therapie eine Abnahme erfahren (s. S. 91).

In einem gewissen Gegensatz zu den eben genannten Autoren steht Rodriguez[14] auf Grund seiner klinischen Erfahrungen auf dem Standpunkt, daß die Chaulmoograpräparate im ganz frühen Stadium der Lepraerkrankung, d. h. zu einer Zeit, in der noch keine Bacillen in den Maculae nachzuweisen sind, nur eine geringe Wirksamkeit besitzen, daß sie dagegen nach Auftreten der Bacillen eine gute therapeutische Wirkung entfalten. Damit hängt es wohl auch zusammen, daß bei anfänglich bakteriologisch negativen Kindern die dauernde Behandlung mit Chaulmoograpräparaten keinen vorbeugenden Einfluß auf das spätere Auftreten der säurefesten Bacillen ausübt (Rodriguez und Plantilla[15], Muir[16]).

Wenn daher auch vielleicht das Vorhandensein von leprösem Granulationsgewebe eine Vorbedingung für die therapeutische Wirksamkeit der Derivate des Chaulmoograöls darstellt, so dürfte aber doch kein Zweifel darüber bestehen, daß die Frühbehandlung für eine Heilung der Erkrankung die größeren Chancen bietet. So wurden in Honolulu nach einer von Rogers[17] mitgeteilten Aufstellung von den Frühfällen, bei denen die Krankheit noch nicht länger als 6 Monate bestanden hatte, 44%, andererseits von vorgeschrittenen Kranken, die erst nach mehr als 10 jähriger Erkrankungsdauer der Behandlung zugeführt wurden, nur 9,5% durch die Äthylestertherapie klinisch geheilt. Immerhin geben aber Wade und Lara[18] (vgl. auch de Vera[19]) an, daß selbst von den vorgeschrittenen 6000 Leprakranken, die in der Culion Leper Colony (Philippinen) behandelt werden, jährlich etwa 10,5% als klinisch und bakteriologisch geheilt auf Widerruf („auf Parole")

[1] Patron Espada, J.: Lepra (Lpz.) **3**, 185 (1903). — [2] Rogers, L.: Zit. S. 10. — S. insbesondere Verh. 9. internat. Kongr. f. Dermat. (Budapest 1935) **2**, 558 (1936). — [3] Muir, E.: Zit. S. 100. — S. insbesondere auch Indian med. Gaz. **59**, 297 (1924). — [4] Hasseltine, H. E.: U. S. Publ. Health Bull. **130**, 1 u. 12 (1922). — [5] Wilson, R. M.: South. med. J. **16**, 507 (1923). — [6] Fowler, H.: China med. J. **36**, 115 (1922); **39**, 594 (1925). — [7] van Gaasbeek, C. B.: U. S. Naval Med. Bull. **18**, 50 (1923). — [8] Dubreuilh, W.: J. méd. Bordeaux **95**, 151 (1923). — [9] Lara, C. B.: J. Philippine Isl. med. Assoc. **3**, 241 (1923); **10**, 469 (1930). — [10] Pagé, J. D.: Canad. med. Assoc. J. **14**, 824 (1924). — [11] McCants, J. M.: Zit. S. 101. — [12] Sarraut, A.: Ann. Méd. Pharm. colon. **22**, 121 (1924). — [13] de Mello, J. F.: Verh. 9. internat. Kongr. f. Dermat. (Budapest 1935) **2**, 570 (1936). — [14] Rodriguez, J.: Leprosy Rev. **5**, 102 (1934) — Rev. Leprologia São Paulo **1**, 260 (1934) — Leprosy India **7**, 67 (1935). — [15] Rodriguez, J., u. F. C. Plantilla: Internat. J. Leprosy **3**, 453 (1935) — Monthly Bull. Bur. Health (Manila) **15**, 97 (1935). — [16] Muir, E.: Internat. J. Leprosy **4**, 45 (1936). — [17] Rogers, L.: Ann. trop. Med. **18**, 267 (1924). — [18] Wade, H. W., u. C. B. Lara: Proc. roy. Soc. Med. **20**, 136 (1927). — [19] de Vera, B.: J. Philippine Isl. med. Assoc. **7**, 361 (1927).

zur Entlassung kommen. Über ähnliche günstige Resultate wird von zahlreichen anderen Autoren berichtet [vgl. S. 7, 12, 106 u. 111, sowie Abschnitt IV; s. ferner Oro[1], Pernet[2], Gomez[3], Hopkins[4] (s. auch Hopkins und Denney[5]), Sakurane[6], Hutchinson[7], Rogers[8], Wayson[9], Robineau[10], Sasportas[11], Parra und Santos[12], Rutowitcz[13], Yoneda[14], Wilson[15], Galli-Valerio[16], Baujean[17], Malcomson[18], Dörner[19], de Langen[20], Shiga[21], Pardo-Castelló[22], Denney[23] (s. auch Denney, Hopkins und Johansen[24]), Wade und Lara[25], Lara[26], Marneffe[27], Rose[28], Eubanas[29], Lampe und Simons[30], Mohanty[31], E. V. Pineda, E. R. Pineda und Dayrit[32], Austin[33], Baliña[34], Canaan[35], Dixey[36], Chiyuto und Velasco[37], Davison[38], Fidanza, Schujman und Fernández[39] (s. auch Fernández[40], Montel[41], Ryrie[42], Smart[43], Strachan[44], Welch[45], Junior und Portugal[46], Lagrosa, Alonso, Tiong und Parras[47], Lehmann und Pipkin[48], Oppenheim[49], Tolentino[50], MacKenzie[51], Lagoudaky[52], Ebert und Beeson[53] und zahlreiche andere Autoren]. Angaben über ein völliges Versagen der Chaulmoogratherapie der Lepra liegen nur in spärlicher Anzahl vor (Morrow, Walker

[1] Oro, M.: Gaz. Cliniche **1892**, Nr 13. — [2] Pernet, G.: Lepra (Lpz.) **11**, 239 (1910). — [3] Gomez, A.: Lepra. Bucaramanga (Columbien) 1910. — [4] Hopkins, R.: Lepra (Lpz.) **5**, 187 (1905) — New Orleans med. J. **69**, 223 (1916). — [5] Hopkins, R., u. O. E. Denney: Publ. Health Rep. **44**, 695 (1929). — [6] Sakurane, K.: Lepra (Lpz.) **5**, 134 (1905) — Med. Klin. **4**, 265 (1908). — [7] Hutchinson, J.: 2. Internat. Leprakonferenz Bergen 1909, Verh. **3**, 304 (1910) — Lancet **1909 I**, 217. — [8] Rogers, L.: Indian med. Gaz. **55**, 125 (1920). — [9] Wayson, J. T.: Arch. of Dermat. **3**, 45 (1921). — [10] Robineau, M.: Zit. S. 49 u. 50. — [11] Sasportas: Biologie méd. **13**, 295 (1923). — [12] Parra, R. F., u. J. E. Santos: Zit. S. 95. — S. auch R. F. Parra: Repert. Med. y Cir. (Bogotá) **17**, 260 (1926) — Gac. med. Caracas **33**, 156 (1926). — [13] Rutowitcz, B. L.: Sci. med. (Rio de Janeiro) **1**, 173 (1923). — [14] Yoneda, T.: Hifuka Hinyôka Zasshi **23**, 473 (1923). — [15] Wilson, R. M.: Zit. S. 49 — s. auch Leprosy Rev. **5**, 166 (1934). — [16] Galli-Valerio, B.: Zit. S. 101. — [17] Baujean, R.: Bull. Soc. Path. exot. Paris **18**, 90 (1925) — Ann. Méd. Pharm. colon. **23**, 115 (1925). — [18] Malcomson, J. E.: U. S. Naval med. Bull. **22**, 594 (1925). — [19] Dörner, H.: Inaug.-Diss. Tübingen 1925. — [20] de Langen, C. D.: Geneesk. Tijdschr. Nederl.-Indië **62**, 212 (1922) — Nederl. Tijdschr. Geneesk. **70 II**, 1948 (1926) — Acta Leidensia **2**, 143 (1927). — [21] Shiga, K.: Trans. far-east. Assoc. trop. Med. (6th Congr., Tokyo 1925) **2**, 691 (1926) — Chûgai Iji Shimpô **1926**, Nr 6097. — [22] Pardo-Castelló, V.: Zit. S. 101. — [23] Denney, O. E.: Publ. Health Rep. **41**, 2593 (1926); **44**, 528 u. 3169 (1929); **46**, 5 (1931); **47**, 601 (1932); **49**, 1359 (1934) — Internat. J. Leprosy **1**, 399 (1933) — Leprosy Rev. **6**, 102 (1935). — [24] Denney, O. E., R. Hopkins u. F. A. Johansen: Publ. Health Rep. **45**, 667 (1930) — Amer. J. trop. Med. **10**, 83 (1930). — [25] Wade, H. W., u. C. B. Lara: Proc. roy. Soc. Med. **20**, 136 (1927). — [26] Lara, C. B.: J. Philippine Isl. med. Assoc. **8**, 56 u. 263 (1928). — [27] Marneffe, H.: Bull. Soc. Path. exot. Paris **21**, 831 (1928). — [28] Rose, F. G.: Brit. med. J. **1929 I**, 148 — Brit. Guiana med. Ann. **1932**, 35 — Leprosy Rev. **4**, 4 (1933); **7**, 11 (1936) — Internat. J. Leprosy **1**, 337 (1933). — [29] Eubanas, F.: J. Philippine Isl. med. Assoc. **9**, 452 (1929); **10**, 300 (1930) — Monthly Bull. Philippine Health Serv. **8**, 689 (1930). — [30] Lampe, P. H. J., u. Ch. Simons: Nederl. Tijdschr. Geneesk. **73 II**, 4903 (1929). — [31] Mohanty, L. N.: Zit. S. 58. — [32] Pineda, E. V., E. R. Pineda u. A. Dayrit: Zit. S. 107. — [33] Austin, C. J.: Zit. S. 108. — [34] Baliña, P. L.: Semana méd. **37**, 777 (1930). — [35] Canaan, T.: Arch. Schiffs- u. Tropenhyg. **35**, 643 (1931). — [36] Dixey, M. B. D., West African med. J. (Lagos) **5**, 3 (1931). — [37] Chiyuto, S., u. F. Velasco: J. Philippine Isl. med. Assoc. **11**, 457 (1931). — [38] Davison, A. R.: Zit. S. 110. — [39] Fidanza, E. P., S. Schujman u. J. M. Fernández: Zit. S. 109. — [40] Fernández, J. M. M.: Rev. méd. lat.-amer. **20**, 199 (1935). — [41] Montel, M. L. R.: Bull. Soc. Path. exot. Paris **25**, 404 (1932). — S. auch S. 109. — [42] Ryrie, G. A.: Leprosy Rev. **4**, 138 (1933). — [43] Smart, A. G. H.: Malayan med. J. **8**, 211 (1933). — [44] Strachan, P. D.: Zit. S. 103. — [45] Welch, T. B.: East African med. J. **11**, 76 (1934). — [46] Junior, R., u. H. Portugal: Ann. brasil. Dermat. **10**, 71 (1935). — [47] Lagrosa, M., J. M. Alonso, J. O. Tiong u. A. Parras: J. Philippine Isl. med. Assoc. **15**, 87 (1935). — [48] Lehmann, C. F., u. J. L. Pipkin: Arch. of Dermat. **31**, 584 (1935). — [49] Oppenheim, M.: Verh. 9. internat. Kongr. f. Dermat. (Budapest 1935) **2**, 574 (1936). — [50] Tolentino, J. G.: Philippine J. Sci. **59**, 163 (1936). — [51] MacKenzie, J. N.: Internat. J. Leprosy **4**, 215 (1936). — [52] Lagoudaky, S.: J. trop. Med. **39**, 81 (1936); **40**, 77 (1937). — [53] Ebert, M. H., u. B. B. Beeson: Arch. of Dermat. **36**, 213 (1937).

und MILLER[1], NICHOLLS[2], R. M. ROGERS[3], WAYSON[4], SERGEEV[5], SCHWETZ[6], EASMON[7], PALDROCK[8], VAN HEUTSZ[9], CHARAMIS[10], LIE[11] u. a.); vielfach handelte es sich hierbei um lepröse Augenaffektionen. Daß auch nach den Angaben der anderen Autoren nur ein Teil der Leprakranken, insbesondere die Frühfälle, auf die Chaulmoograbehandlung günstig reagieren, daß dagegen bei den Spät-erkrankungen vielfach keine Heilwirkungen zu erzielen sind, wurde bereits erwähnt (vgl. insbesondere noch OHMANN-DUMESNIL[12], SANDES[13], McCOY und HOLL-MANN[14], FOWLER[15], HASSELTINE[16], DE LANGEN[17], WADE[18], WADE und LARA[19], HEGGS[20], MUIR[21], RODRIGUEZ[22], SHIGA[23], AUDIBERT[24], DE VERA[25], NICOLAS und ROXAS-PINEDA[26], KAISER[27], SHARP[28], COCHRANE[29], LOWE[30], TOLENTINO[31].

Wenn auch bei der Lepra besonders in den Frühstadien (CURRIE, CLEGG und HOLLMANN[32], NICHOLLS[2], DUBREUILH[33], SHAW-MACKENZIE[34], WAYSON[4], CO-CHRANE[29], ROSE[35], WOODMAN[36] u. a.) oder unter der Wirkung akzidenteller fieberhafter Erkrankungen, wie Pocken (CORREA NETTO[37]) oder Kala azar (MUIR, LANDEMAN, ROY und SANTRA[38]), auch ohne jede medikamentöse Behandlung Remissionen oder gar Spontanheilungen vorkommen, so handelt es sich hierbei doch wohl nur um Ausnahmen. Die bei Leprösen nach sachgemäßer und genügend lange fortgesetzter Anwendung der Chaulmoograpräparate zu beobachtenden Besserungen und Heilungen müssen deshalb auf die Wirkung dieser Substanzen bezogen werden; allerdings kann diese Wirkung der Mittel durch interkurrente fieberhafte Krankheiten (z. B. Pneumonie) vielleicht gesteigert werden (BALIÑA[39]; hinsichtlich des noch umstrittenen therapeutischen Wertes der Herd- und All-gemeinreaktionen vgl. S. 102).

Bezüglich der *Dauerhaftigkeit* der durch das Chaulmoograöl und seine Derivate bewirkten Heilerfolge äußert sich die Mehrzahl der Autoren zurückhaltend (vgl. ROGERS[40], MUIR[41], DE LANGEN[42], FRENDO[43], FOWLER[44], VAN DRIEL[45],

---

[1] MORROW, H., E. L. WALKER u. H. E. MILLER: J. amer. med. Assoc. 79, 434 (1922). — [2] NICHOLLS, L.: Brit. med. J. 1922 II, 892. — [3] ROGERS, R. M.: Amer. J. Ophthalm. 10, 503 (1927). — [4] WAYSON, N. E.: Publ. Health Rep. 44, 3095 (1929) — Ann. Rep. Surgeon Gen. U. S. Publ. Health Serv. 1934, 19. — [5] SERGEEV, J.: Russk. Ž. trop. Med. 7, 412, 490 u. 566 (1929). — [6] SCHWETZ, J.: Ann. Soc. belge Méd. trop. 9, 319 (1929). — [7] EASMON, M. C. F.: Sierra Leone Ann. Rep. Med. a. Sanit. Dept. 1930, 38. — [8] PALDROCK, A.: Arch. Schiffs- u. Tropenhyg. 34, 237 (1930); 35, 298 (1931). — [9] VAN HEUTSZ, J. B.: Zit. S. 103. — [10] CHARAMIS, J. S.: Bull. Soc. Ophtalm. Paris 1934, 418. — [11] LIE, H. P.: Internat. J. Leprosy 3, 1 (1935). — [12] OHMANN-DUMESNIL, A. H.: J. amer. med. Assoc. 40, 1351 (1903). — [13] SANDES, T. L.: J. trop. Med. 15, 65 (1912) — Lepra (Lpz.) 12, 246 (1912). — [14] McCOY, G. W., u. H. T. HOLLMANN: U. S. Publ. Health Bull. 75, 3 (1916). — [15] FOWLER, H.: Zit. S. 111. — [16] HASSELTINE, H. E.: Zit. S. 111. — [17] DE LANGEN, C. D.: Zit. S. 112. — [18] WADE, H. W.: J. Philippine Isl. med. Assoc. 3, 236 (1923) — Monthly Bull. Philippine Health Serv. 4, 13 (1924). — [19] WADE, H. W., u. C. B. LARA: Zit. S. 111. — [20] HEGGS, T. B.: Zit. S. 101. — [21] MUIR, E.: Indian med. Gaz. 59, 297 (1924). — [22] RODRI-GUEZ, J.: J. Philippine Isl. med. Assoc. 5, 40 (1925). — [23] SHIGA, K.: Zit. S. 112. — [24] AUDIBERT: Bull. Off. internat. Hyg. publ. 18, 521 (1926). — [25] DE VERA, B.: J. Philippine Isl. med. Assoc. 7, 361 (1927). — [26] NICOLAS, C., u. E. ROXAS-PINEDA: J. Philippine Isl. med. Assoc. 8, 135, 314 (1928). — [27] KAISER, L.: Geneesk. Tijdschr. Nederl.-Indië 70, 712 (1930). — [28] SHARP, L. E. S.: Leprosy Rev. 4, 151 (1933); 6, 72 (1935). — [29] COCHRANE, R. G.: Leprosy Rev. 5, 28 (1934). — [30] LOWE, J.: Leprosy Rev. 5, 40 (1934). — [31] TOLEN-TINO, J. G.: Monthly Bull. Bur. Health (Manila) 16, 48 (1936). — [32] CURRIE, D. H., M. T. CLEGG u. H. T. HOLLMANN: U. S. Publ. Health Bull. 47, 23 (1911). — [33] DUBREUILH, W.: Zit. S. 111. — [34] SHAW-MACKENZIE, J. A.: Lancet 206, 517 (1924). — [35] ROSE, F. G.: Leprosy Rev. 7, 11 (1936). — [36] WOODMAN, H. M.: Trans. roy. Soc. trop. Med. Lond. 30, 631 (1937). — [37] CORREA NETTO, O.: Brazil Medico 37 I, 315 (1923). — [38] MUIR, E., E. LANDEMAN, T. N. ROY u. J. SANTRA: Indian J. med. Res. 11, 543 (1923). — Vgl. auch E. MUIR: Lancet 206, 277 (1924). — [39] BALIÑA, P. L.: Zit. S. 112. — [40] ROGERS, L.: Zit. S. 10. — [41] MUIR, E.: Zit. S. 100. — [42] DE LANGEN, C. D.: Zit. S. 112. — [43] FRENDO, J. A.: Rep. Surgeon Gen., British Guiana 1922, 28. — [44] FOWLER, H.: Zit. S. 111. — [45] VAN DRIEL, B. M.: Geneesk. Tijdschr. Nederl.-Indië 62, 149 (1922).

Dubreuilh[1], Wade und Lara[2] und viele andere), wenn auch zahlreiche Fälle von klinischer und bakteriologischer Heilung, besonders in der Frühperiode, festgestellt und mitgeteilt worden sind und die Möglichkeit von Dauerheilungen wahrscheinlich machen (vgl. die zusammenfassenden Darstellungen, zit. S. 106, sowie Gomes[3], Hagman[4], van Gaasbeek[5], Lara[6], Wade[7], Wade und Lara[2], Wade und Solis[8], McCants[9], Maples[10], Muir[11], Ortiz[12], Pagé[13], Wilson[14], Robineau[15], Travers[16], Kerr[17], de Mello[18], Pardo-Castelló[19], Levy[20], O'Brien und Runchaiyon[21], de Aguiar Pupo[22], Rodriguez[23], Genevray[24], Nicolas und Roxas-Pineda[25], Davison[26], Oppenheim[27] u. a.). Es zeigte sich nämlich, daß bei manchen Fällen, die unter dem Einfluß der Therapie zunächst einen erheblichen oder vollständigen Rückgang der Krankheitserscheinungen aufwiesen, oft erst längere Zeit nach Beendigung selbst einer mehrjährigen Behandlung mit Chaulmoograpräparaten wieder Rezidive und progrediente Prozesse auftraten (Heggs[28], Wade[29], Wade und Solis[8], Wade und Lara[30], Lamoureux[31], McCants[9], Samson und Lara[32], Hopkins und Denney[33], Denney, Hopkins und Johansen[34], Gomez[35], Chiyuto[36], Chiyuto und Velasco[37], Eubanas[38], Hasselmann[39], Rodriguez[40], Rodriguez, Mabalag und Tolentino[41], Rodriguez und Plantilla[42], Rose[43], Lara[44], Lara und de Vera[45], Samson[46] u. a.; s. auch Report der Philippine leprosy commission 1935[47]). Nach den Angaben der

[1] Dubreuilh, W.: Zit. S. 111. — [2] Wade, H. W., u. C. B. Lara: Zit. S. 111. — [3] Gomes, J. M.: Bol. Soc. Med. e Cir. São Paulo [3] 6, 140 (1924) — Ann. Paulistas Med. e Cir. (São Paulo) 15, 77 (1924). — [4] Hagman, G. L.: China med. J. 37, 568 (1923). — [5] van Gaasbeek, C. B.: Zit. S. 111. — [6] Lara, C. B.: J. Philippine Isl. med. Assoc. 3, 241 (1923); 8, 56 u. 263 (1928). — [7] Wade, H. W.: J. Philippine Isl. med. Assoc. 3, 236 (1923) — Monthly Bull. Philippine Health Serv. 4, 13 (1924). — [8] Wade, H. W., u. F. Solis: J. Philippine Isl. med. Assoc. 7, 111 (1927). — [9] McCants, J. M.: Zit. S. 101. — [10] Maples, E. E.: Nigeria Ann. Med. a. Sanit. Rep. 1919—1921, 33; 1922, 31. — [11] Muir, E.: Zit. S. 106. — [12] Ortiz, P. N.: Bol. Assoc. méd. Puerto Rico (San Juan) 17, 27 (1923). — [13] Pagé, J. D.: Zit. S. 111. — [14] Wilson, R. M.: China med. J. 38, 743 (1924) — South. med. J. (Birmingham, Alab.) 19, 603 (1926) — J. amer. med. Assoc. 87, 1211 (1926). — [15] Robineau, M.: Zit. S. 49 u. 50. — [16] Travers, E. A. O.: Zit. S. 47. — [17] Kerr, J.: Lancet 209, 373 (1925). — [18] de Mello, F.: Zit. S. 107 u. 109. — [19] Pardo-Castelló, V.: Rev. Dermat. 11, 101 (1926). — [20] Levy, D. M.: Nederl. Tijdschr. Geneesk. 69 I, 1422 (1925). — [21] O'Brien, H. R., u. Runchaiyon: China med. J. 39, 600 (1925). — [22] de Aguiar Pupo, J.: Ann. Paulist. Med. e Cir. 16, 1 (1925) — Sci. med. (Rio de Janeiro) 4, 679 (1926) — Ann. Fac. Med. São Paulo 1, 331 (1926) — Brazil Medico 40 II, 69, 85 (1926). — [23] Rodriguez, J.: Leprosy India 7, 67 (1935). — [24] Genevray, J.: Zit. S. 109. — [25] Nicolas, C., u. E. Roxas-Pineda: Zit. S. 113. — [26] Davison, A. R.: Zit. S. 110. — [27] Oppenheim, M.: Zit. S. 112. — [28] Heggs, T. B.: Zit. S. 101. — [29] Wade, H. W.: Trans. far east. Assoc. trop. Med. (5th Congr., Singapore 1923) 1924, 363 — Monthly Bull. Philippine Health Serv. 4, 13 (1924). — [30] Wade, H. W., u. C. B. Lara: Zit. S. 111. — S. auch H. W. Wade u. C. B. Lara: Monthly Bull. Philippine Health Serv. 6, 568 (1926) — J. Philippine Isl. med. Assoc. 7, 115 (1927). — [31] Lamoureux, A.: Bull. Soc. Path. exot. Paris 16, 227 (1923). — [32] Samson, J. G., u. C. B. Lara: J. Philippine Isl. med. Assoc. 9, 201 (1929). — [33] Hopkins, R., u. O. E. Denney: Zit. S. 112. — [34] Denney, O. E., R. Hopkins u. F. A. Johansen: Zit. S. 112. — [35] Gomez, L. B.: J. Philippine Isl. med. Assoc. 10, 322 (1930). — [36] Chiyuto, S.: Monthly Bull. Philippine Health Serv. 10, 321 (1930). — [37] Chiyuto, S., u. F. Velasco: Zit. S. 112. — [38] Eubanas, F.: Monthly Bull. Bur. Health (Manila) 15, 57 (1935). — [39] Hasselmann, C. M.: Chin. med. J. 47, 270 (1933). — [40] Rodriguez, J. N.: J. Philippine Isl. med. Assoc. 6, 42 (1926) — Philippine J. Sci. 47, 245 (1932) — Leprosy Rev. 6, 143 (1935) — Internat. J. Leprosy 3, 333 (1935) — Leprosy India 7, 67 (1935). — [41] Rodriguez, J., E. Mabalag u. J. G. Tolentino: Monthly Bull. Bur. Health (Manila) 15, 400 (1935). — [42] Rodriguez, J., u. F. C. Plantilla: Monthly Bull. Bur. Health (Manila) 15, 97 (1935). — [43] Rose, F. G.: Leprosy Rev. 7, 11 (1936). — [44] Lara, C. B.: J. Philippine Isl. med. Assoc. 12, 476 (1932) — Monthly Bull. Bur. Health (Manila) 16, 39 (1936). — [45] Lara, C. B., u. B. de Vera: Trans. far-east. Assoc. trop. Med. (8th Congr., Bangkok 1930) 2, 548 (1932). — [46] Samson, J. G.: Monthly Bull. Bur. Health (Manila) 16, 180 (1936). — [47] Report of the Philippine leprosy commission presented to the Governor-general, September 1935. Internat. J. Leprosy 3, 389 (1935).

Autoren schwankt die Häufigkeit solcher Rückfälle bei klinisch Geheilten zwischen 2 und 75%; nach den Angaben von Rodriguez[1] wurde gelegentlich noch $10^1/_2$ Jahre nach erfolgreichem Abschluß der Behandlung ein Wiederaufflackern des Prozesses beobachtet.

Diese *Rezidive* beruhen offenbar darauf, daß bei klinisch und anscheinend auch bakteriologisch geheilten Leprösen in tiefergelegenen Geweben, z. B. in Nerven, Lymphknoten, Hoden, Milz, Leber, Tonsillen, vor allem aber in scheinbar ganz gesunden Hautpartien (Fußsohlen, hinter den Ohren und Inguinalgegend) doch noch Leprabacillen, zum Teil sogar histopathologische Veränderungen, nachzuweisen sind (Pineda[2], Nolasco[3], Manalang[4]). Nach Lara[5] sind für das Wiederauftreten der leprösen Manifestationen wohl dieselben Momente, welche nach Rogers und Muir[6] sowie Mercado y Donato[7] den Ausbruch einer Lepra begünstigen, vor allem akzidentelle andersartige Erkrankungen und sonstige resistenzvermindernde Faktoren (Syphilis, Malaria, Tuberkulose, Influenza, Krankheiten des Verdauungskanals, Unterernährung, ungünstige klimatische Verhältnisse, Übermüdung u. dgl.), verantwortlich zu machen; vielleicht spielt dabei, entsprechend einer von Schöbl[8] geäußerten Annahme, auch die Ausbildung einer Arzneifestigkeit seitens der Erreger (s. S. 100) eine Rolle. Um Rückfälle möglichst zu vermeiden, hält es daher die Mehrzahl der Autoren (Rogers[9], Muir, Landeman, Roy und Santra[10], Lamoureux[11], McCants[12] u. a.) für notwendig, die spezifische Behandlung auch nach anscheinend vollständigem Verschwinden der Bacillen noch längere Zeit hindurch fortzusetzen.

In diesem Zusammenhang wäre kurz darauf hinzuweisen, daß bei der Behandlung der Lepra außer den verschiedenen Flacourtiaceenölen und ihren Derivaten auch schon zahlreiche andere vegetabilische und vor allem tierische Öle und Fette therapeutische Anwendung gefunden haben (Literatur s. bei Fischl und Schlossberger[13], Chopra[14]). So erwähnt schon der bekannte spanische Forschungsreisende Alvar Núñez Cabeza de Vaca[15] in der Beschreibung seiner im Jahre 1527 nach Südamerika unternommenen Expedition, daß die Lepra von den dortigen Eingeborenen mit Fleischbrühe von Goldbrassen behandelt wurde; Calcagno[16] nimmt an, daß es die fettigen Bestandteile dieser Fischabkochungen waren, welche eine Heilwirkung bei Lepra auszuüben vermögen. In neuerer Zeit war es vor allem Rogers[17], der in der Annahme, daß lediglich der geringe Sättigungsgrad der Chaulmoografettsäuren als Ursache ihrer therapeutischen Wirksamkeit bei Lepra und auch bei Tuberkulose anzusehen ist (vgl. S. 121), auch die Natriumsalze und Ester der ungesättigten Fettsäuren anderer Öle, vor allem des *Lebertrans* („Natriummorrhuat", „Äthylmorrhuat"), des *Leinsamen-* („Natriumlinat") und des *Sojabohnenöls* („Natriumsojat") zur

---

[1] Rodriguez, J.: Zit. S. 114. — [2] Pineda, E. V.: J. Philippine Isl. med. Assoc. 7, 109 (1927). — [3] Nolasco, J. O.: Trans. Meeting Leprosy Advisory Board, Philippine Health Serv. Manila 1932, 12 — Trans. far-east. Assoc. trop. Med. (9th Congr., Nanking 1934) 1, 705 (1935) — Monthly Bull. Bur. Health (Manila) 14, 213 (1934) — Internat. J. Leprosy 3, 345 (1935). — [4] Manalang, C.: Monthly Bull. Bur. Health (Manila) 15, 361, 391 (1935). — [5] Lara, C. B.: J. Philippine Isl. med. Assoc. 12, 476 (1932). — [6] Rogers, L., u. E. Muir: Zit. S. 11. — [7] Mercado y Donato, E.: Zit. S. 106. — [8] Schöbl, O.: Zit. S. 100. — [9] Rogers, L.: Zit. S. 10. — [10] Muir, E., E. Landeman, T. N. Roy u. J. Santra: Zit. S. 113. — [11] Lamoureux, A.: Zit. S. 114. — [12] McCants: Zit. S. 101. — [13] Fischl, V., u. H. Schlossberger: Zit. S. 2. — [14] Chopra, R. N.: Zit. S. 2. — [15] Núñez Cabeza de Vaca, Alvar: Relación de los naufragios y comentarios. 1. Ausgabe Valladolid 1555. — [16] Calcagno, O.: Rev. argent. Dermato-Sifilol. 19, 256 (1935) — Semana méd. 42, 557 (1935). — [17] Rogers, L.: Brit. med. J. 1919 I, 147; 1923 II, 11 — Indian J. med. Res. 7, 236 (1919) — Indian med. Gaz. 54, 218 (1919); 55, 125 (1920) — Lancet 200, 1178 (1921); 206, 1207, 1297, 1321 (1924) — Practitioner 107, 77 (1921) — 3. Confér. internat. de la lèpre, Straßburg 1923, 281 — Ann. trop. Med. 18, 267 (1924). — S. auch S. 10.

Behandlung der genannten beiden Erkrankungen mit Erfolg verwendet und dar-aufhin zu weiterer Erprobung empfohlen hat (s. auch Rogers und Muckerjee[1]).

In Übereinstimmung mit Rogers konnte eine Reihe von Autoren tatsächlich eine Heilwirkung derartiger Natriumsalze und Ester der Fettsäuren des Leber-trans (hinsichtlich der Herstellung des Natriummorrhuats vgl. Rogers[2], Slovtzov und Astanin[3]), des Sojabohnenöls und des Cocosnußöls bei Lepra feststellen (Muir[4], Neve[5], Ganguli[6], Davies[7], Marchoux[8], Harper[9], Ogilvie[10], Lara[11], Wade[12], Rouillard[13], Calcagno[14], Perkins[15], Vurpillat[16], de Vera[17], de Mello[18], Parra[19], Hernández[20]). Ebenso ließen auch entsprechende Zu-bereitungen des *Baumwollsamenöls* (Wayson[21]), des durch seine hohe Jodzahl ausgezeichneten, von Perilla ocygoides gewonnenen *Perillöls* („Perigrol" = Äthyl-ester; Ždan-Puškin und Kuznecov[22]), des *Öls von Pongamia glabra* (Rao[23]), des von Melia azadirachta stammenden *Margosa- oder Nimöls* (Chatterjee[24], Chatterji und Sen[25], Muir, Landeman, Roy und Santra[26]), des aus den Früchten von Calophyllum bigator hergestellten *Diloöls* (Neff[27]), sowie des von verschie-denen indischen Dipterocarpusarten gewonnenen *Gurjunbalsams* („Balsamum Gurjun"; Muir, Landeman, Roy und Santra[26]) eine gewisse therapeutische Wirksamkeit bei Lepra erkennen. Dagegen erwiesen sich die mit Leinöl, Olivenöl, Kakaoöl und Stearinsäure hergestellten Präparate, die nur wenig oder keine ungesättigten Fettsäuren enthalten, bei Lepra nur als wenig wirksam oder als völlig wertlos, trotzdem sie bei lokaler Anwendung („Plancha-Methode"; s. S. 63) zum Teil sehr starke Entzündungsreaktionen hervorriefen (Muir, Landeman, Roy und Santra[26], de Vera[17], Kerr[28], Kamat und Ranadive[29], Lara[30], Lara und Lagrosa[31], Lara und Samson[32], Lagrosa und Ignacio[33]). Nach den ver-gleichenden Heilversuchen von Muir[4], Muir, Landeman, Roy und Santra[26], Wade[34], de Vera[17], Lara[11], Lagrosa und Ignacio[33] sowie Rao[35] (s. auch Perkins[15]) ist aber auch die Heilwirkung der von Lebertran usw. gewonnenen Präparate zweifellos wesentlich geringer als diejenige der Chaulmoograderivate. Hinsichtlich des lipoidhaltigen Pankreasextraktes Javanin, der sich bei Lepra als therapeutisch wirkungslos erwiesen hat, vgl. S. 93.

[1] Rogers, L., u. J. Ch. Mukerjee: Indian med. Gaz. **54**, 165 (1919). — [2] Rogers, L.: Brit. med. J. **1919** II, 426. — [3] Slovtzov, B. J., u. P. P. Astanin: Arch. biol. Nauk. (Leningrad) **24**, 73 (1925). — [4] Muir, E.: Indian med. Gaz. **55**, 121, 139 (1920). — S. auch S. 12 u. 109. — [5] Neve, E. F.: Indian med. Gaz. **55**, 128 (1920). — [6] Ganguli, P.: Indian med. Gaz. **55**, 131, 284 (1920). — [7] Davies, C.: Indian med. Gaz. **56**, 283 (1921). — [8] Marchoux, E.: Bull. Soc. Path. exot. Paris **14**, 520 (1921). — [9] Harper, P.: J. trop. Med. **26**, 7 (1923). — [10] Ogilvie, D. C.: Zit. S. 57. — [11] Lara, C. B.: J. Philippine Isl. med. Assoc. **3**, 241 (1923). — S. auch S. 45. — [12] Wade, H. W.: J. Philippine Isl. med. Assoc. **3**, 236 (1923). — [13] Rouillard, J.: Zit. S. 102. — [14] Calcagno, O.: Semana méd. **32**, 1435 (1925). — [15] Perkins, G. A.: J. Philippine Isl. med. Assoc. **5**, 369 (1925). — [16] Vurpillat, F. J.: U. S. Nav. med. Bull. **22**, 587 (1925). — [17] de Vera, B.: J. Phi-lippine Isl. med. Assoc. **5**, 374 (1925). — [18] de Mello, F.: Presse méd. **33**, 1348 (1925). — [19] Parra, R. F.: Zit. S. 112. — [20] Hernández, J. G.: Archivos Lepra **1**, 215 (1929). — [21] Wayson, N. E.: Ann. Rep. Surgeon Gen., U. S. Publ. Health Serv. **1934**, 19. — [22] Ždan-Puškin, M., u. V. Kuznecov: Zit. S. 3. — [23] Rao, G. R.: Leprosy Rev. **5**, 127 (1934). — [24] Chatterjee, K. K.: Indian med. Gaz. **54**, 171 (1919) — Calcutta med. J. **14**, Nr 8 (1920) — Indian J. Med. **1**, Nr 2 u. Nr 3 (1920). — [25] Chatterji, K. K., u. R. N. Sen: Indian J. med. Res. **8**, 356 (1920). — [26] Muir, E., E. Landeman, T. N. Roy u. J. Santra: Zit. S. 113. — [27] Neff, M. E. A.: J. trop· Med. **32**, 241 (1929). — [28] Kerr, J.: Lancet **209**, 373 (1925). — [29] Kamat, D. D., u. V. Y. Ranadive: Trans. far east. Assoc. trop. Med. (7th Congr. in Brit. India 1927) **2**, 329 (1928). — [30] Lara, C. B.: Zit. S. 45. — [31] Lara, C. B., u. M. Lagrosa: J. Philippine Isl. med. Assoc. **12**, 599 (1932). — [32] Lara, C. B., u. J. G. Samson: J. Philippine Isl. med. Assoc. **12**, 485 (1932). — [33] Lagrosa, M., u. J. Ignacio: J. Philippine Isl. med. Assoc. **15**, 220 (1935). — [34] Wade, H. W.: Monthly Bull. Philippine Health Serv. **4**, 13 (1924). — [35] Rao, G.: Leprosy Rev. **6**, 120 (1935).

Weiter wäre hier auch noch die von LARA und FERNÁNDEZ[1] durchgeführte klinische Erprobung des Äthylesters der von ADAMS und seinen Mitarbeitern synthetisch dargestellten und bei der Prüfung auf bactericide Eigenschaften gegenüber säurefesten Bacillen in vitro als besonders wirksam erkannten *Di-n-heptylessigsäure* [$CH_3 \cdot (CH_2)_6 \cdot CH(COOH) \cdot (CH_2)_6 \cdot CH_3$; vgl. S. 45, 64, 72, 75, 86, 93 u. 105] zu erwähnen. Wegen ihrer entzündungserregenden Eigenschaften (s. S. 75) konnte die Substanz nicht in reiner Form, sondern nur gemischt mit der gleichen Menge Olivenöl und mit einem Zusatz von 2% Benzocain (= Anästhesin) lokal-intracutan und intramuskulär injiziert werden (Anfangsdosis 1 ccm); trotzdem wurde das Präparat aber anscheinend vielfach nicht gut vertragen. Daher kommt es nach der Ansicht von LARA und FERNÁNDEZ, daß die mit diesen Äthylestern erhaltenen therapeutischen Resultate den mit Hydnocarpusestern erzielten Heilerfolgen nicht gleichwertig waren. Immerhin konnten aber 6 von 29 Leprösen durch 15 Monate lang fortgesetzte Behandlung mit den Äthylestern der Di-n-heptylessigsäure klinisch und bakteriologisch geheilt werden; bei 7 war keine Veränderung und bei 16 eine Verschlimmerung des Leidens festzustellen. Demgegenüber wurden von 52 mit Hydnocarpusestern behandelten Leprakranken 39 gebessert (davon 7 bakteriologisch negativ); 7 blieben unverändert und bei 6 trat eine Verschlechterung des Zustandes ein. LARA und FERNÁNDEZ sind auf Grund ihrer Beobachtungen der Ansicht, daß die Di-n-heptylessigsäure in einer weniger irritierend wirkenden Form weiter erprobt werden sollte.

Was schließlich noch die klinische Erprobung der Natriumsalze der $\varDelta_2$-*Cyclopentenylessigsäure* (s. S. 41, 45 u. 124) und der *Dicyclopentenylessigsäure* (s. S. 45 u. 124), zweier ebenfalls von ADAMS und seinen Mitarbeitern synthetisierter Cyclofettsäuren anlangt, so waren die an einem kleinen Krankenmaterial erhaltenen Resultate nach den Angaben von LARA[2] nicht besonders günstig; von 6 bzw. 5 Kranken, die mit 2proz. Lösungen dieser Salze 10 Monate lang behandelt worden waren, zeigten 4 bzw. 3 nur geringgradige Besserung.

b) Tuberkulose.

In Anbetracht der nahen Verwandtschaft der Lepra- mit den Tuberkelbacillen wurden Chaulmoograöl und andere Flacourtiaceenöle, sowie die aus diesen Fetten bereiteten Präparate auch schon häufig bei der Tuberkulosetherapie verwendet (hinsichtlich der experimentellen Erprobung der Chaulmoograderivate bei Tuberkulose vgl. S. 104). Diese schon vor 50—60 Jahren von MURRELL[3], LION[4] u. a. (weitere Literatur bei DESPREZ[5]), später von zahlreichen anderen Autoren versuchte Behandlung tuberkulöser Erkrankungen mit Chaulmoograderivaten hat jedoch bis heute keine ganz eindeutigen, im allgemeinen noch wenig befriedigende Resultate ergeben. Dies beruht vermutlich darauf, daß schon recht kleine, parenteral einverleibte Dosen dieser Präparate im tuberkulosen Organismus *starke Herdreaktionen*, wie sie nach hohen Tuberkulingaben aufzutreten pflegen, auslösen und dadurch zu einer Verschlimmerung des Krankheitsprozesses Veranlassung geben können (vgl. S. 102; s. auch ROGERS[6], LINDENBERG und PESTANA[7], BEASLEY[8], LISSNER[9], LARA[10], ROUILLARD[11], PERNET, MINVIELLE und POMARET[12] u. a.).

[1] LARA, C. B., u. G. FERNÁNDEZ: Zit. S. 64. — [2] LARA, C. B.: Zit. S. 45. — [3] MURRELL, W.: Zit. S. 8. — [4] LION, G.: Zit. S. 8. — [5] DESPREZ, G.: Zit. S. 3. — [6] ROGERS, L.: Brit. med. J. **1921 I**, 640 — Lancet **200**, 1178 (1921); **206**, 1207, 1297, 1321 (1924) — Practitioner **107**, 77 (1921) — Brit. J. Tbc. **16**, 110 (1922); **19**, 69 (1925). — [7] LINDENBERG, A., u. B. RANGEL PESTANA: Zit. S. 66. — [8] BEASLEY, T. J.: N. Y. med. J. **114**, 396 (1921). — [9] LISSNER, H. H.: Amer. Rev. Tbc. **7**, 257 (1923). — [10] LARA, C. B.: J. Philippine Isl. med. Assoc. **3**, 241 (1923). — [11] ROUILLARD, J.: Zit. S. 102. — [12] PERNET, J., M. MINVIELLE u. M. POMARET: Zit. S. 61.

Während Lukens[1] bei *Kehlkopftuberkulose* durch intratracheale Injektionen einer 10—20proz. Lösung von Chaulmoograöl in Olivenöl gute Heilerfolge erzielte, berichten Peers und Shipman[2] sowie Bronfin und Markel[3] über ziemlich negative Resultate dieser lokalen Therapie. Bronfin und Markel, die zu ihren Behandlungsversuchen teils Chaulmoograöl, teils Chaulmestrol (s. S. 57) in verschiedenen, allmählich ansteigenden Konzentrationen (5—100% ; reines Paraffin als Verdünnungsflüssigkeit) verwendeten, konnten trotz der 4 Monate lang fortgeführten Behandlung in keinem Falle eine Heilwirkung, bei einer Reihe von Patienten infolge der gewebsreizenden Wirkung der Präparate sogar ein Fortschreiten der Ulcerationen feststellen. Dagegen haben dann wieder Alloway und Lebensohn[4], Lissner[5], Larue[6] sowie Snapp[7] bei leichten und schweren Fällen von tuberkulöser Laryngitis nach lokaler Anwendung von Chaulmoograöl oder Chaulmooraäthylestern gute Wirkungen, vor allem Reinigung, häufig völlige Vernarbung der Geschwüre, sowie regelmäßig Linderung der Beschwerden beobachten können. Eine durch die Chaulmoograbehandlung bedingte Besserung der Schluckbeschwerden haben übrigens auch Peers und Shipman[2] festgestellt, die, wie bereits erwähnt, sonst keine Wirkung dieser Lokaltherapie nachweisen konnten.

Auch bei *Lungentuberkulose* wurden mit der Chaulmoograbehandlung [Chaulmoograöl, Äthyl- und Benzylester, Natriumsalze, Heisersches Gemisch (s. S. 48) u. a.] von einigen Autoren [Hernández[8], Cowen[9], Lissner[5], Ferreira[10], Milne[11], Curti[12] (in Kombination mit Gold- und Kupfersalzen), Gennari[13], Kühn[14], Bahn und Tomašević[15], Rignani[16], Alwens[17] u. a.; vgl. auch Vurpillat[18]) gewisse Heilerfolge erzielt. Lissner gab die Äthylester zunächst zwecks Feststellung der Toleranz der Patienten innerlich, hierauf intramuskulär, schließlich jedoch wegen der großen Schmerzhaftigkeit der hierbei entstehenden lokalen Infiltrate intravenös und konnte anfänglich eine Steigerung der Symptome (vermehrten Husten und Auswurf), dann aber ein Nachlassen der Krankheitserscheinungen, unter anderem auch eine Verminderung der Bacillenmenge im Sputum, beobachten. Mit den Benzylestern, die peroral, intramuskulär und intravenös sehr gut vertragen werden, konnte Alwens bei einigen Fällen von Lungentuberkulose ähnliche günstige Heilwirkungen erzielen. André[19], André und Labernadie[20] sowie Rignani[16] beobachteten bei derartigen Kranken nach intravenöser Injektion von reinem oder in Gummilösung emulgiertem Öl von Hydnocarpus laurifolia s. wightiana vor allem eine Besserung des Allgemeinbefindens. Dagegen hatten Biesenthal[21], Beasley[22], Leuret[23] sowie Kriech[24] bei der Behandlung von Lungentuberkulose mit Natriumchaulmoograt, Chaulmoograöl und Antileprol (s. S. 57) fast vollkommen negative Ergebnisse, zum Teil sogar Verschlimmerungen

---

[1] Lukens, R. M.: J. amer. med. Assoc. 78, 274 (1922). — [2] Peers, R. A., u. S. J. Shipman: J. amer. med. Assoc. 79, 461 (1922). — [3] Bronfin, J. D., u. C. Markel: Amer. Rev. Tbc. 8, 214 (1923). — [4] Alloway, F. L., u. J. E. Lebensohn: J. amer. med. Assoc. 79, 462 (1922). — [5] Lissner, H. H.: Zit. S. 117. — [6] Larue, C. L.: Ann. of Otol. 34, 122 (1925). — [7] Snapp, C. F.: J. Michigan State med. Soc. 26, 719 (1927). — [8] Hernández, J.: Rev. Hig. y Tbc. 11, Nr 125 (1918). — [9] Cowen, R. L.: Urologic Rev. 26, 768 (1922). — [10] Ferreira, C.: Liga Paulista contra a tuberculose. Exercicio de 1921, 1923. — [11] Milne, C.: Tubercle 8, 360 (1927). — [12] Curti, P. O., Rev. Hig. y Tbc. 18, 71 (1925). — [13] Gennari, C.: Boll. Special. med.-chir. 2, 187 (1928). — [14] Kühn, A.: Fortschr. Ther. 5, 110 (1929). — [15] Bahn, C., u. V. M. Tomašević: Beitr. Klin. Tbc. 76, 715 (1931). — [16] Rignani, M.: Giorn. Clin. med. 17, 52 (1936). — [17] Alwens, W.: Beitr. Klin. Tbk. 89, 711 (1937). — [18] Vurpillat, F. J.: Zit. S. 116. — [19] André, Z.: Bull. Soc. Path. exot. Paris 26, 991 (1933). — [20] André, Z., u. V. Labernadie: Bull. Soc. Path. exot. Paris 26, 1234 (1933). — [21] Biesenthal, M.: Amer. Rev. Tbc. 4, 84 (1920). — [22] Beasley, T. J.: Zit. S. 117. — [23] Leuret, F.: J. Méd. Bordeaux 94, 789 (1922). — [24] Kriech, H.: Med. Klin. 31, 450 (1935).

durch Aktivierung des Prozesses zu verzeichnen. Nach den Angaben von PERNET, MINVIELLE und POMARET[1] sowie JUGE[2] verursacht die Injektion von Natriumsalzen der Fettsäuren des Chaulmoograöls und auch des Lebertrans bei Lungentuberkulösen starke Lokal- und Allgemeinreaktionen; nach ihren Angaben werden indessen die ungereinigten und die durch Destillation gereinigten Äthylester sowie Gemische der Äthyl- und Benzylester der Chaulmoogra- und der Lebertranfettsäuren, sowie das von POMARET[3] dargestellte Chaulmoograöl-Lebertranpräparat (s. S. 61) gut vertragen. Nach der Mitteilung einer Reihe von Autoren sollen sich, wie hier der Vollständigkeit halber erwähnt sei, die bereits oben (S. 116) erwähnten Natriumsalze (Natriummorrhuat) und Äthylester der Lebertranfettsäuren (Äthylmorrhuat) für die Behandlung tuberkulöser Erkrankungen gut eignen (ROGERS[4], MUIR[5], GANGULI[6], CHATTERJI[7], DAVIES[8], LEBER[9], TEWKSBURY[10], FINE[11], BOELKE[12], HUME[13], GRIGAUT und TARDIEU[14], CAUSSADE, TARDIEU und GRIGAUT[15], RENAULT[16], RENAULT und RICHARD[17], BURGESS[18] u. a.); diese Angaben sind indessen auch nicht unwidersprochen geblieben (BIESENTHAL[19], JESSEL[20], FERREIRA[21] u. a.; weitere Literatur s. bei ROUILLARD[22]).

Bei *Lupus vulgaris* erzielten ROGERS, CUMMINS und WEATHERALL[23] mit den Estern der Fettsäuren des Lebertrans („Ester morrhuate") und besonders mit kreosothaltigem Moogrol (s. S. 57; Zusatz von 4% Kreosot) gute Heilwirkungen. Auch ARONSTAM[24] berichtet über Erfolge mit den Äthylestern der Chaulmoografettsäuren bei tuberkulösen Hautaffektionen. Wie sodann noch FOUQUET[25] angibt, konnte er bei Fällen von Lupus vulgaris durch lokale Behandlung mit einer Chaulmoograölsalbe („Chaulmoogra lipolé"; Gemenge von Chaulmoograöl mit der gut resorbierbaren, nicht reizend wirkenden Elaidinsäure; s. auch S. 65) einen raschen Rückgang der Entzündungserscheinungen und eine damit einhergehende Vernarbung der Herde feststellen. Seiner Ansicht nach übertrifft die Paste an therapeutischer Wirksamkeit sämtliche sonst empfohlenen Lupusheilmittel.

Neuerdings wurde das Antileprol (s. S. 57) von LOMHOLT[26] bei *Lupus erythematodes, Boeckschem Sarkoid, Mycosis fungoides* und einigen anderen Dermatosen mit gutem therapeutischem Resultat zur Anwendung gebracht. Von SEMON[27] u. a. wurden diese Angaben bestätigt.

[1] PERNET, J., M. MINVIELLE u. M. POMARET: Zit. S. 61. — [2] JUGE, J.: Zit. S. 61. — [3] POMARET, M.: Zit. S. 61. — [4] ROGERS, L.: Brit. med. J. **1919 I**, 147; **1919 II**, 426; **1923 II**, 11 u. 1253 — Indian J. med. Res. **7**, 236 (1919) — Lancet **200**, 1178 (1921); **206**, 1207, 1297, 1321 (1924) — Practitioner **107**, 77 (1921) — Brit. J. Tbc. **16**, 110 (1922); **19**, 69 (1925) — Bristol med.-chir. J. **41**, 19 (1924) — Glasgow med. J. **101**, 109 (1924). — [5] MUIR, E.: Indian med. Gaz. **55**, 121 (1920). — [6] GANGULI, P.: Indian med. Gaz. **55**, 131 (1920). — [7] CHATTERJI, K. K.: Zit. S. 116. — [8] DAVIES, C.: Zit. S. 116. — [9] LEBER, A.: Trans. far east. Assoc. trop. Med. (4th Congr.) **2**, 211 (1921). — [10] TEWKSBURY, W. D.: Amer. Rev. Tbc. **6**, 929 (1922). — [11] FINE, M. J.: Amer. Rev. Tbc. **6**, 934 (1922). — [12] BOELKE, P. W. R.: Brit. med. J. **1923 II**, 1249. — [13] HUME, J.: Lancet **207**, 162 (1924). — [14] GRIGAUT, A., u. A. TARDIEU: Bull. Soc. Thér. **1924** — Paris méd. **16**, 612 (1926). — [15] CAUSSADE, G., A. TARDIEU u. A. GRIGAUT: Bull. Soc. méd. Hôp. Paris **41**, 28 (1925) — Progrès méd. **53**, 1519 (1925). — [16] RENAULT, P.: Progrès méd. **53**, 1911 (1925). — [17] RENAULT, P., u. J. RICHARD: J. Méd. Paris **1925**, Nr 36. — [18] BURGESS, J. F.: Canad. med. Assoc. J. **20**, 392 (1929). — [19] BIESENTHAL, M.: Amer. Rev. Tbc. **4**, 781 (1921). — [20] JESSEL, G.: Tubercle **6**, 223 (1925). — [21] FERREIRA, C.: Bol. Acad. Nac. Med. (Rio de Janeiro) **91**, 802 (1920) — Brazil Medico **36**, 1 (1922) — Liga Paulista contra a tuberculose. Exercicio de 1921, 1922, 1923, 1924. — [22] ROUILLARD, J.: Zit. S. 102. — [23] ROGERS, L., S. L. CUMMINS u. C. WEATHERALL: Brit. med. J. **1933 I**, 47. — [24] ARONSTAM, N.: Urologic Rev. **26**, 770 (1922). — [25] FOUQUET, CH.: Zit. S. 65. — [26] LOMHOLT, S.: Hosp.tid. (dän.) **77**, 187 (1934); **78**, 793 (1935) — Bull. Soc. franç. Dermat. **41**, 1354 (1934) — Arch. f. Dermat. **170**, 467 (1934) — Zbl. Hautkrkh. **50**, 103 (1935); **52**, 133, 407, 482 (1936) — Dermat. Z. **70**, 57 (1934) — Dermat. Wschr. **101**, 817 (1935). — [27] SEMON, H.: Proc. roy. Soc. Med. **29**, 90 (1936).

c) Sonstige Erkrankungen.

Abgesehen von Lepra und Tuberkulose wurden auch schon verschiedene sonstige Erkrankungen mit Chaulmoograöl behandelt. Von besonderem Interesse ist hier die Angabe von WILLIAMS[1], daß die ebenfalls durch säurefeste Bacillen hervorgerufene *Enteritis hypertrophica specifica* der Rinder, die sog. JOHNEsche Krankheit, durch perorale Behandlung mit Chaulmoograöl klinisch geheilt werden kann.

Daß das Chaulmoograöl früher auch schon bei *Syphilis* angeblich mit Erfolg verwendet wurde, und daß es auch verschiedene *Hautaffektionen,* wie Psoriasis, Pruritus u. dgl., günstig beeinflussen soll, wurde bereits oben (s. S. 8) erwähnt.

Bei *Trachom* wurde Chaulmoograöl (zum Teil auch Hydnocreol; s. S. 58) von ORLOV[2], GABRIELIDÈS[3], WILSON[4] (zum Teil in Kombination mit Kupfersulfat), LABERNADIE[5], DOMINGUEZ[6] (in Kombination mit Quecksilbercyanid), MILEWSKA[7], PAGÈS[8], TIONG[9], DELANOÉ[10] mit mehr oder weniger deutlichem Heilerfolg lokal angewandt. Da indessen auch Olivenöl, Borvaseline und Essigsäure einen ähnlichen Einfluß auf den Krankheitsprozeß ausüben, handelt es sich zweifellos nicht um eine spezifische Wirkung des Chaulmoograöls (s. auch MACKENZIE[11]).

3. Mechanismus der Heilwirkung des Chaulmoograöls und seiner Derivate.

Die Frage, wie die therapeutische Wirkung des Chaulmoograöls und der anderen Flacourtiaceenöle, sowie der aus diesen Fetten hergestellten Präparate besonders bei der Lepra zustande kommt, ist noch nicht restlos geklärt. Nach einer erstmals von TALWIK[12] ausgesprochenen, später besonders von MERCADO[13] vertretenen Annahme soll der Heileffekt der Öle und ihrer Derivate darauf beruhen, daß sie den erkrankten Organismus zu einer gesteigerten Bildung von weißen Blutkörperchen und zu einer Verstärkung auch seiner sonstigen Abwehrmaßnahmen anregen; auf diese Weise soll eine intensivere Phagocytose und Bakteriolyse und damit ein vermehrtes Zugrundegehen der Krankheitserreger bewirkt werden. Im Hinblick darauf, daß Lepraerkrankungen besonders unter dem Einfluß interkurrierender Misch- und Sekundärinfektionen gelegentlich zur spontanen Abheilung kommen (s. S. 113), ist die Möglichkeit einer ähnlichen Anregung der spezifischen Immunitätsvorgänge durch die Chaulmoograpräparate, besonders auch in Anbetracht ihrer Einwirkung auf die Stoffwechselprozesse (s. S. 98), zwar nicht ohne weiteres abzulehnen. Irgendwelche klinischen oder experimentellen Anhaltspunkte für die Richtigkeit dieser Vorstellungen liegen jedoch bisher nicht vor; auch ist diese Hypothese nicht imstande, die *Spezifität* der Wirkung des Chaulmoograöls auch nur einigermaßen zu erklären.

Heutzutage steht wohl die Mehrzahl der Autoren auf dem Standpunkt, daß die im Chaulmoograöl und in den anderen Flacourtiaceenölen enthaltenen *cyclischen Fettsäuren* das eigentliche therapeutisch wirksame Prinzip darstellen. Diese Annahme entspricht der von zahlreichen Autoren gemachten Feststellung, daß bei Lepra mit den rein dargestellten Säuren in Form der Natriumsalze oder der Ester fast dieselben oder sogar noch günstigere therapeutische Ergebnisse

[1] WILLIAMS, W. W.: J. amer. vet. med. Assoc. **72**, 1070 (1928). — [2] ORLOV: Russk. oftalm. Ž. **6**, 694 (1927). — [3] GABRIELIDÈS, C.: Soc. méd. d'Athènes 1927. — [4] WILSON, R. P.: Bull. ophthalm. Soc. Egypt **21**, 27 (1928) — 7th Ann. Rep. of the Giza Memorial Ophthalmic Labor., Cairo 1932. — [5] LABERNADIE, V., u. GOVINDARADJASSAMY: Ann. Méd. Pharm. colon. **28**, 69 (1930). — [6] DOMINGUEZ, D. D.: Rev. cub. Oftalm. **1930**, 441. — [7] MILEWSKA: Klin. oczna (poln.) **9**, 98 (1931). — [8] PAGÈS, R.: Rev. internat. Trachome **9**, 167 (1932). — [9] TIONG, J. O.: J. Philippine Isl. med. Assoc. **12**, 502 (1932). — [10] DELANOÉ, E.: Rev. internat. Trachome **10**, 87 (1933); **13**, 142 (1936). — [11] MACKENZIE, M. D.: Société des Nations, Rapport épidémiol. **14**, 41 (1935). — [12] TALWIK, S.: St. Petersburger med. Wschr. **28**, 463 u. 478 (1903). — [13] MERCADO y DONATO, E.: Zit. S. 48.

erzielt werden wie mit den rohen oder gereinigten Ölen. Hinsichtlich der Wirkungsweise der Cyclosäuren im leprösen Körper besteht jedoch noch keine Übereinstimmung zwischen den Ansichten der verschiedenen Autoren.

In Anbetracht der Feststellung, daß die therapeutisch wirksamen Flacourtiaceenöle bzw. deren Derivate im Reagensglasversuch noch in starker Verdünnung das Wachstum säurefester Bakterien, vor allem der Tuberkelbacillen, nicht aber die Entwicklung anderer Bakterienarten unterdrücken (s. S. 66), während das bei Lepra unwirksame Öl von Gynocardia odorata (s. S. 23), dem die ungesättigten cyclischen Fettsäuren fehlen, und andere Öle auch in vitro selbst in hoher Konzentration vollkommen wirkungslos sind (s. S. 69 sowie Tabelle 5), wird heutzutage, entsprechend der erstmals von WALKER und SWEENEY[1] ausgesprochenen Vermutung, vielfach angenommen, daß die Heilwirkung der zur Leprabehandlung geeigneten Pflanzenöle auf einer *direkten Beeinflussung der spezifischen Erreger* durch die Cyclofettsäuren beruht. Die beiden oben genannten Autoren sind der Ansicht, daß die durch einen erheblichen Fett- und Wachsgehalt ihres Protoplasmas ausgezeichneten säurefesten Bacillen die dem kranken Organismus mit dem Öl oder in anderer Form zugeführten Fettsäuren auf Grund besonderer Affinitäten an sich reißen und zum Aufbau ihrer Leibessubstanz in sich speichern, dann aber durch die spezifische toxische Wirkung der Cyclosäuren abgetötet werden.

Im Gegensatz hierzu steht ROGERS[2] auf dem Standpunkt, daß die therapeutische Wirksamkeit der Chaulmoograpräparate besonders bei der Lepra nicht auf einer spezifischen Affinität der Chaulmoografettsäuren zu den Erregern beruht. Er nimmt zwar auch an, daß die ungesättigten Fettsäuren das wirksame Prinzip der Flacourtiaceenöle darstellen. Da jedoch nach seinen Befunden auch nach Anwendung der Natriumsalze und Ester der ungesättigten Fettsäuren anderer Öle, vor allem des Lebertrans, des Leinsamen- und des Sojabohnenöls, eine günstige Wirkung auf lepröse und tuberkulöse Krankheitsprozesse festzustellen war (s. S. 115 u. 119), ist er der Auffassung, daß *ungesättigte* Fettsäuren ganz allgemein bei Lepra und Tuberkulose therapeutisch wirksam sind, daß also den durch ihre cyclische Molekularstruktur gekennzeichneten ungesättigten Fettsäuren des Chaulmoograöls keine spezifische Wirkung bei den genannten Erkrankungen innewohnt. Eine direkte Abtötung der säurefesten Erreger lehnt er vor allem deshalb ab, weil nach seinen Beobachtungen der durch Chaulmoograpräparate bei Lepra und Tuberkulose bewirkte Heileffekt nicht momentan, sondern meist erst im Anschluß an eine Fieberreaktion von längerer Dauer manifest wird. ROGERS stellt sich die Wirkungsweise der Chaulmoograpräparate und auch entsprechender Zubereitungen anderer Fette bei Lepra und Tuberkulose in der Art vor, daß die ungesättigten Fettsäuren mit den Wachsstoffen der Erreger irgendwie in Reaktion treten, und daß dadurch die Bacillen für die Abwehrkräfte des infizierten Organismus zugänglicher werden; die Leibessubstanz der auf diese Weise abgetöteten zahlreichen Bacillen soll dann als antigener Reiz wirken und eine Steigerung der spezifischen Immunitätsvorgänge veranlassen. Außerdem nimmt ROGERS aber dann noch an, daß die dem kranken Menschen zugeführten ungesättigten Fettsäuren eine Vermehrung bzw. Stimulierung der Blutlipase im Sinne von SHAW-MACKENZIE[3] (vgl. S. 92) bedingen, wodurch ebenfalls eine vermehrte Abtötung und Auflösung von Krankheitserregern bewirkt werden soll.

Demgegenüber konnten aber einerseits verschiedene Autoren durch vergleichende Behandlung lepröser Patienten mit Estern von Lebertran, Leinsamen-,

---

[1] WALKER, E. L., u. M. A. SWEENEY: Zit. S. 66. — [2] ROGERS, L.: Zit. S. 115 u. 117. — S. auch S. 10. — [3] SHAW-MACKENZIE, J. A.: Zit. S. 92.

Cocosnuß- und anderen Ölen sowie mit entsprechenden Zubereitungen aus Flacourtiaceenölen zeigen, daß zwischen den beiden Gruppen von Präparaten hinsichtlich ihrer therapeutischen Wirksamkeit recht erhebliche Unterschiede bestehen, und daß die durch ihren Gehalt an cyclischen Fettsäuren gekennzeichneten Chaulmoograderivate doch eine ausgesprochene *Überlegenheit* aufweisen (s. S. 116). Andererseits sind, wie ebenfalls bereits erwähnt wurde (s. S. 92), die bisherigen Untersuchungsergebnisse über die Wirkung der ungesättigten Fettsäuren auf den Lipasegehalt des Blutes noch recht unsicher und wenig beweisend. Insbesondere fehlen Anhaltspunkte dafür, daß die in der üblichen Weise nachgewiesene Blutlipase irgendeine schädigende Wirkung auf säurefeste Bacillen auszuüben vermag.

Dafür, daß der *Molekularstruktur*, d. h. dem aus 5 Kohlenstoffatomen bestehenden Ring der Chaulmoografettsäuren (vgl. die Formeln auf S. 30) in therapeutischer Hinsicht eine besondere Bedeutung zukommt, hat sich vor allem auch Schöbl[1] eingesetzt (s. S. 69). Nach seiner Meinung ist neben dem fünfgliedrigen Kohlenstoffring die in ihm enthaltene Doppelbindung für den Heilwert der Cyclofettsäuren maßgebend. Er konnte nämlich feststellen, daß die entwicklungshemmende Wirkung der therapeutisch brauchbaren Flacourtiaceenöle in vitro ziemlich verlorengeht, wenn durch Einwirkung von Wasserstoff die im Molekül der cyclischen Fettsäuren vorhandene Olefinbindung (—C=C—) aufgehoben wird (vgl. auch Lindenberg und Rangel Pestana[2]). In ähnlicher Weise haben dann auch McDonald und Dean[3], Nord und Schweitzer[4], Aguiar Pupo[5], Hoffmann[6] u. a. bei den hierhergehörigen Ölen einen Zusammenhang zwischen optischer Aktivität und ihrem Heilwert bei Lepra angenommen. Mit einer solchen Auffassung ist jedoch die Angabe von Hasseltine[7] nicht vereinbar, daß die Äthylester der durch Oxydation der Chaulmoograsäure gewonnenen Dihydrochaulmoograsäure (s. Formel S. 33), welcher die Doppelbindung fehlt, noch eine deutliche Heilwirkung bei Lepra entfalten (s. S. 64); auch die Tatsache, daß die mit Jod versetzten und dadurch auch mehr oder weniger abgesättigten Ester therapeutisch sehr wirksam sind, spricht in demselben Sinne. Ferner hat sich noch gezeigt, daß das brasilianische Sapucainhaöl (s. S. 38) und das westafrikanische Gorliöl (s. S. 37 u. 124) trotz ihres stärkeren Drehungsvermögens einen geringeren Heilwert bei Lepra aufweisen als das Öl von Taraktogenos kurzii und manche Hydnocarpusöle (vgl. Henry[8]).

Allerdings nur auf Grund von Entwicklungshemmungs- und Abtötungsversuchen im Reagensglas, denen, wie bereits hervorgehoben wurde (s. S. 65), für die Beurteilung des Wirkungsmechanismus chemotherapeutischer Substanzen im allgemeinen nur eine sehr bedingte Bedeutung zukommt, sind Adams und seine Mitarbeiter (vgl. insbesondere Stanley, Coleman, Greer, Sacks und Adams[9]) der Ansicht, daß die Wirkung der Chaulmoografettsäuren auf säurefeste Bacillen weder von der Doppelbindung, noch auch von dem Vorhandensein des Fünferrings, sondern in erster Linie oder ausschließlich von den mit dem Molekulargewicht zusammenhängenden *physikalischen Eigenschaften* abhängig ist. Die genannten amerikanischen Autoren konnten nämlich, wie oben (s. S. 69) ausführlich dargelegt wurde, feststellen, daß sowohl in der Reihe der Cyclo-

[1] Schöbl, O.: Zit. S. 68. — [2] Lindenberg, A., u. B. Rangel Pestana: Zit. S. 66. — [3] McDonald, J. T., u. A. L. Dean: J. amer. med. Assoc. **76**, 1470 (1921). — [4] Nord, F. F., u. G. G. Schweitzer: Zit. S. 35. — [5] de Aguiar Pupo, J.: Sci. med. (Rio de Janeiro) **4**, 679 (1926). — [6] Hoffmann, W. H.: Sci. med. (Rio de Janeiro) **5**, Nr 7 (1927). — [7] Hasseltine, H. E.: Zit. S. 59. — [8] Henry, T. A.: Zit. S. 36. — [9] Stanley, W. M., G. H. Coleman, C. M. Greer, J. Sacks u. R. Adams: Zit. S. 66.

pentenylsäuren, der die Chaulmoogra- und die Hydnocarpussäure angehören, als auch bei den Cyclopentylsäuren, denen die Olefinbindung im Ring fehlt (vgl. Formeln S. 43), ferner bei den anderen Reihen der von ihnen synthetisch dargestellten cyclischen (Cyclohexyl-, Cyclopropyl-, Cyclobutylsäuren) und acyclischen Fettsäuren (Dodecyl-, Tridecyl-, Tetradecyl-, Pentadecyl-, Hexadecyl-, Heptadecyl-, Octadecyl- und Nonadecylsäuren sowie Dialkylessigsäuren) sowie deren Aminen das Maximum der bactericiden Eigenschaften gegenüber säurefesten Bakterien bei denjenigen Verbindungen erreicht ist, die 16—18 Kohlenstoffatome in ihrem Molekül enthalten, und daß von einer ausgesprochenen Überlegenheit der einen oder anderen Reihe nicht gesprochen werden kann. Nach den Ergebnissen der klinischen (LARA und FERNÁNDEZ[1], LARA[2]; s. S. 117) und der experimentellen Erprobung (ANDERSON, EMERSON und LEAKE[3]; s. S. 105) der von ADAMS und seinen Mitarbeitern im Vitroversuch als besonders wirksam erkannten Di-n-heptylessigsäure (s. S. 45) hat es indessen den Anschein, daß auch hier, wie auf anderen Gebieten der Chemotherapie, die Wirkungen der Substanzen in vitro und in vivo nicht parallel gehen, und daß bei der Leprabehandlung, entgegen der Hypothese von ADAMS und seinen Mitarbeitern, doch eine Überlegenheit der Chaulmoograderivate, d. h. der Cyclofettsäuren, über die acyclischen Verbindungen besteht.

Wenn man versucht, an Hand des vorliegenden experimentellen und klinischen Tatsachenmaterials unter Berücksichtigung der eben dargelegten Hypothesen und der beim Studium anderer Chemotherapeutica gemachten Erfahrungen und Feststellungen (vgl. SCHLOSSBERGER[4]) sich ein eigenes Bild von dem therapeutischen Wirkungsmechanismus des Chaulmoograöls und der sonstigen in Betracht kommenden Flacourtiaceenöle sowie ihrer Derivate zu machen, so wird man zunächst, in Übereinstimmung mit der von der Mehrzahl der Autoren vertretenen Annahme, daran festhalten müssen, daß die Heilwirkung der genannten Substanzen bei Lepra zweifellos auf ihrem Gehalt an *bestimmten* Fettsäuren beruht. Weiterhin weisen aber die vorliegenden Beobachtungen zahlreicher Forscher darauf hin, daß diese therapeutische Wirkung anscheinend nicht einheitlich ist, sondern sich aus *zwei Faktoren* zusammensetzt, nämlich einer mehr *unspezifischen*, auch bei anderen ungesättigten Fettsäuren vorhandenen Quote, und einem mehr *spezifischen* Moment, das offenbar eine Eigentümlichkeit der cyclischen Chaulmoografettsäuren darstellt. In diesem Sinne spricht einerseits die oben erwähnte Feststellung, daß die Chaulmoograpräparate hinsichtlich ihres Heilwertes den aus andersartigen Ölen hergestellten Zubereitungen erheblich überlegen sind, trotzdem diese zum Teil eine höhere Jodzahl aufweisen (s. S. 116; vgl. auch S. 69), und andererseits die oben (s. S. 122) betonte Tatsache, daß die Chaulmoografettsäuren auch nach Absättigung (als Dihydrochaulmoograsäure oder in jodierter Form) noch eine ausgesprochene therapeutische Wirksamkeit bei Lepra ausüben (s. auch S. 64 sowie S. 68). Daß zwischen der therapeutischen Wirkung der Fettsäuren des Chaulmoograöls und gewisser anderer Fette tatsächlich nicht nur quantitative, sondern auch qualitative Unterschiede bestehen, wurde übrigens schon von ROGERS[5], der sich ja sonst für die Gleichartigkeit des Wirkungsmechanismus ausgesprochen hat (s. S. 121), wohl unbeabsichtigt anerkannt, wenn er sagte, daß sich die Chaulmoografettsäuren wegen ihrer intensiveren Wirkung für die Behandlung der Tuberkulose nicht eignen, daß hierfür vielmehr besser

[1] LARA, C. B., u. G. FERNÁNDEZ: Zit. S. 64. — [2] LARA, C. B.: Zit. S. 45. — [3] ANDERSON, H. H., G. A. EMERSON u. C. D. LEAKE: Zit. S. 105. — [4] SCHLOSSBERGER, H.: 2. Internat. Kongr. f. Mikrobiol., London 1936, Report of Proc. **1937**, 287 — Klin. Wschr. **16**, 73 (1937) — Beitr. Klin. Tbk. **89**, 614 (1937) — Angew. Chem. **50**, 407 (1937) — Orv. Hetil. **1937**. — [5] ROGERS, L.: Zit. S. 103.

die milder wirkenden Lebertranfettsäuren verwendet werden (vgl. S. 103). Die vorliegenden Untersuchungsergebnisse sprechen also dafür, daß, auch im Gegensatz zu der Annahme von Adams und seinen Mitarbeitern (s. S. 122), die eigenartige Molekularstruktur der Chaulmoografettsäuren für die therapeutische Wirksamkeit der Chaulmoograpräparate von wesentlicher Bedeutung ist, daß dagegen das Vorhandensein der Olefinbindung im Ring für das Zustandekommen des Heileffektes allem Anschein nach kein unbedingtes Erfordernis darstellt.

Weiterhin läßt sich auf Grund des vorliegenden Tatsachenmaterials sagen, daß der den Chaulmoografettsäuren eigentümliche *Fünferring* zwar vermutlich der Träger ihrer therapeutischen Wirksamkeit ist, aber allein einen Heileffekt bei Lepra offenbar nicht zu bewirken vermag. Vielmehr wird man Adams darin zustimmen dürfen, daß hierfür eine gewisse *Molekulargröße*, d. h. also eine entsprechend lange, aber doch nicht zu große *Seitenkette* Vorbedingung ist. So hat es sich gezeigt, daß die synthetisch dargestellte Δ_2-Cyclopentenylessigsäure (s. S. 41, 45 u. 117), welche nur eine ganz kurze Seitenkette aufweist, sowie die Dicyclopentenylessigsäure (s. S. 45 u. 117), die aus zwei durch ein kurzes Zwischenstück verbundenen Fünferringen besteht, bei Lepra nur eine geringe Heilwirkung entfalten (Lara[1]; s. S. 117). Andererseits besitzt nach den Angaben verschiedener Autoren (McDonald und Dean[2], Rogers[3], Muir[4], Read[5], Rouillard[6], Henry[7] u. a.) die mit einer aus 10 CH_2-Gruppen bestehenden Seitenkette ausgestattete Hydnocarpussäure in Form des Natriumsalzes oder des Äthylesters bei Lepra eine stärkere therapeutische Wirksamkeit als die Chaulmoograsäure, die in ihrer Seitenkette 2 CH_2-Gruppen mehr aufweist (vgl. die Formeln auf S. 30). Darauf beruht nach der Annahme von Henry[7] die im Vergleich mit den Ölen von Taraktogenos kurzii und manchen Hydnocarpusarten, vor allem mit dem fast nur Hydnocarpussäure enthaltenden Öl von Hydnocarpus laurifolia s. wightiana, geringe therapeutische Wirksamkeit des westafrikanischen Gorliöls (von Caloncoba echinata), da dieses nur Chaulmoograsäure, aber keine Hydnocarpussäure aufweist (s. S. 36). Auch Schöbl[8] fand bei der Prüfung der beiden Säuren auf ihre entwicklungshemmenden Eigenschaften gegenüber Tuberkelbacillen in vitro ähnliche Unterschiede (s. S. 67). Wenn daher auch de Vera und Lara[9] auf Grund ihrer Behandlungsversuche an Leprösen die Ansicht vertreten, daß die beiden Fettsäuren hinsichtlich ihrer Heilwirkung einander ungefähr gleichwertig sind, so deuten aber doch die Befunde der oben genannten Autoren darauf hin, daß in der Reihe der Chaulmoografettsäuren hinsichtlich der Länge der Seitenkette auch eine obere Grenze im Sinne von Adams und seinen Mitarbeitern (s. Stanley, Coleman, Greer, Sacks und Adams[10]) besteht, jenseits welcher die therapeutische Wirksamkeit abnimmt und schließlich völlig verschwindet. Entsprechend der Auffassung von Adams handelt es sich bei diesem Einfluß der Molekülgröße wohl in erster Linie um physikalische Faktoren, die ihrerseits vermutlich für die Verteilung der Substanzen im Organismus, vielleicht für ihre von Read[11] sowie Nolasco[12] nachgewiesene Aufnahme durch die großen Monocyten und ihren dadurch ermöglichten Transport nach den Krankheitsherden (s. S. 88 u. 90), eventuell auch für die Aufnahme und Verwertung der Fettsäuren durch die Krankheitserreger maßgebend sind. Darüber, ob die therapeutisch

[1] Lara, C. B.: Zit. S. 45. — [2] McDonald, J. T., u. A. L. Dean: J. amer. med. Assoc. 76, 1470 (1921). — [3] Rogers, L.: Brit. J. Tbc. 16, 110 (1922). — [4] Muir, E.: Zit. S. 12 u. 106. — S. auch E. Muir: Indian J. med. Res. 15, 501 (1927). — [5] Read, B. E.: Pharmaceut. J. 57, 412 (1923) — China med. J. 38, 25 (1924). — [6] Rouillard, J.: Zit. S. 102. — [7] Henry, T. A.: Kew Bull. 1926, 17 — Proc. roy. Soc. Med. 20, 995 (1927). — [8] Schöbl, O.: Philippine J. Sci. 23, 533 (1923). — [9] de Vera, B., u. C. B. Lara: J. Philippine Isl. med. Assoc. 9, 307 (1929). — [10] Stanley, W. M., G. H. Coleman, C. M. Greer, J. Sacks u. R. Adams: Zit. S. 66. — [11] Read, B. E.: Zit. S. 88. — [12] Nolasco, J. O · Zit. S. 88.

wirksamen Fettsäuren im Organismus in unveränderter Form ihre Wirkung entfalten oder zuvor eine Umwandlung erfahren, liegen bis jetzt noch keine Untersuchungen vor.

Für das Verständnis des Wirkungsmechanismus der Chaulmoograpräparate ist ferner die Angabe von RODRIGUEZ[1] von Wichtigkeit, daß die Chaulmoograbehandlung im ganz frühen Stadium der Lepra, d. h. noch vor dem nachweisbaren Auftreten der Leprabacillen in den Maculae, wenig wirksam ist (s. S. 111). Diese Feststellung, daß also die Chaulmoograpräparate die Erkrankung nicht zu verhüten mögen, deutet darauf hin, daß eine Einwirkung der Substanzen auf die Erreger vorzugsweise oder ausschließlich *im krankhaft veränderten Gewebe,* d. h. in den Lepromen, erfolgt. Man hätte sich dementsprechend und auf Grund der Befunde von READ sowie NOLASCO (s. S. 88) vorzustellen, daß die dem Organismus enteral oder parenteral zugeführten wirksamen Fettsäuren durch Zellen des Reticuloendothels an den Ort des pathologischen Geschehens gebracht werden und dort zur Wirkung gelangen. Daß tatsächlich eine solche Anreicherung der wirksamen Substanzen im entzündlichen Gewebe stattfindet, wird auch durch die Untersuchungen von MAGAT[2], der bei tuberkulösen Meerschweinchen nach Injektion einer Lecithinemulsion eine vermehrte perifokale Lipoidspeicherung nachweisen konnte, wahrscheinlich gemacht.

Was nun die Wirkung selbst anlangt, so hat man in dem gelungenen Nachweis von Leprabacillen bei scheinbar vollkommen geheilten Leprakranken (s. S. 115) schon einen Beweis gegen die direkte Beeinflussung der Leprabacillen durch die Chaulmoograpräparate, ja gegen deren Heilwert bei Lepra überhaupt erblicken wollen. Wenn es auch zweifellos stets das Ziel chemotherapeutischer Forschung sein muß, für jede infektiöse Erkrankung Substanzen aufzufinden, welche auf Grund spezifischer Affinitäten eine Vernichtung sämtlicher im erkrankten Organismus vorhandener Erreger zu bewirken vermögen, so ist aber damit doch keineswegs gesagt, daß eine chemotherapeutische Wirkung nur in einer solchen Abtötung der pathogenen Mikroorganismen zu bestehen braucht. Vielmehr ist es, besonders wenn es sich um chronische Infektionskrankheiten, wie gerade Lepra, handelt, sehr wohl denkbar, daß schon eine *geringgradige Schädigung* der Mikroben und eine dadurch bedingte Einschränkung ihrer Vermehrung einen therapeutischen Nutzen bedeuten und durch Ausbildung eines Gleichgewichtszustandes zwischen Erreger und Wirtsorganismus (vgl. SCHLOSSBERGER[3]) zum Rückgang und zur Abheilung der Krankheitsprodukte führen kann. Solange man bei einer bestimmten Infektionskrankheit über ein sterilisierend wirkendes Heilmittel nicht verfügt, wird man sich daher auch mit einer auf die betreffenden pathogenen Keime nur *entwicklungshemmend* wirkenden Substanz begnügen.

Ein solcher Mechanismus liegt z. B. aller Wahrscheinlichkeit nach der Heilwirkung des Quecksilbers, vielleicht auch des Wismuts, bei der Syphilis zugrunde, während die Salvarsanpräparate besonders bei frühzeitiger Anwendung infolge ihrer ausgesprochenen spirochäticiden Eigenschaften tatsächlich eine Sterilisation des syphilitischen Organismus herbeizuführen vermögen (vgl. FISCHL und SCHLOSSBERGER[4]). Im Gegensatz zu derartigen stark parasiticid wirkenden Chemotherapeutica ist der durch die vorzugsweise nur entwicklungshemmend, nicht sterilisierend wirkenden Substanzen erreichbare Heileffekt dadurch charakterisiert, daß er einerseits nur bei lange Zeit fortgesetzten Kuren in die Erscheinung tritt, und daß andererseits nach Aufhören der Behandlung Rückfälle zu befürchten sind.

---

[1] RODRIGUEZ, J.: Zit. S. 111. — [2] MAGAT, J.: Virchows Arch. **267**, 477 (1928). — [3] SCHLOSSBERGER, H.: Zit. S. 123. — [4] FISCHL, V., u. H. SCHLOSSBERGER: Zit. S. 2.

Beides trifft nun aber für die *Wirkungsweise der Chaulmoograpräparate* unbedingt zu. Ebenso wie der lange Zeit hindurch nur mit Quecksilber behandelte und dadurch erscheinungsfrei gewordene Luetiker im allgemeinen noch Spirochäten beherbergt, die eines Tages zum Wiederaufflackern des Prozesses führen können, kommt es nach den vorliegenden klinischen Beobachtungen auch beim Leprakranken durch eine Jahre lang fortgesetzte Zufuhr von Chaulmoograpräparaten in der Mehrzahl der Fälle offenbar nur zu einer Unterdrückung, nicht zu einer völligen Ausmerzung der Infektion (s. S. 114). Diese Unterbindung der Mikrobenvermehrung durch das Chemikale kann aber, wenn sie genügend lange aufrechterhalten wird, *sekundär* zu einer stärkeren Entfaltung der Abwehrkräfte, d. h. der natürlichen Heilungsvorgänge, und dadurch zu einer Rückbildung der Läsionen, eventuell auch zu einer Abkapselung der Erreger führen.

Daß bei klinisch geheilten Leprösen unter Umständen noch Leprabacillen, besonders in anscheinend gesunden Gewebspartien, nachzuweisen sind (s. S. 115), ist bei dieser Betrachtungsweise und unter Berücksichtigung der vorhin erwähnten Befunde von Read und Nolasco, nach denen die Chaulmoograderivate durch Histiocyten nach den entzündlich veränderten Gewebspartien gebracht werden, nicht verwunderlich. Auch die Tatsache, daß für die Behandlung der Lepra mit Chaulmoograpräparaten ebenso wie für die Chemotherapie der Syphilis die Heilungsaussichten in der Frühperiode, solange die Zahl der Erreger noch gering ist und größere Läsionen noch fehlen, am günstigsten sind (s. S. 111 u. 113), steht mit dieser Interpretation in vollkommener Übereinstimmung.

Schließlich sprechen auch noch die Ergebnisse der mit Chaulmoograpräparaten angestellten Reagensglasversuche im Sinne dieser Auffassung. Wie nämlich bereits eingehend dargelegt wurde (s. S. 66), üben die Chaulmoograpräparate in vitro eine stark hemmende Wirkung auf das Wachstum säurefester Bacillen aus, während ihre abtotende Wirkung auf derartige Bakterien anscheinend außerordentlich gering ist (s. S. 72). Man kann sich daher sehr wohl vorstellen, daß durch die Chaulmoograderivate bei den Angehörigen der säurefesten Bakteriengruppe auch in vivo eine Beeinträchtigung der Stoffwechselvorgänge und dadurch eine Verminderung oder gar ein vollständiges Aufhören der Proliferationsvorgänge bewirkt wird.

Entsprechend den hier entwickelten Gedankengängen würde die Heilwirkung der Chaulmoograpräparate bei Lepra und ebenso auch bei anderen, durch säurefeste Bakterien hervorgerufenen Erkrankungen (Tuberkulose, s. S. 117; Johnesche Krankheit (s. S. 120) also darin bestehen, daß sie vermutlich durch zellige Elemente auf dem Blut- oder Lymphwege nach den Krankheitsprodukten gebracht werden und dort durch *direkte Einwirkung* auf die hier befindlichen Erreger deren *Vermehrung hemmen*; diese *primäre* Beeinflussung der krankmachenden Bakterien hätte dann *sekundär* eine *vermehrte Aktivität der Abwehrmaßnahmen* des erkrankten Organismus zur Folge, wodurch es dann zu einer Einschmelzung und Resorption des Granulationsgewebes kommt. Nach diesen Vorstellungen würde also der kranke Körper durch die Schwächung der Erreger unter Umständen in die Lage versetzt, mit der Infektion ebenso fertig zu werden, wie dies bei der Spontanheilung ohne Unterstützung der Fall ist.

Zutreffendenfalls wäre der besonders von Wade[1], Lara[2] sowie Lara und de Vera[3] vertretene Standpunkt ohne weiteres verständlich, daß bei der Leprabehandlung mit Chaulmoograderivaten das Auftreten von Herdreaktionen zum Zustandekommen des Heileffektes nicht erforderlich ist (s. S. 103). Es soll damit die Möglichkeit, daß derartige entzündliche Vorgänge in den Krankheitsprodukten

---

[1] Wade, H. W.: Zit. S. 103. — [2] Lara, C. B.: Zit. S. 103. — [3] Lara, C. B., u. B. de Vera: Zit. S. 103.

nach Art der Tuberkulinreaktionen unter Umständen einen therapeutischen Nutzen haben und etwa die Abbau- und Vernarbungsvorgänge in den Läsionen in Gang bringen oder fördern können (vgl. MUIR[1]), keineswegs abgelehnt werden, obwohl durch derartige Reaktionen, wie dies bereits dargelegt wurde (s. S. 87, 102 u. 108), mitunter auch das gerade Gegenteil, nämlich ein Fortschreiten des Prozesses bewirkt werden kann. Nach den vorliegenden Forschungsergebnissen hat es indessen den Anschein, daß die eigentliche spezifische Wirkung des Chaulmoograöls mit diesen Reaktionen nichts zu tun hat, daß diese vielmehr als Ausdruck des oben (S. 123) erwähnten unspezifischen Anteils der Wirkung der Chaulmoograpräparate anzusehen sind, aber auch durch andere ungesättigte Fettsäuren hervorgerufen werden können und in der Hauptsache auf einer Reizung des reizempfindlichen Granulationsgewebes beruhen. Außerdem besteht dann natürlich auch noch die Möglichkeit, daß die ungesättigten Fettsäuren sonst noch gewisse Wirkungen auf den behandelten Organismus ausüben. So hat z. B. McCARRISON[2] bei seinen experimentellen Untersuchungen eine ziemlich starke Beeinflussung der endokrinen Drüsen und des Stoffwechsels nachweisen können; bei dem engen Zusammenhang zwischen Immunitäts- und Stoffwechselprozessen erscheint es daher nicht ausgeschlossen, daß bei der Chaulmoograbehandlung neben der spezifischen Wirkung auf bestimmte Krankheitserreger auch eine solche unspezifische Förderung der Abwehrvorgänge seitens des erkrankten Körpers erfolgt.

Inwieweit die hier dargelegten Überlegungen zutreffen, wird das weitere Studium des Wirkungsmechanismus der Chaulmoograderivate ergeben. Zusammenfassend läßt sich wohl sagen, daß das Chaulmoograöl und die ihm nahestehenden Öle anderer Flacourtiaceenarten als wirksame Mittel zur Therapie der Lepra angesehen werden müssen, und daß es sich hierbei offenbar um eine *spezifische* Beeinflussung des Krankheitsprozesses handelt. Wenn auch die Behandlungsresultate bisher nur zum Teil befriedigen, so hat es doch den Anschein, daß sich durch enge Zusammenarbeit von Klinik und Laboratorium weitere Verbesserungen auf diesem Gebiete erzielen lassen. Ob und inwieweit daraus auch Anhaltspunkte für eine wirksame Chemotherapie der Tuberkulose gewonnen werden können, muß indessen vorderhand dahingestellt bleiben.

---

[1] MUIR, E.: Lancet **206**, 277 (1924). — [2] McCARRISON, R.: Indian J. med. Res. **11**, 1 (1923).

Namenverzeichnis.

Sachverzeichnis.